BAUM & MENSCH

RUDI BEISER

BAUM & MENSCH

HEILKRAFT, MYTHEN
UND KULTURGESCHICHTE
UNSERER BÄUME

INHALT

SERVICE 216

VORWORT

Seit Urzeiten besteht eine enge Verbindung zwischen Mensch und Baum. Viele Dichter, Denker und Philosophen haben den Bäumen ein Denkmal gesetzt, haben ehrfurchtsvoll ihre Größe, Kraft und Schönheit beschrieben. Die größten Lebewesen der Erde waren für den Menschen schon immer geheimnisvoll.

Doch die gemeinsame Geschichte ist wechselhaft, und die Einstellung des Menschen zum Baum war nicht immer zu dessen Wohle. Jahrhundertelang wurden die Wälder ausgebeutet und abgeholzt. In den 1980er Jahren waren es dann die Abgase aus Industrie und Verkehr, die zunehmend den Wald schädigten. *„Erst stirbt der Wald, dann stirbt der Mensch"*, hieß ein Slogan der Umweltbewegung. Der Zustand des Waldes hat sich gebessert, auch weil die Einsicht gewachsen ist, dass wir die Bäume zum Überleben brauchen.

Nun wurden viele von uns in einer Zeit groß, in der Kinder mehr Automarken aufzählen konnten als Namen von Waldbäumen. Das Wissen über Bäume, Pflanzen und Tiere ist leider oft nur noch spärlich vorhanden. Aber das Bedürfnis, Natur zu erfahren, scheint immer mehr zuzunehmen. Zumindest habe ich bei Kräuterseminaren und -führungen den Eindruck, dass das Interesse an der heimischen Pflanzenwelt sehr groß ist. Deshalb möchte ich Sie mit diesem Buch an die faszinierende Welt der heimischen Bäume heranführen. Sie werden die wichtigsten und häufigsten Waldbäume kennenlernen. Im Vordergrund steht die jahrtausendealte Beziehung zwischen Mensch und Baum, und die ist außergewöhnlich vielfältig: Bäume lieferten nicht nur Bau- und Brennholz; sie waren auch Medizin, Nahrung, Schutz, Zuflucht, Inspiration für Erleuchtungen und der

Wohnsitz von Göttern und Geistern. Deshalb sind die Baumporträts eine spannende Reise durch Kulturgeschichte, Mythen und Legenden, Brauchtum und Heilkunde. Zu jedem Baum gibt es einen „Steckbrief", der die wichtigsten botanischen Erkennungs- und Unterscheidungsmerkmale zusammenfasst. Im Glossar Seite 217 werden die im Steckbrief verwendeten Fachbegriffe wie „einhäusig" oder „zwittrig" erklärt. Außerdem finden Sie bei jedem Baumporträt Rezepte, um Baumheilmittel oder Baumgenüsse selbst herzustellen.

Das berührendste Heilmittel der Baumheilkunde ist jedoch der Baum selbst. Deshalb möchte ich mit diesem Buch auch dazu anregen, hinauszugehen in die Wälder, um zu fühlen und zu lauschen, welche Kräfte, Schwingungen und Geheimnisse hinter der Baumrinde verborgen liegen. Der Abt und Mystiker Bernhard von Clairvaux (1090–1153) drückte es so aus: *„Du wirst mehr in den Wäldern finden als in den Büchern. Die Bäume und die Steine werden dich Dinge lehren, die dir kein Mensch sagen wird."*

In diesem Sinne lade ich Sie ein, unsere Bäume kennenzulernen, und zwar mit einem kleinen umweltpädagogischen Nebennutzen: Denn was man kennt und schätzt, das schützt man auch!

Fast hätte ich es vergessen: Das Buch, das Sie gerade in der Hand halten, besteht aus Bäumen. Seit 1845 wird Papier aus Holzschliff hergestellt. Heute landet jeder fünfte Baum in der Papierherstellung. Zieht man das Brennholz ab und betrachtet nur die industrielle Holznutzung, dann werden sogar 50 % der weltweit gefällten Bäume zu Papier verarbeitet.

Rudi Beiser

BAUM & MENSCH

Im Herbst offenbart sich die Vielfalt der Mischwälder in einem Feuerwerk der Farben. Diese naturnahen Wälder beherbergen viele Tausend Tier- und Pflanzenarten. Bäume können weit mehr, als man bisher vermutete. Sie stehen über Duftstoffe, Wurzelwerk und Pilzgeflecht in intensivem Austausch.

WALD & BAUM IN ZAHLEN

WALDINVENTUR

Über Wald und Bäume, mit ihren zahlreichen Funktionen für die Natur und für uns Menschen, könnte man Bücher füllen. Im Serviceteil → Seite 217 werden einige lesenswerte Werke und informative Internetseiten vorgestellt. Dennoch sollen hier in Kürze einige wichtige Fakten beschrieben werden.

Deutschland ist zu 32 % mit Wald bedeckt (11,4 Millionen Hektar) und zählt somit zu den waldreichen Ländern Europas. Über 90 Milliarden Bäume wachsen in unseren Wäldern, das sind pro Einwohner etwa 1100 Bäume. In Österreich beträgt der Waldflächenanteil sogar 48 % und in der Schweiz knapp 27 %. Der Anteil der Nadelbäume am deutschen Wald liegt bei 56 %, wobei Fichte (26 %) und Kiefer (23 %) die häufigsten Vertreter sind. Der Anteil der Laubbäume beträgt 44 %, hier zählen Buche (16 %) und Eichen (10,5 %) zu den häufigsten Arten. In Österreich ist die Fichte mit Abstand die häufigste Baumart (60 %). Insgesamt gibt es in Deutschland 90 Baumarten, von denen in diesem Buch die 34 wichtigsten Arten ausführlich beschrieben werden. Die beschriebenen Bäume machen etwa 97 % der Waldfläche aus.

WAS LEISTET DER WALD?

Das Ökosystem Wald bietet vielen Tier- und Pflanzenarten einen Lebensraum. Über 6700 Tierarten sind in unserem Wald zu Hause. Um nur ein kleines Beispiel aus der ungeheuer großen Welt der Insekten zu nennen: Allein für die Gallen, diese Gewebswucherungen, die man in besonderer Vielfalt etwa an den Blättern von Eichen findet, sind 120 verschiedene Gallwespenarten verantwortlich! Sie erzeugen sie als Behausungen für ihre Larven. Uns Menschen dient der Wald vor allem als wichtiger Freizeit- und Erholungsraum, denn drei Viertel der Deutschen leben inzwischen in Städten. Dementsprechend groß ist das Bedürfnis nach Ruhe, gesunder Luft und Naturerleben. Der Wald steigert durch seine Blüten-, Farben, Duft- und Formenvielfalt unser Wohlbefinden.

Außerdem hilft der Wald, die Trinkwasserversorgung zu sichern. Wie kein anderes Ökosystem hat er die Fähigkeit, Regenwasser und Schmelzwasser zu speichern und zu reinigen. Mit ihrer großen Oberfläche sammeln die Bäume Regen, Tau und Nebeltröpfchen ein. Beim Wassersammeln sind die Buchen wahre Meister: Aufgrund ihrer nach oben gerichteten Äste und der glatten Rinde leiten sie das Wasser den Stamm entlang zum Wurzelsystem. Ganz nebenbei schützt der Wald damit vor Erosion, Lawinen und Hochwasser.

KLIMASCHÜTZER WALD

Nicht zu unterschätzen ist der Beitrag, den Bäume und Wald zum Klimaschutz leisten: Bäume filtern viele Schadstoffe aus der Luft und binden in ihrer Pflanzenmasse große Mengen Kohlenstoffdioxid (CO_2). Das CO_2 ist ein Gas, das maßgeblich an der Erwärmung des Erdklimas durch den sogenannten „Treibhauseffekt" beteiligt ist. Es wird freigesetzt beim Verbrennen fossiler Rohstoffe und bei der Rodung von Wäldern. Eine hundertjährige Fichte speichert während ihres Wachstums etwa 2,6 Tonnen CO_2 in ihrem Stamm und ihren Ästen. Wenn sie gefällt und verbrannt wird, setzt sie die gleiche Menge an Treibhausgas wieder frei. Unser Wald entlastet mit seiner Speicherfähigkeit die Atmosphäre jährlich um etwa 220 Millionen Tonnen CO_2, das sind immerhin 27 % der gesamten deutschen Treibhausgasemissionen.

Nicht weniger eindrucksvoll ist die Filterwirkung der Bäume, die tonnenweise Staub, Bakterien, Pilzsporen, Pollen, Gase und radioaktive Stoffe aus der Atmosphäre holen. Eine hundertjährige Eiche filtert jährlich etwa eine Tonne davon aus der Luft. Pro Hektar kommen unsere Wälder so auf jährlich 50 Tonnen Ruß und Stäube. Kein Wunder, dass man die Parkanlagen in großen Städten „grüne Lungen" nennt.

Das wirklich große Wunder der Bäume (und aller anderen Pflanzen) ist die Fotosynthese. Mithilfe des Sonnenlichts stellen sie aus Wasser und Kohlenstoffdioxid ihre Nahrung selbst her. Während hierbei einerseits das CO_2 aus der Luft verbraucht und gebunden wird, entsteht andererseits als „Abfallprodukt" Sauerstoff. Eine 100 Jahre alte Buche produziert jedes Jahr 4600 Kilogramm Sauerstoff. Das deckt den Sauerstoffbedarf von 13 erwachsenen Menschen. Waldluft ist also nicht nur besonders sauber, sondern auch sehr sauerstoffreich, weshalb man zu Recht von der „guten Waldluft" spricht.

Ohne die Hilfe der Pflanzen wäre also gar kein Leben möglich. Wir sind aber nicht nur vom Sauerstoff der Pflanzen abhängig, sondern auch von der grünen Pflanzenmasse, auf der jede Nahrungskette aufbaut. Egal was wir essen, ob Gemüse oder Fleisch, am Anfang stand immer eine Pflanze!

DIE INTELLIGENZ DER BÄUME

Die letzten Jahrzehnte haben uns zahlreiche neue Erkenntnisse aus der Welt der Pflanzen beschert. Pflanzen und somit auch die Bäume besitzen außergewöhnlich intelligente Strategien, um sich gegen Konkurrenten, Fressfeinde und Krankheiten zur Wehr zu setzen. So erkennen Bäume beispielsweise am Speichel oder am Kaugeräusch den fressenden Schädling und entwickeln daraufhin ihre zielgerichtete Abwehrstrategie: Sie reagieren dann entweder durch die Produktion von Giftstoffen und Verdauungshemmern oder rufen mittels Duftstoffen Nützlinge herbei, die dem ungeliebten Fresser zu Leibe rücken. Aber damit nicht genug: Sie kommunizieren mit ihren Nachbarn und warnen sie rechtzeitig, so dass die umliegenden Bäume mit der Produktion von appetitverderbenden Gerbstoffen beginnen können. Das Kommunikationsnetz funktioniert einerseits oberirdisch über Duftstoffe, andererseits auch unterirdisch über elektrische Signale, die von den Wurzeln ausgesendet werden. Vernetzt sind die Bäume über Pilzgeflechte, die den gesamten Waldboden durchziehen. Der Wald hatte also schon ein funktionierendes Internet, als der Mensch noch Mammuts jagte. Die Forschung steht noch am Anfang; man weiß bislang kaum etwas darüber, was die Bäume einander zu erzählen haben. Absehbar ist aber, dass sich das Bild, das wir uns bisher von der Pflanzenwelt gemacht haben, radikal ändern wird. Ein berühmter Pflanzenforscher brachte es auf den Punkt: „Die Frage ist weniger, ob Pflanzen intelligent sind, als vielmehr, ob wir intelligent genug sind, sie zu verstehen.“ Wir rücken damit wieder näher an das Pflanzenbild unserer Urahnen, die die Bäume als beseelte Lebewesen wahrnahmen. Sollten Sie sich für Pflanzenintelligenz und die Kommunikations- und Wahrnehmungsfähigkeiten der Pflanzen interessieren, finden Sie im Serviceteil Seite 217 entsprechende Literaturempfehlungen.

Fichten verfügen über die ältesten Wurzelsysteme. Dieses Exemplar aus Schweden mit dem Namen Old Tjikko hält mit über 9500 Jahren den Rekord.

KLEINE GALERIE DER BAUMREKORDE

Der höchste Baum der Welt ist derzeit ein Küsten-Mammutbaum (*Sequoia sempervirens*) im Redwood-Nationalpark in Kalifornien. Er trägt den Namen „Hyperion" und erreicht 115,6 Meter Wuchshöhe. Seinen Namen verdankt er einem Titan aus der griechischen Mythologie, einem Sohn von Uranos (Himmel) und Gaia (Erde). Zum Vergleich: Das Straßburger Münster hat eine Höhe von 142 Metern. Der höchste Baum Deutschlands, eine Douglasie, steht im Freiburger Stadtwald und erreicht eine Höhe von 66,5 Metern.

Der dickste Baum ist eine Sumpf-Zypresse (*Taxodium mucronatum*) in Mexiko. Der etwa 1500 Jahre alte, „El Gigante" genannte Baum hat einen Stammdurchmesser von 14 Metern und einen Umfang von über 46 Metern. Man erzählt sich die Legende, ein aztekischer Priester habe ihn zu Ehren der Schöpfergottheit Ehecatl gepflanzt. Neben dem Kultbaum wurde später eine Kirche gebaut.

Der mächtigste und zugleich schwerste Baum der Erde ist ein Riesen-Mammutbaum (*Sequoiadendron giganteum*) in Kalifornien. Der „General Sherman Tree" ist etwa 2500 Jahre alt und hat ein Gesamtvolumen von sage und schreibe 1490 Kubikmetern. Er ist 84 Meter hoch und hat einen Umfang von 31 Metern.

Der älteste Baum ist eine Langlebige Kiefer (*Pinus longaeva*). Sie steht zusammen mit mehreren ähnlich alten Exemplaren in den White Mountains in Kalifornien. Sie sind alle über 4500 Jahre alt, wobei man den Rekordhalter auf über 5000 Jahre datiert. Über 4000 Jahre alt sind einige Tamrit-Zypressen (*Cupressus dupreziana*) in Algerien. Der älteste deutsche Baum ist vermutlich eine Linde, deren Alter man auf etwa 1200 Jahre schätzt. Sie stand also schon zur Regierungszeit Ludwigs des Frommen (778–840), dem Sohn und Nachfolger von Karl dem Großen.

Die ältesten Wurzelsysteme sind eine Besonderheit. Denn es gibt Bäume, die zwar selbst noch nicht so alt sind, deren Wurzelsystem jedoch ein unglaubliches Alter erreicht. Während der Baum immer wieder abstirbt, bleibt das Wurzelsystem intakt und treibt wieder neue Stämme aus. Man nennt diese Bäume Klonbäume, da die oberirdischen Stämme mit dem alten Wurzelsystem genetisch identisch sind. So wurden in Schweden Wurzelteile einer Gemeinen Fichte (*Picea abies*) auf 9550 Jahre datiert. Der oberirdische Ableger des Baumes ist dagegen „nur" 380 Jahre alt. Die Fichte steht in der Provinz Dalarna in der Nähe zur norwegischen Grenze und trägt den Namen „Old Tjikko". Der Entdecker hat sie nach seinem verstorbenen Hund getauft.

Neben solchen individuellen Klonbäumen wie „Old Tjikko" gibt es auch Klonkolonien, also eine ganze Gruppe von Bäumen mit einem gemeinsamen Wurzelsystem. Mindestens 10 500 Jahre alt ist das Wurzelgeflecht eines Waldes der „Huon Pine" (*Lagarostrobos franklinii*) in Tasmanien. Aus dem uralten Wurzelsystem dieser Kiefernart sprießen immer wieder genetisch identische Bäume. Die ältesten von ihnen sind über 2000 Jahre alt.

Die älteste Baumart der Erde ist übrigens der Ginkgo (*Ginkgo biloba*). Charles Darwin nannte ihn ein „lebendes Fossil", da er sich seit seiner Entstehung vor vielen hundert Millionen Jahren nicht verändert hat.

Die winterhärtesten Bäume der Welt sind die Dahurische Lärche (*Larix gmelinii*) und die Japanische Zwergkiefer (*Pinus pumila*). Sie widerstehen unglaublichen Temperaturen von −72 °C.

Der General Sherman Tree im Sequoia National Park in Kalifornien ist mit stolzen 31 Metern Stammumfang und einer Stammhöhe von 84 Metern der mächtigste Baum der Welt.

WALDGESCHICHTE MITTELEUROPAS: DAS VERHÄLTNIS VON BAUM UND MENSCH

Seit über 360 Millionen Jahren gibt es Bäume. Ein unglaublicher Zeitraum, wenn man bedenkt, dass sich die Vorstufen des Menschen erst vor etwa 5 Millionen Jahren entwickelten. Die gigantischen Bäume jener Zeit wurden zur Steinkohle, die wir bis heute als Energieträger nutzen. Dadurch setzen wir das vor Jahrmillionen gebundene Kohlendioxid wieder frei.

Die baumlose Tundra wurde, wie hier in Alaska, von Gräsern und Zwergsträuchern wie der Zwerg-Birke dominiert.

MITTELEUROPA OHNE WALD

Vor ungefähr 2,6 Millionen Jahren begann das quartäre Eiszeitalter, in dem wir uns nach Auffassung der Geologen heute noch befinden. Zuvor war Mitteleuropa von fantastischen artenreichen Wäldern bedeckt. Neben den heute heimischen Arten wuchsen beispielsweise Mammutbaum und Tulpenbaum, Zeder, Magnolie, Amberbaum und Lebensbaum sowie auch Zimt- und Kampferbaum. Menschen waren hier allerdings noch nicht anzutreffen; unsere Vorfahren befanden sich zu diesem Zeitpunkt in Afrika.

Nach Millionen Jahren baumfreundlichem Klima wurde es vor 2,6 Millionen also Jahren ziemlich eisig. Extreme Klimaschwankungen sorgten für eine Phase mit periodisch wiederkehrenden Vereisungen. Würde man die letzte Eiszeit im Zeitraffer betrachten, dann könnte man einen von den Polen ausgehenden rhythmischen Vereisungsprozess beobachten, ein beständiges Anwachsen und Zurückschmelzen ungeheurer Gletschermassen. Im gleichen Maße wurden die grünen Wälder verdrängt und kamen wieder zurück. Die Waldgeschichte Mitteleuropas war von diesem Wechsel der Kalt- und Warmzeiten bestimmt.

Vor etwa 115 000 Jahren begann die letzte Kaltzeit. Europa war inzwischen von den Neandertalern besiedelt. Die Folgen der Kaltphase waren für die Pflanzen tiefgreifend, aber Gleiches gilt auch für den Urmenschen, denn der Wald begleitete den Menschen von Anfang an. Genau genommen stieg der Mensch vom Baum; die Vormenschen lebten ursprünglich in luftigen Höhen, dann wagten sie vor 4 Millionen Jahren den aufrechten Gang und begaben sich in die Savanne.

Die eisigen Temperaturen ließen in ganz Mitteleuropa mehrfach hintereinander alle Bäume absterben. Sehr viele Baumarten verschwanden in diesem Lebensraum für immer. Andere Arten wurden von Eis und Kälte in kleine, klimatisch begünstigte Refugien im Mittelmeerraum und in Südosteuropa zurückgedrängt. Auch die Neandertaler zogen sich überwiegend in eisfreie Küstenregionen zurück, denn ein Leben ohne Holz war nicht denkbar!

POLLEN ENTSCHLÜSSELN DIE WALDGESCHICHTE

Vor etwa 15 000 Jahren endete die letzte Kaltzeit. Als sich die Gletscher zurückzogen, kehrten die verdrängten Baumarten langsam aus ihren Eiszeitrefugien zurück. Die Wälder, oder besser die Bäume, wanderten nach Norden, und zwar in einer ganz bestimmten Reihenfolge. Die Wandergeschwindigkeit der Baumarten war sehr unterschiedlich, je nachdem wie Früchte und Samen von Wind oder Tieren verbreitet wurden. Anhand von Pollenanalysen lässt sich heute diese Wanderbewegung der Bäume gut rekonstruieren. Die Pollenkörner der Bäume haben sich nämlich schichtweise in Torfmooren und Seesedimenten abgelagert. Im sauerstoffarmen Milieu bleiben die Pollenkörner nahezu unbegrenzt erhalten. So kann man noch nach Jahrtausenden genau feststellen, wie sich die Vegetation entwickelte und wandelte. Das Erstaunliche ist dabei die Dynamik des Waldes, der sich in seiner Artenzusammensetzung beständig veränderte. Die Natur scheint einem ewigen Wandel unterworfen zu sein. Baumarten wurden häufiger und wieder seltener, einen stabilen Zustand des Waldes gab es nie.

WIEDERBESIEDLUNG DES BAUMLOSEN LANDES

Etwa 13 000 v. Chr. eroberten als Erste Kriech-Weiden und Zwerg-Birken das baumlose Grasland. Bald kamen größere Pioniergehölze hinzu und es entwickelten sich, vor allem in den Niederungen, lichte Birken- und Kiefernwälder. In manchen Regionen hielten auch Sanddorn und Wacholder Einzug.

Auch der Mensch kehrte langsam zurück, er folgte sozusagen dem wandernden Wald. Baum und Mensch schafften in Mitteleuropa einen gemeinsamen „Neubeginn“ und beeinflussten sich gegenseitig in ihrer Entwicklung.

Zunächst waren es kleine Sammler- und Jägergruppen, die eine Landschaft aus Grassteppen und inselartigen lichten Wäldern durchstreiften. Sie folgten riesigen Wildpferd-, Wisent- und Rentierherden, die damals die Savannen bevölkerten. Es handelte sich dabei schon um den „modernen Menschen“, der vor ungefähr 50 000 Jahren, aus Afrika kommend, in Europa einwanderte. Der Neandertaler war inzwischen ausgestorben. Birken, Kiefern und Weiden waren die einzigen Bäume, die hier vorkamen. Sie besaßen daher einen unschätzbaren Wert. Ihr Holz wurde für Speere, Grabstöcke, Hütten und die wärmenden Feuerstellen verwendet. Ihr Harz sowie ihre Blätter und Rinden waren Bestandteil der Steinzeitmedizin. Dafür mussten jedoch kaum Bäume gefällt werden.

Im Denken der Menschen aus der späten Altsteinzeit galt der Baum, wie auch die ganze Natur, als beseelt und heilig. Besonders ehrfurchterregend müssen den Frühmenschen die alten Bäume erschienen sein, denn kaum ein Lebewesen konnte diese Mächtigkeit und dieses Alter je erreichen. Die ganze Natur, die den Menschen mit Nahrung und Baumaterial versorgte, wurde als göttlich empfunden. Jeder Baum, jede Quelle und jedes Tier hatte seinen eigenen Schutzgeist. Wurde ein Baum gefällt oder ein Tier getötet, musste man diesen Geist besänftigen. Jeder Schaden an den Naturwesen wurde mit Opfern gesühnt. Es war unbedingt erforderlich, das Gleichgewicht mittels Ritualen wieder herzustellen.

MITTELSTEINZEIT: DER WALD WIRD DICHTER

Mit steigenden Temperaturen kam ab 7000 v. Chr. der Haselbaum zurück nach Mitteleuropa, und ab 6500 v. Chr. folgten vereinzelt Zitter-Pappel und Eberesche (Vogelbeere). In den Mittelgebirgen hielt die Fichte Einzug. Da die Hasel sich nahezu explosionsartig verbreitete und ganze Wälder ausbildete, bekam diese Periode den Namen Haselzeit. Birke und Kiefer verloren ihre jahrtausendelange Vormachtstellung. Die Haselnuss blieb während der gesamten Steinzeit die wichtigste fettreiche Sammelnahrung der Menschen. Deshalb ist der Haselbaum seit Jahrtausenden eng verwoben mit der Kulturgeschichte der Menschen, die ihn in ihre Mythen und kultischen Handlungen integrierten.

Die umherziehenden Sammler und Jäger mussten sich in ihrer Lebensweise der zunehmenden Bewaldung anpassen, denn die Großwildherden der Savanne wurden vom sich ausbreitenden Wald weitestgehend verdrängt. Dies begünstigte letztendlich den Wandel vom Jägertum zum Ackerbau. Die kulturhistorische Phase der Mittelsteinzeit (ab 9500 v. Chr.) war deshalb gekennzeichnet durch neue Jagdtechniken (Pfeil und Bogen), durch Intensivierung der Fischerei und durch die beginnende Sesshaftwerdung. Anhand von Ausgrabungen wissen wir, dass man schon damals Birkenrindengefäße kannte und Fischernetze aus Weidenbast fertigte. In der Übergangszeit von Mittelsteinzeit zu Jungsteinzeit entstanden vermutlich die ersten Baumkulte (heilige Bäume), und hier liegen auch die Wurzeln der Traditionellen Europäischen Medizin.

In der animistisch geprägten Weltsicht (Animismus) stand der beseelte Baum dem Göttlichen nahe. In ihm lebten Götter, Geister und Ahnen. Da „heilig“ und „heilen“ seit Urzeiten untrennbar verbunden sind, waren Bäume ein wichtiger Teil der magischen Heilkunde und der Alltagsmedizin. Man kannte die Heilwirkungen der Blätter, Baumsäfte und Rinden. Doch in der schamanischen Heilkunde der Steinzeit war es auch möglich, Krankheiten und Krankheitsgeister auf Bäume zu übertragen und sie dort zu bannen.

MIT DER JUNGSTEINZEIT BEGINNT DIE ZIVILISATION

Das wärmer werdende Klima bereitete immer neuen Bäumen den Weg nach Mitteleuropa: Ab 5500 v. Chr. entstanden die ersten sommergrünen Mischwälder, vor allem aus Eichen und Ulmen. In kleinerem Umfang gesellten sich Linden dazu. Im Fachjargon nennt man diese Phase „Eichenmischwaldzeit“. In den gebirgigen Zonen tauchte neben Fichte und Kiefer nun auch die Lärche auf. Etwa 1000 Jahre später (4500 v. Chr.) schrumpfte plötzlich der Ulmenbestand, und es wanderten Ahorne, Eschen sowie Pappeln und Erlen ein. Letztere setzten sich gemeinsam mit den verschiedenen Weidenarten vor allem auf Nassböden durch. Mitteleuropa war jetzt weitgehend wieder dicht bewaldet. In den damaligen Urwäldern dominierten mengenmäßig die Laubbäume.

In dieser Zeit gab es auch bei den Menschen einschneidende Umbrüche: Immer mehr sammelnde und jagende Nomaden wurden sesshaft und betrieben Ackerbau und Viehzucht. Auch diese Entwicklung lässt sich an den Pollendiagrammen ablesen, denn nun tauchen erstmals Getreidepollen auf. Richtige Sesshaftigkeit gab es damals allerdings noch nicht, denn die Siedlungen im Wald bestanden meist nur für einige Jahrzehnte. Danach gaben die Menschen sie auf und rodeten an anderer Stelle eine neue Parzelle. Das verlassene Land holte sich der Wald zurück.

Die Bevölkerung wuchs während der Jungsteinzeit sprunghaft um das Doppelte, und der Bedarf an Holz stieg spürbar an. Holz war der wichtigste Rohstoff der Jungsteinzeit: Für den Bau von Häusern und die Herstellung von Werkzeugen, Körben und verschiedensten Gebrauchsgegenständen fällten die Menschen unzählige Bäume. Die Werkzeuge bestanden damals ausschließlich aus Holz und Feuerstein. Holz benötigte man zudem in großen Mengen zum Heizen und Kochen sowie zum Brennen von Tongefäßen. Außerdem mussten ständig neue Flächen für den Ackerbau gerodet werden und im Winter verfütterte man Laubheu an das Vieh. Dazu wurden die Bäume recht stark zurückgeschnitten („geschneitelt“), um die jung austreibenden Zweige samt Blättern als

Als in Mitteleuropa die ersten Ackerbauern sesshaft wurden, dominierten in den Mischwäldern die Eichen.

Buchen und Hainbuchen eroberten den Wald während der Eisenzeit. Die römischen Besatzer fühlten sich in den düsteren Buchenwäldern unwohl.

Viehfutter zu nutzen, denn es gab im bewaldeten Mitteleuropa kaum Weideflächen und Futterwiesen. Schon damals hatten die menschlichen Eingriffe in die Natur tiefgreifende Folgen: Die Praxis des Schneitelns begünstigte vor fast 6000 Jahren ein massives Ulmensterben. Der Erreger dieser Ulmenkrankheit, ein Schlauchpilz, konnte durch die zahlreichen Verletzungen der geschneitelten Ulmen besonders leicht in die Bäume eindringen. In ganz Nordwesteuropa, einem riesigen Gebiet zwischen dem heutigen Großbritannien, Polen und Skandinavien, wurde die Ulme in kürzester Zeit bedeutungslos.

Zwangsläufig musste sich nun auch die religiöse Sichtweise bezüglich der „heiligen Bäume" ändern. In dieser „neuen Welt" konnte nicht mehr jeder Baumfrevel durch ein Ritual gesühnt werden. Es wurde unterschieden zwischen profaner und sakraler Nutzung: Das Heilige zog sich auf ausgewählte Bäume und in heilige Haine zurück. Diese ausgesuchten Exemplare waren unantastbar und durch hohe Strafen streng geschützt. An diesen geweihten Orten leistete man letztendlich Sühne für den Baumfrevel, den man außerhalb der heiligen Bezirke beging. Auch die Beziehung zur Erde änderte sich grundlegend, denn die Erdmutter wurde verletzt und in Besitz genommen, ein Akt, der ebenfalls durch Opfer zu sühnen war. Mit der Rodung der Wälder und dem Pflügen der Erde begann die Zivilisation. Der Mensch, bisher Teil des Ganzen, passte die Natur allmählich den eigenen Bedürfnissen an. Die Sesshaftigkeit war Voraussetzung für die Entwicklung vieler neuer Techniken, wie Schrift, Töpferei oder Metallbearbeitung. Doch die beginnende Spezialisierung der Arbeit hatte auch weitreichende Folgen für das bisher egalitäre Gesellschaftssystem, das sich nun immer mehr aufteilte in Reiche und Arme, Mächtige und Unterdrückte, Adelige und Bauern.

METALLZEIT: KELTEN, RÖMER UND GERMANEN

Ab 3000 v. Chr. folgten zunächst in kleiner Zahl die letzten aus eigener Kraft zurückkehrenden Baumarten: Hainbuche, Buche, Eibe und Weiß-Tanne. Kulturhistorisch gesehen, ging nun gegen Ende der Eichenmischwaldphase auch die Jungsteinzeit zu Ende. Die Metallzeit begann in Mitteleuropa ab 3000 v. Chr. mit der Kupferverarbeitung, und etwa 1000 Jahre später schloss sich die Bronzezeit an. Die neuen Metallwerkzeuge boten neue Möglichkeiten, Bäume zu fällen und zu zerlegen. Mit der Metallverarbeitung nahm der Holzbedarf rapide zu, denn man benötigte viel Holzkohle zur Metallschmelze. Mitteleuropa wurde in diesem Zeitraum vor allem von keltischen Völkern besiedelt.

Mit Beginn der Eisenzeit (800 v. Chr.) setzten sich die konkurrenzstarken Buchen und Hainbuchen immer mehr in Szene. Um Christi Geburt hatte die Buche fast ganz Mitteleuropa bedeckt, in Schweden kam sie allerdings erst im Laufe des Mittelalters an. Die Buche dominierte nun den Wald so stark, dass man heute von der „Buchenzeit" spricht. Im Gebirge übernahm mengenmäßig die Fichte die Regie. Deutschland war nahezu komplett bewaldet, und zwar in einer Dichte, wie sie später nie wieder erreicht wurde.

Denn in der Eisenzeit nutzten die Menschen das Holz aus den Urwäldern in großen Mengen zur Verhüttung von Eisenerz. In Bergbaugebieten veränderte sich das Waldbild durch den ständigen Einschlag hin zu Niederwäldern.

Ab 200 v. Chr. wanderten germanische Völker in die Siedlungsgebiete der Kelten ein und verdrängten diese nach Westen. Buchen und Eichen wurden zu wichtigen Bäumen der germanischen Mythologie, denn sie prägten nun die mitteleuropäischen Wälder.

Als die Römer etwa 100 v. Chr. „Germanien" erreichten, waren sie von den „endlosen, düsteren Urwäldern" sehr beeindruckt. Julius Cäsar (100 v. Chr. – 44 v. Chr.) soll gesagt haben: *„Es gibt niemanden in diesem Germanien, der sagen könnte, er sei bis an das Ende jenes Waldes gekommen, oder der vernommen hätte, wo er anfängt."* Der Geschichtsschreiber Tacitus (55–120) beschrieb Germanien als *„ein Land bedeckt mit schrecklichen Wäldern"*.

Man sollte allerdings bedenken, dass beide Autoren aus Italien kamen, wo längst alle Wälder für den Flottenbau gerodet waren. Das maßlose Abholzen der Bäume hatte in vielen Gebieten des römischen Imperiums fatalste Folgen: So wurde beispielsweise die Kornkammer Roms (Nordafrika) zur Wüste. Während in unseren Breiten, aufgrund der klimatischen Bedingungen und der Bodenfruchtbarkeit, der Wald nach der Rodung stets zurückkehrte, führten die Kahlschläge im Mittelmeerraum zum endgültigen Verlust des Waldes.

Mit den römischen Besatzern kamen dann noch einige Bäume zu uns, die es allein vermutlich nicht über die Alpen geschafft hätten: verschiedene Obstbäume (Apfel, Quitte, Pflaume, Kirsche), Walnuss und Ess-Kastanie. Walnuss und Kastanie waren vor der letzten Eiszeit in Deutschland noch heimisch gewesen.

Trotz der großflächigen Entwaldung der Mittelmeerländer in römischer Zeit spielten Bäume und Wälder in Mythologie und Religion der Römer eine wichtige Rolle. Die Bäume galten als Aufenthaltsort verschiedenster Nymphen und Götter. Die Verehrung dieser göttlichen Wesen beschränkte sich jedoch auf einzelne Baumexemplare, wie ein Zitat des Schriftstellers Plinius (23–79) nahelegt: *„Wälder waren einst die Tempel der höheren Mächte und auch jetzt noch weiht man auf dem einfachen Lande nach uralter Sitte einen besonders schönen Baum der Gottheit."* Diese Sitte endete im Römischen Reich im Jahre 392, als der christliche Kaiser Theodosius jede Form des heidnischen Kultes verbot.

WALD PRÄGT KULTUR

Die Waldgeschichte hinterließ auch Spuren in Kulturgeschichte und Mythos. Die spät eingewanderten Bäume, wie Buche und Hainbuche, erlangten beispielsweise bei der keltischen Bevölkerung (Bronzezeit) nur eine geringe kultische Bedeutung. Stattdessen verehrte man jene Bäume, die schon seit Jahrtausenden in den eigenen Siedlungsgebieten anzutreffen waren: Eberesche, Eiche, Esche, Erle, Eibe und Ulme. Die Tanne, ebenfalls ein Spätbesiedler, übernahm sehr viel Brauchtum und medizinische Tradition von der ähnlich aussehenden Fichte, die schon einige tausend Jahre früher angekommen war.

Auch in der Heilkunde konnten sich diese „neuen Bäume" nur schwer etablieren. Im Gegensatz dazu hatten sich bei den „alteingesessenen" Rückwanderern, wie Birke, Eiche, Esche, Hasel, Linde oder Weide, zahlreiche volksmedizinische Überlieferungen entwickelt. Die Basis der Traditionellen Europäischen Medizin entstand vermutlich während der Mittel- und Jungsteinzeit. Denn in dieser Zeit lebten erstmals viele Menschen in größeren Gruppen zusammen. Zunehmender Handel sowie Migrationsbewegungen führten zu einem regen Wissensaustausch, und die kulturelle Entwicklung wurde forciert. Die Sammlung und Tradierung (Überlieferung) des Heilwissens vereinfachte sich. Auch zahlreiche magische Zauber- und Heilrituale haben ihre Wurzeln in jener Zeit.

RAUBBAU AM WALD

Im Mittelalter begann die intensivste Nutzung der Wälder, und der Bestand an Bäumen ging beängstigend zurück. Über zwei Drittel des damaligen Waldes fielen zwei großen Abholzungsperioden zum Opfer: In der ersten Periode von 500 bis 800 rodeten die Menschen vor allem in der Nähe ihrer Siedlungen, um die Landwirtschaft voranzutreiben. In der zweiten Rodungsperiode von 1100 bis 1300 wurde nahezu der gesamte Urwald erschlossen. Selbst entlegenste Täler wurden gerodet. Nachhaltigkeit war damals kein Thema!

Holz war in Zeiten, als weder Erdöl noch Kohle zur Verfügung standen, der einzige Rohstoff zur Erzeugung von Wärmeenergie. Das Holz war nicht nur wichtig für Heizung und Herdfeuer der Haushalte, sondern auch für die Industrie. Vor allem die emporstrebende Eisenproduktion mit ihren Hochöfen fraß ganze Wälder auf. Auch die Glashüttenindustrie trug maßgeblich zum Niedergang des Waldes bei. Vor allem Buchenholz war sehr begehrt, da die daraus hergestellte Holzkohle die höchsten Temperaturen erzeugte. Zur Verhüttung einer Tonne Eisen wurden acht Tonnen Holzkohle benötigt, wofür man wiederum einen Hektar Niederwald verkohlen musste.

Sehr viel Holz verschlang die Herstellung von Pottasche. Es gab deshalb sogar den Beruf des „Aschebrenners". Pottasche war als einzige Kaliumquelle ein wichtiger Schmelzbeschleuniger bei der Glasherstellung und wurde zudem bei der Seifenproduktion benötigt.

Die waldgeschichtlich alten Eichen hatten eine große Bedeutung in Kult, Brauchtum und Medizin.

Aber damit nicht genug: Die Waldweide, der Eintrieb von Haustieren, schadete den Wäldern enorm. So fraßen beispielsweise im Jahre 1630 im Reinhardswald (Hessen) 20000 Schafe, 6000 Schweine, 6000 Rinder, 3000 Pferde, 700 Ziegen und 50 Esel.

Auch die intensive Harzgewinnung an Nadelbäumen ging mit erheblicher Zerstörung einher. Das Bauholz wurde nicht nur für Häuser verwendet, auch der Aufbau von Schiffsflotten verschlang gigantische Mengen Holz. Vom 16. bis zum 19. Jahrhundert wurden für den Bau der großen Kolonial- und Handelsflotten Unmengen an Eichen- und Tannenstämmen auf dem Rhein nach Holland geflößt. Für ein mittelgroßes Schiff benötigte man 4000 große Eichen. Selbst die Waffenproduktion zehrte am Holzbestand. Eine Baumart wäre dadurch sogar beinahe ausgestorben. Der Herstellung von Bögen fielen fast sämtliche Eibenbestände Europas zum Opfer. Auch die Gerberei von Leder trug ihren Teil zum Ausverkauf des Waldes bei.

Lediglich in Zeiten, in denen es den Menschen schlecht erging, erlebte der Wald kurze Phasen der Erholung. So zum Beispiel während der Pestepidemien im 14. Jahrhundert, in deren Folge ein Drittel der Bevölkerung ausgelöscht wurde, sowie im 30-jährigen Krieg (1618–1648), der ebenfalls viele Millionen Opfer forderte.

Die Zerstörung der Wälder im Mittelalter macht den Gedanken an heilige Bäume eigentlich obsolet. Zudem hatte die Christianisierung alles Denkbare unternommen, um die Baumverehrung der Germanen und Kelten zu verbieten und auszumerzen. Trotzdem finden sich bis ins 18. Jahrhundert zahlreiche Belege der Baumverehrung. Die Unterscheidung in profane und sakrale Nutzung war noch immer präsent: Während die Wälder massiv ausgebeutet wurden, gab es noch immer bestimmte Bäume, bei denen das Volk betete und Krankheiten hinterließ. Statt der Götter und Göttinnen rief man dort nun Maria und die Heiligen an.

Auch im Brauchtum waren die Bäume nach wie vor allgegenwärtig, man denke nur an den Maibaum und den Weihnachtsbaum oder an den Schutz- und Abwehrzauber, der mit Baumzweigen betrieben wurde.

DER WALD ALS HOLZFABRIK

Ab dem 17. Jahrhundert gab es immer häufiger Phasen der Holzknappheit. Im Winter verfeuerten die Menschen deshalb oftmals Zäune sowie Teile der Scheunen und Häuser. Es herrschte sozusagen die erste „Energiekrise“ der Menschheit. Der Wald befand sich in dem schlechtesten Zustand seit Menschengedenken. Auch die strengen Gesetze zur Brennholzeinsparung, die vor allem die ohnehin schon gebeutelten Bauern hart trafen, blieben wirkungslos.

So wurde im 18. Jahrhundert aus der Not heraus das Prinzip der nachhaltigen Forstwirtschaft erfunden. Es kam zu massiven Aufforstungen und zu einer Dominanz der produktiven Nadelhölzer Fichte und Kiefer. Im Vordergrund stand die Wirtschaftlichkeit des Waldes, was sich in der Schaffung düsterer Monokulturen niederschlug. Außerdem wurden neue Baumarten aus anderen Kontinenten eingeführt, wie zum Beispiel Douglasie und Rot-Eiche. Seither ist der Wald in der Regel ein planvoll angelegter und gepflegter „Wirtschaftswald“, dessen Zusammensetzung weitestgehend durch menschliche Eingriffe bestimmt wird. Ansätze einer geregelten Aufforstung gab es allerdings schon 1368. Der Nürnberger Peter Stromer säte damals auf Brachflächen den ersten von Menschenhand angelegten Kiefernwald.

Heute wird der Wald von ganz neuen Gefahren bedroht: Die Emissionsbelastungen durch Industrie und Verkehr und der damit zusammenhängende Klimawandel setzen dem Wald stark zu.

Holz war ein unentbehrlicher Rohstoff. Man benötigte es vor allem zur Wärmeerzeugung und beim Bau von Häusern und Schiffen.

WALDGESCHICHTE MITTELEUROPAS NACH DER EISZEIT

ZEIT	VEGETATION	KULTURPERIODE
14 000 v. Chr.: **Ende der letzten Kaltzeit**	baumlose Steppe und Tundra: vereinzelt **Zwerg-Birken** und **Gletscherweiden**	**Altsteinzeit**: Mitteleuropa ist aufgrund der Kaltzeiten fast menschenleer geworden
13 000 – 7000 v. Chr.	lichte Wälder und Steppen: überwiegend **Birken**, **Kiefern**, **Weiden**, regional begrenzt **Sanddorn** und **Wacholder**	**Altsteinzeit**: langsame Wiederbesiedlung durch kleine Sammler- und Jägergruppen. Religion: Bäume und Natur sind beseelt und heilig. 9500 v. Chr. Beginn der **Mittelsteinzeit**
7000 – 5500 v. Chr.	starker Zuwachs an **Hasel** (= Haselzeit), **Zitter-Pappel**, **Eberesche**, im Gebirge **Fichte** und **Kiefer**	**Mittelsteinzeit**: gekennzeichnet durch neue Jagdtechniken (Pfeil und Bogen, Fischen mit Netzen) und teilweise Sesshaftigkeit, Entstehung von Baumkulten, Entwicklung der Traditionellen Europäischen Medizin
5500 – 1500 v. Chr.	Mischwald mit **Eichen**, **Ulmen** und **Linden**. Ab 4500 v. Chr. kommen **Ahorne**, **Eschen**, **Erlen** und **Pappeln** dazu, im Gebirge die **Lärche**. Ab 3000 v. Chr. erste Spuren von **Buche**, **Hainbuche**, **Eibe** und **Tanne**.	ab 5500 v. Chr. **Jungsteinzeit**: Beginn des Ackerbaus, Sesshaftigkeit, Viehhaltung und Waldnutzung (Rodungen), ab 2000 v. Chr. **Bronzezeit**: Höhepunkt der keltischen Kultur und der Baumverehrung (heilige Bäume, heilige Haine), großer Holzbedarf für Metallschmelze. Religion: Beginn der Trennung zwischen profanen und sakralen Bäumen
1500 v. Chr. – 1300 n. Chr.	**Buche** und **Hainbuche** dominieren die Wälder (= Buchenzeit), Römer bringen ab 200 v. Chr. **Obstbäume**, **Edel-Kastanie** und **Walnuss** nach Mitteleuropa	**Bronzezeit**, ab 800 v. Chr. **Eisenzeit** – verstärkte Rodungen, ab 200 v. Chr. Eindringen der Römer sowie germanischer Völker in keltische Siedlungsgebiete, **Mittelalter**: ab 500 n. Chr. Religion: Christianisierung Europas und Verbot der Baumverehrung
1300 – 1750	starker Rückgang des Waldes, kaum noch geschlossene Wälder vorhanden	intensive Rodung der Wälder bis zur Holzknappheit
ab 1750	Neuankömmlinge aus der Neuen Welt (**Douglasie**, **Rot-Eiche**) und aus anderen Gebieten (**Rosskastanie**)	erste Aufforstungen, Entstehung der Wirtschaftswälder

BAUMHEILKUNDE

Sie werden in den Baumporträts viele Informationen finden, wie man Bäume als Heilmittel nutzen kann. Baummedizin kennt man in der rationalen Phytotherapie, in der Volksheilkunde, in der Bachblüten- und der Gemmotherapie.

Baumheilkunde wird außerdem seit Urzeiten auch auf rein energetischer Ebene praktiziert, also ohne die Einnahme von Pflanzenteilen. Im Folgenden lernen Sie die verschiedenen Therapieformen kennen. Die unten beschriebenen Grundrezepturen ermöglichen es Ihnen, Ihre eigene Baummedizin herzustellen und anzuwenden.

HEILEN MIT TEE UND TINKTUR

Die Pflanzenheilkunde gehört zu den ältesten Therapieformen überhaupt und lässt sich Jahrtausende zurückverfolgen. Sie nutzt Blätter, Blüten, Rinden, Wurzeln und Samen von arzneilich wirksamen Pflanzen. Auch Bäume gehören seit Urzeiten zum Medizinschatz der Pflanzenheilkunde. Ein Teil der Bäume kommt in der modernen Phytomedizin zum Einsatz. Diese nutzt als wissenschaftlich orientierte Richtung nur solche Pflanzen, deren Wirkung nachgewiesen ist. Daneben gibt es viele Anwendungen aus der Volksmedizin, die auf altem Erfahrungswissen beruht und auch Pflanzen einsetzt, zu denen keine Studien vorliegen. Beide Richtungen werden in den Pflanzenporträts berücksichtigt. Das Hauptaugenmerk liegt dabei auf den beiden wichtigsten Zubereitungsformen Tee und Tinktur.

Grundsätzlich kann man **Tees** sowohl aus frischen als auch aus getrockneten Pflanzenteilen zubereiten. Ein Tee aus frischen Pflanzen ist immer gehaltvoller, da beim Trocknungsprozess und der anschließenden Lagerung Wirkstoffe unweigerlich verloren gehen.

Trocknen ist allerdings eine unverzichtbare Konservierungsmethode, denn frische Fichtenspitzen etwa gibt es nur im Mai und nicht im Winter, wenn die meisten Menschen der Husten plagt. Wenn Sie also Baumblätter oder -rinden für die Vorratshaltung trocknen, achten Sie unbedingt darauf, dass sie möglichst nicht zerkleinert werden. Denn an jeder Bruchstelle können während der Lagerung wertvolle Wirkstoffe verloren gehen. Erst wenn Sie den Tee zubereiten, geht es ans Zerkleinern, denn jetzt sollen die Wirkstoffe aus den Pflanzenzellen ins Teewasser gelangen.

In den Baumporträts sind in der Regel Dosierung und Zubereitung für getrocknete Pflanzenteile angegeben. Frische Pflanzenteile benötigen kürzere Ziehzeiten (3–4 Minuten), da die Wirkstoffe durch die weichen Pflanzenzellen viel besser entweichen können. Dafür werden frische Pflanzenteile etwas höher dosiert, da sie sehr viel Wasser enthalten. Verdoppeln Sie deshalb die in den Porträts angegebene Dosierungsmenge für

Ein Tee aus Fichtensprossen wird schon seit Jahrhunderten bei festsitzendem Husten eingesetzt.

getrocknete Pflanzenteile. Wenn dort für eine Tasse Tee 1 TL getrocknete Blätter angeben ist, nehmen Sie an frischen Blättern 2 TL. Um besser dosieren zu können, schneiden Sie frische Pflanzenteile vor dem Aufgießen klein, getrocknete Pflanzenteile zerbröseln Sie. Baumblätter und -blüten übergießen Sie mit heißem, aber nicht mehr kochendem Wasser, damit die leicht flüchtigen ätherischen Öle nicht verdampfen. Lassen Sie das Wasser nach dem Aufkochen also 2–3 Minuten stehen. Baumrinden, mit ihren festen, holzigen Zellen, geben ihre Wirkstoffe besser ab, wenn Sie sie mit dem Wasser kurz aufkochen.

Tinkturen eignen sich wunderbar für die Baummedizin, da sie, im Gegensatz zum Tee, den Pflanzenteilen wesentlich mehr Wirkstoffe entziehen können. Außerdem sind sie unterwegs immer „einsatzbereit". Falls möglich, sollten Sie Tinkturen immer nur aus frischen Pflanzenteilen zubereiten, das bringt erfahrungsgemäß die beste Heilqualität. Zerreiben Sie dazu die frischen Pflanzenteile in Alkohol, damit dieser alle Wirkstoffe sofort umschließen und einfangen kann. Wählen Sie ein Ansatzverhältnis Pflanze zu Alkohol von 1:2,5 bei der unten beschriebenen Grundrezeptur für Tinkturen, um ein möglichst gehaltvolles Heilmittel zu erhalten. Wollen Sie getrocknete Pflanzen verwenden, wählen Sie ein Ansatzverhältnis von 1:4, da hier ja der Pflanzensaft fehlt. Aus dem gleichen Grund genügt bei getrockneten Pflanzen ein Alkoholgehalt von 40 % vol.

GRUNDREZEPT FÜR TINKTUREN

- 20 g frische Pflanzenteile
- 50 ml Ethanol 70 % vol.

Pflanzenteile und Alkohol in einem Mörser zu einem dünnflüssigen Brei zerreiben. Dann in ein Schraubglas geben und für 2 Wochen an einen lichtgeschützten, warmen Ort stellen. Sieben Sie den Auszug durch einen Tee- oder Kaffeefilter. Nun füllen Sie die Frischpflanzentinktur in ein Tropffläschchen aus Braunglas. So hält sie sich mindestens 2 Jahre. Bei Bedarf nehmen Sie 3-mal täglich 10–15 Tropfen ein.

HEILEN MIT BAUMKNOSPEN

Die Gemmotherapie ist ein relativ junger „Zweig" der Pflanzenheilkunde. Sie beschäftigt sich mit der Heilkraft der Knospen (lat. gemma), vor allem von Bäumen und Sträuchern. In Deutschland ist diese naturheilkundliche Therapieform erst in den letzten Jahren populär geworden, obwohl sie schon seit über 50 Jahren bekannt ist. In Frankreich, der Schweiz und Belgien dagegen ist die Gemmotherapie schon lange etabliert, und seit 1965 bildet sie einen Bestandteil des französischen Arzneibuches.

Den Knospen der Ess-Kastanie wird in der Gemmotherapie eine stark entgiftende Wirkung nachgesagt.

Entdeckt hat die Kraft der Knospen der belgische Arzt Henry Pol (1918–1988) Anfang der 1960er Jahre. Er nannte die Methode damals „Phyto-Embryo-Therapie“. Denn er sah in den Knospen, Triebsprossen und Wurzelspitzen das „Embryonalgewebe“, ausgestattet mit allen Informationen für den kompletten Bauplan der Pflanze. Das teilungsaktive Knospengewebe enthält ein Maximum an Energie und Wachstumskraft. Der französische Homöopath Dr. Max Tetau entwickelte das Verfahren weiter und prägte den heute gebräuchlichen Begriff „Gemmotherapie“.

Das Besondere der Knospenmedizin sind die Inhaltstoffe, vor allem die hohe Zahl an Aminosäuren. Außerdem enthalten Knospen viele pflanzliche Wachstumshormone (Auxine, Cytokinine, Giberelline), Vitamine, Enzyme und Schutzstoffe (Flavone). Deshalb erzielt man hier teilweise andere Heileffekte als in der üblichen Pflanzenheilkunde, bei der man in der Regel ausgebildete Pflanzenorgane (Blätter, Blüten, Samen, Wurzeln) benutzt. Am wirkstoffreichsten sind die Knospen im Frühling (Februar/März) ganz kurz vor dem Aufgehen. Bei Nadelbäumen können Sie statt der Knospen die jungen, hellgrünen Triebe verwenden. Die Wirkung der einzelnen Gemmomittel ist in den jeweiligen Pflanzenporträts beschrieben.

Gemmomazerate stellt man ähnlich her wie Frischpflanzentinkturen. Frische Knospen, Triebsprossen oder Wurzelspitzen werden in Glycerol und Ethanol zerkleinert und ausgezogen. Anschließend verdünnt man den Auszug mit einer Glycerol-Ethanol-Lösung im Mischungsverhältnis 1:9, was der ersten homöopathischen Dezimalpotenz entspricht (D1). Man bezeichnet das fertige Produkt als Knospen-Glycerol-Mazerat. Glycerol ist besser bekannt unter dem Namen Glycerin.

Die Gemmomittel werden als Mundspray auf die Mundschleimhaut gesprüht. Diese Methode ist sehr ergiebig und verbessert die Wirksamkeit.

Als „neue“ Therapieform befindet sich die Knospentherapie noch in der Entwicklung. Von vielen Bäumen existieren bislang keine käuflichen Präparate. Es gibt also noch viele Knospen zu entdecken! Aber Vorsicht: Nutzen Sie bei Selbstversuchen unbedingt nur Knospen von ungiftigen Bäumen und Sträuchern!

GRUNDREZEPT FÜR GEMMOMITTEL

- 1 g frische Knospen*
- 100 ml Glycerol/Glycerin (85 %)
- 100 ml Ethanol (70 % vol.)

Ethanol und Glycerin gut mischen. Die frischen Knospen mit einer Präzisionswaage wiegen und in einem Mörser mit rauer Oberfläche in 20 ml Glycerin-Ethanol-Mischung zerreiben. In einem geschlossenen Gefäß an einem lichtgeschützten, warmen Ort 20 Tage lang mazerieren. Dabei täglich umrühren. Das Mazerat durch einen Tee- oder Kaffeefilter absieben und mit 180 ml Glycerin-Ethanol-Mischung verdünnen. Gut durchschütteln und in Fläschchen mit Sprühkopf abfüllen. Bei Bedarf sprühen Sie damit 3-mal täglich mit 2–3 Sprühstößen auf die Mundschleimhaut. Das Gemmomittel ist mindestens 2 Jahre haltbar.

* In den Herstellungsanweisungen des französischen Arzneibuches wird ein sehr geringer Knospenanteil angegeben. Ich persönlich verwende die doppelte Menge, also in diesem Fall 2 g.

HEILEN MIT BAUMBLÜTEN

Die Bachblütentherapie geht auf den englischen Arzt Dr. Edward Bach (1886–1936) zurück. Bach entdeckte 1930, dass die Blüten ganz bestimmter Pflanzen Negativgefühle wie Angst, Ärger oder Resignation in ihr positives Gegenteil verwandeln können. Seine 38 Blütenmittel wirken im feinstofflichen Bereich auf den seelischen Zustand des Menschen. Da Krankheiten nach seiner Auffassung überwiegend seelische Ursachen haben, setzen die Blütenmittel sozusagen an der Wurzel an. Die Blütenessenzen sollen mit ihren Schwingungen die Balance wiederherstellen und so die Selbstheilung von Psyche und Körper unterstützen. Bach versuchte, die energetischen Schwingungen der Blüten durch einen Sonnenauszug auf reines Quellwasser zu übertragen. Dazu wurden

Die Bachblüte „Red Chestnut" gilt als Blüte für Menschen, die sich zu viele Sorgen um andere machen und sich selbst dabei vernachlässigen.

die frisch gepflückten Blüten in eine mit Wasser gefüllte Glasschale gelegt, so dass die gesamte Oberfläche mit Blüten bedeckt war. Am natürlichen Standort setzte er die Blüten der direkten Sonneneinstrahlung aus. Dann verdünnte er den Blütenauszug nach bestimmten Vorgaben.

Bach verwendete Blüten von Stauden, Sträuchern und Bäumen. Da immerhin mehr als ein Drittel der Bachblüten von Bäumen stammt, soll diese Methode hier im Buch vorgestellt werden. Die Wirkung der Bachblüten ist bei den jeweiligen Baumporträts beschrieben.

Zwar gibt es laut Bachinstitut nur 38 Bachblüten, aber selbstverständlich können Sie auch andere Blüten ausprobieren und eigene Erfahrungen sammeln. Dementsprechend wurde die Bachblütentherapie auf anderen Kontinenten mit vielen anderen Blüten „weiterentwickelt" (zum Beispiel kalifornische oder australische Blütenessenzen). Blüten von giftigen Pflanzen sollten Sie bei eigenen Experimenten jedoch auf keinen Fall benutzen.

Für den Sonnenauszug pflücken Sie die Blüten vormittags zwischen 9 und 10 Uhr. Füllen Sie dann weiches Quell- oder Hochgebirgswasser in eine kleine Glasschale. Solche Wässer sind auch käuflich zu erwerben. Mineralienarmes Wasser hat das beste Bindevermögen und kann somit die

GRUNDREZEPT FÜR BACHBLÜTEN

- Frische Blüten
- 150–200 ml weiches Wasser (für den Blütenauszug)
- 30 ml weiches Wasser (für die Einnahmeflasche)
- 15 ml Ethanol 40 % vol. oder Spirituose (für das Blütenkonzentrat)
- 30 ml Ethanol 40 % vol. oder Spirituose (für die sogenannte „Stockbottle“ oder Vorratsflasche)

Sammeln Sie die Blüten an einem sonnigen Vormittag. Legen Sie sie in eine mit weichem Wasser gefüllte Glasschale, so dass die gesamte Wasseroberfläche bedeckt ist. Anschließend alles 2–3 Stunden in der vollen Sonne stehen lassen und darauf achten, dass möglichst kein Schatten darauf fällt.

Dann tropfen Sie 15 ml von dem Blütenwasser mit einer Pipette in ein 30-ml-Fläschchen, das zuvor mit 15 ml Alkohol gefüllt wurde. Sie haben nun eine 1:1-Mischung aus 15 ml Blütenwasser und 15 ml Alkohol. Dieses Blütenkonzentrat verdünnen Sie zu Hause weiter, indem Sie ein kleines 30-ml-Fläschchen mit Alkohol füllen und 3 Tropfen des Blütenkonzentrates dazutropfen. Dies ist die sogenannte „Stockbottle“, die Sie in fertiger Form auch kaufen können.

Aus dieser Stockbottle stellen Sie nun in einem dritten Schritt die Einnahmeflasche* her: In ein 30-ml-Tropffläschchen, gefüllt mit weichem Wasser, geben Sie 3 Tropfen aus der Stockbottle. Davon täglich 4-mal 3–5 Tropfen einnehmen. Blütenkonzentrat und Stockbottle sind mehrere Jahre haltbar. Die Einnahmeflasche sollte kühl gelagert innerhalb einer Woche verbraucht werden.

* Die Einnahmeflasche entspricht den Originalanweisungen von Dr. Bach. Ich persönlich verzichte auf den dritten Schritt und gebe zur Einnahme 3–5 Tropfen direkt aus der Stockbottle in ein Glas Wasser.

Blütenschwingungen optimal aufnehmen. Die Blüten werden auf die Wasseroberfläche gelegt, bis diese vollständig bedeckt ist. Lassen Sie die Schale möglichst am Sammelort mindestens 2–3 Stunden in der Sonne stehen. Lediglich ein kleiner Teil des fertigen Blütenwassers wird im Verhältnis 1:1 mit Alkohol vermischt, denn für untenstehendes Rezept benötigen sie nur 15 ml. Zu Hause verdünnen Sie das Blütenkonzentrat über zwei weitere Verdünnungsstufen » Rezept links. Reste des Blütenwassers können Sie trinken.

Dr. Bach stellte zwar einen Großteil der Blütenkonzentrate (20, um genau zu sein) nach der Sonnenmethode her, aber leider benutzte er für die meisten Baumblüten die sogenannte Kochmethode. Sein Argument: Baumblüten würden so früh im Jahr blühen, dass der Sonne die nötige Kraft noch fehle. Bei der Kochmethode werden die Blüten, manchmal auch ganze Zweige, 30 Minuten lang gekocht. Die entstandene „Abkochung“ wird genauso weiterverarbeitet wie bei der Sonnenmethode. Ich selbst stelle grundsätzlich alle Blüten nur mit der Sonnenmethode her, denn meiner Ansicht nach ist der Kochprozess kein adäquates Verfahren, um energetische Schwingungen zu übertragen. Außerdem gibt es auch von März bis Mai durchaus sonnige Tage.

MAGISCHE BAUMHEILKUNDE

Die magische Medizin unserer Vorfahren beruhte auf der Annahme, dass Bäumen heilsame Kräfte innewohnen. Und zwar nicht in Form von Wirkstoffen, die man einnimmt, um eine pharmakologische Wirkung zu erzielen, sondern als eine „göttliche Energie“. Je nach Kulturepoche wurde diese göttliche Kraft entweder Naturwesen (Elfen oder Nymphen), Baumgeistern, Ahnengeistern, Göttern oder auch den Heiligen der katholischen Religion zugeschrieben. All diese „Helfer“ hatten ihren Sitz oder Verehrungsort im heiligen Baum. Ihre Kräfte wurden nicht nur genutzt, um Krankheiten zu beseitigen, vielmehr trug man den Bäumen auch Sorgen, Schwüre und Wünsche zu.

Von der Altsteinzeit bis ins Mittelalter war das Übertragen von Krankheiten auf Bäume sehr verbreitet. Schon der Römer Plinius (23–79) beschreibt in seiner Naturgeschichte, wie man sich der Zahnschmerzen entledigt: Mit auf den Rücken gelegten Händen solle man aus einem vom Blitz getroffenen Baum ein Stück Holz herausbeißen und dieses an den Zahn halten.

Es gab ganz verschiedene Methoden der Übertragung. Manchmal genügte das Berühren oder Umarmen des Baumes, um sich von Hautkrankheiten, Fieber oder Gicht zu befreien. Zum Beispiel musste bei einer Hauterkrankung („Flechte") der Kranke morgens vor Sonnenaufgang und abends nach Sonnenuntergang zu einer Weide gehen und sich dort von einer Person des anderen Geschlechts mit einem jungen Weidenschössling dreimal kreuzweise die betroffene Hautstelle bestreichen lassen. Dazu wurde folgende magische Beschwörung gesprochen: *„Die Flecht un die Wyd, / die liege im Strit* (= Streit)*, / Die Wyd gewinnt, / un die Flecht verschwind."*

Es war auch möglich, den Kranken durch gespaltene oder hohle Bäumen zu ziehen, was man vor allem bei Kindern tat. Man könnte das Durchkriechen als einen Akt magischer Wiedergeburt ansehen, wobei man das Kranke zurückließ und gesund und neugeboren wieder hervorkam. Solche Rituale konnten sehr aufwendige Vorschriften beinhalten: So musste der Zauber zum Beispiel am Johannistag (24. Juni) ausgeübt werden, von Helfern, die nur Johanna oder Johann heißen durften, und das Kind musste dreimal durch den Spalt gezogen werden. Oft wurden die Bäume extra zu diesem Zweck gespalten, allerdings musste man sie dann wieder zusammenbinden. Sowie der Spalt zusammenwuchs, heilte auch die Krankheit.

Eine weitere Methode war das „Verpflocken" oder „Verkeilen" von Krankheiten. Dazu bohrte man ein Loch in den Stamm und steckte dann einen Zettel mit dem Namen des Erkrankten oder auch Haare und Fingernägel von ihm hinein. Bei Zahnschmerzen schnitt man einen Span aus dem Stamm, stocherte damit am Zahn, bis er blutete, und fügte dann den Span wieder ein.

Man konnte die Krankheit auch im Baum verknoten, wie es vielfach von der Weide Seite 213 f. überliefert ist. Das ehrfurchtsvolle Anreden und Beschwören des Baumes mit bestimmten Segenssprüchen war immer Bestandteil der Übertragungen. Natürlich spielten bei diesen Ritualen auch häufig magische Tage, Tageszeiten oder Zahlen eine Rolle.

Die Magie unserer Vorfahren wird gerne als Aberglaube abgetan, jedoch können wir uns der Anziehungskraft der Bäume auch heute nicht entziehen, denn der Baum zählt zu den ursprünglichsten Vorstellungen der Menschheit. Das Urbild des Baumes, das tief in unserem Unterbewussten verankert ist, löst bei fast allen Menschen positive Emotionen aus. Meistens profitieren wir von

Ein Waldspaziergang hat messbaren Einfluss auf unsere Gesundheit: Er sorgt für Stressabbau und Enstpannung.

diesen Kräften unbewusst, wenn wir Bäumen beim Spaziergang begegnen, uns an ihren Stamm lehnen oder uns im Schatten ihrer Blätter ausruhen. Inzwischen ist das „Umarmen von Bäumen" in zahlreichen Studien untersucht worden, mit erstaunlichen Ergebnissen: Wer sich in der Nähe von Bäumen aufhält, fördert die Aktivität jener natürlichen Killerzellen, die im menschlichen Körper Viren und Krebszellen bekämpfen. In Japan untersuchten Wissenschaftler die Wirkung von „Shinrin-Yoku", was übersetzt „Waldbaden" heißt (was für ein schönes Wort!). Die Ergebnisse waren verblüffend: Der Aufenthalt im Wald bewirkte eine signifikante Senkung der Cortisolwerte (Stresshormon!), der Pulsfrequenz und des Blutdruckes. Schon nach 20 Minuten Waldspaziergang waren die Probanden merklich entspannt. Dabei wirken nicht nur die archaische Atmosphäre, sondern auch die Duftmoleküle der Bäume (Phytonzide) und die sauerstoffreiche Luft. In Amerika fand man heraus, dass Menschen, die in der Nähe von Bäumen wohnen, weniger aggressiv sind und dass Krankenhauspatienten, die von ihrem Krankenzimmer auf Bäume blicken können, weniger Schmerzmittel benötigen und schneller genesen. Bäume sind also nicht nur durch pharmakologische Wirkstoffe, sondern auch energetisch heilsam!

Die moderne magische Baumheilkunde heilt sozusagen mit der Begegnung und der Nähe zum Baum. Die Zwiesprache zwischen dem lebendigen Wesen Baum und uns selbst vermittelt die Heilung. Das Einzige, was wir benötigen, ist etwas Zeit, Sammlung und Achtsamkeit. Die Energie des Baumes kann schon nach kurzer Verweildauer Sorgen aufsaugen, Trost spenden, Klarheit bringen, Spannungen lösen und die Selbstheilungskräfte mobilisieren.

Gestalten Sie Ihre ganz persönliche Baumbegegnung, indem Sie auf Ihre innere Intuition hören und nur das tun, wobei Sie sich frei und wohlfühlen. Ich las in einem Buch, dass man einem Baum barfuß, mit freiem Oberkörper oder ganz nackt begegnen solle. Die meisten Menschen würden sich dabei vermutlich nicht wohlfühlen, und damit wäre eine positive und heilsame Baumerfahrung nahezu unmöglich!

„GRUNDREZEPT" FÜR EINE BAUMBEGEGNUNG:

- etwas Zeit, mindestens eine halbe Stunde

Suchen Sie sich einen Baum, der ihnen gefällt oder von dem Sie sich angezogen fühlen. Vielleicht gibt es ja in ihrer Gegend einen jener uralten Baumriesen, die schon einige Jahrhunderte „auf dem Buckel haben".

Betrachten Sie den Baum zunächst mit Abstand, indem Sie um ihn herumgehen. Wenn Sie sich langsam nähern, spüren Sie vielleicht schon seine Energiefelder. Begrüßen Sie den Baum, sei es mit Worten oder in Gedanken oder durch eine Berührung. Nun suchen Sie sich Ihren Platz, an dem Sie sich wohlfühlen: Entweder setzen Sie sich unter den Baum, oder Sie lehnen sich an seinen Stamm oder umarmen ihn. Manchmal bietet es sich an, in den Baum hineinzuklettern. Atmen Sie nun tief ein und lassen Sie beim Ausatmen alle Sorgen und Ängste entweichen. Sie spüren die Energie, die Kraft und den Schutz des Baumes. Sein Energiefeld hüllt Sie ein, und eine innere Ruhe breitet sich aus. Ein Baum ist ein kleiner Kosmos; in diesem Moment sind Sie ein Teil davon. Nehmen Sie alle Eindrücke in sich auf, das Blätterrauschen, den Vogelgesang, das Bienensummen, die krabbelnden Insekten, die Blütendüfte, das Rascheln des herabgefallenen Laubes, den Saftstrom unter der Rinde.

Vielleicht können sich bei dieser Meditation die Baumseele und Menschenseele berühren. In solchen Momenten haben wir Zugang zu unserer steinzeitlichen Intuition. Dann kann es zu erstaunlichen Erkenntnissen und Emotionen kommen. Aber auch ohne die Erfahrung einer geistigen Verbindung zum Baum werden Sie gestärkt und ausgeruht nach Hause gehen. Vergessen Sie nicht die alte Tradition des „Gebens und Nehmens": Bedanken Sie sich bei dem Baum und nehmen Sie Abschied von ihm.

Eine alte Eiche lädt ein zum Anlehnen oder Umarmen. Ein kraftvoller Ort an dem sich Baumseele und Menschenseele begegnen können.

BAUM & MENSCH IM MYTHOS

Zu Bäumen hatte der Mensch schon immer ein anderes Verhältnis als zu den übrigen Pflanzen. Der Baum gehört zu den ältesten archetypischen Motiven der Menschheit. Ein Urbild, das seit Urzeiten in uns verankert ist, möglicherweise entstanden aus der Ahnung, dass sowohl unsere Herkunft als auch unser (Über-)Leben an Bäume gebunden sind.

Schöpfungsmythen: Menschen aus Bäumen

Bei einer so zentralen Rolle der Bäume ist es kein Wunder, dass die Mythen vieler Völker die direkte Abstammung des Menschen von den Bäumen beschreiben. Der römische Dichter Vergil schildert die Urzeit der Menschheit als ein unzivilisiertes Dasein in Eichenwäldern, die von Naturwesen bewohnt waren: *„Diese Haine hatten als Ureinwohner Faune und Nymphen sowie ein Geschlecht von Männern (Menschen), welches Baumstämmen und harten Eichen entstammte. Dieses hatte weder Sitte noch Zivilisation, und sie wussten weder Stiere ins Joch zu spannen noch Vermögen zusammenzutragen und mit ihrem Teil sparsam umzugehen, sondern Früchte der Bäume und mühselige Jagd ernährte sie.“*

Die irischen Kelten erzählen den Mythos, dass das erste Menschenpaar aus zwei Bäumen entstand: Der Mann aus einer Erle und die Frau aus einer Eberesche. Bei den Germanen waren es zwei vom Meer angespülte Baumstämme, denen die Götter das Menschenleben einhauchten: Die Esche wurde zum Mann und die Ulme/Erle zur Frau ➾ Seite 114f.. Bei den arabischen Völkern galt die Dattelpalme als „Bruder des Menschen“. Nach persischer Überlieferung wuchs das erste Menschenpaar Meschia und Meschiane aus einem Baumstamm, dessen Äste sich innig umarmten. Die Siouxindianer glaubten, dass ihre Vorfahren noch wie Bäume mit den Füßen im Boden verwurzelt waren, bis eine Schlange daran nagte und die Menschen befreite. Der Indianerstamm der Algonkin hatte die Überlieferung, dass Mann und Frau aus einer Esche kamen.

Die Abstammung des Menschen vom Baum hat sich auch in den Bestattungsriten einiger Völker niedergeschlagen: Der Tote kehrte zurück zur Mutter, indem man ihn in einem hohlen Baum bestattete. Vor allem in der Bronzezeit nutzte man Baumsärge, auch „Totenbaum“ genannt.

Vor 4000 Jahren nutzte man häufig Baumsärge zur Bestattung.

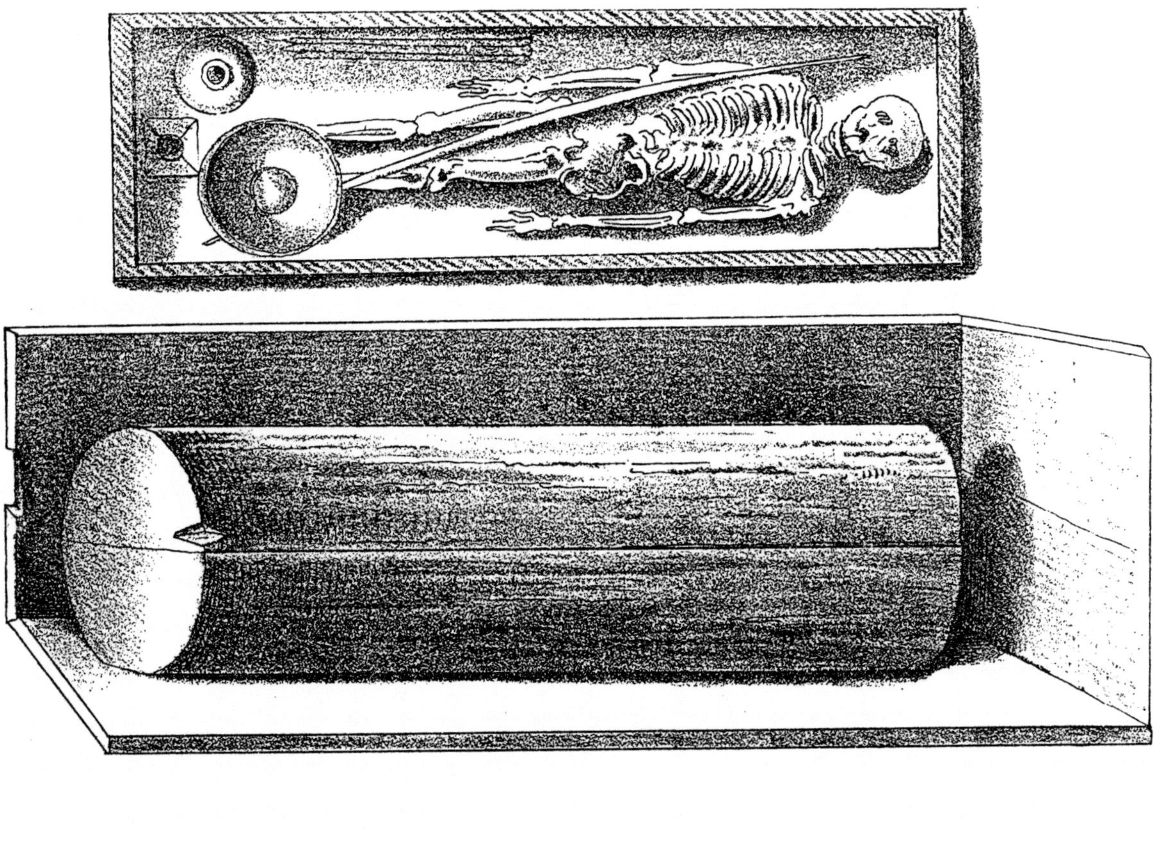

Wesensgleichheit von Baum und Mensch

Nach der Christianisierung galt nur noch der jüdisch-christliche Schöpfungsmythos, und eine Herkunft aus dem Baum war nicht mehr denkbar. Trotzdem blieb das vertraute Gefühl der Verwandtschaft und Wesensgleichheit erhalten. Dazu gehört auch die Vorstellung, dass Bäume bei Verletzungen wie Menschen bluten. In zahlreichen Sagen beginnen Bäume, die gefällt werden, zu bluten oder zu weinen. Die Baumverwandtschaft tritt auch in unserem bildhaften Sprachgebrauch und in zahlreichen Sprichwörtern zutage: *„Einen alten Baum verpflanzt man nicht“*, so heißt es, oder *„Wir sind aus dem gleichen Holz geschnitzt“*. Außerdem sind wir „verwurzelt“, „entwurzelt“ oder „baumstark“, wir haben eine „Abstammung“ und einen „Stammbaum“, wir sind aus „gutem Holz geschnitzt“ und „lassen uns die Freiheit nicht beschneiden“!

Sowohl die Gestalt des aufrecht stehenden Baumes als auch das Werden und Vergehen der Blätter während der Jahreszeiten wurden dem Menschen und seinem Dasein gleichgesetzt. Der Arzt und Alchemist Paracelsus (1493–1541) schrieb in diesem Sinne: *„Dieses Gewächs gleicht dem Menschen. Es hat seine Haut, das ist die Rinde; sein Haupt und Haar sind die Wurzeln; es hat seine Figur und seine Zeichen, seine Sinne und die Empfindsamkeit im Stamme. Sein Tod und sein Sterben sind die Zeiten des Jahres.“*

In vielen Kulturen war es üblich, das Schicksal von Bäumen und Menschen miteinander zu verknüpfen. Schon die Römer pflanzten bei der Geburt einen Baum, an dessen Gedeihen sie die Zukunft des Kindes ablasen. Der Brauch des Geburtsbaumes war auch in Mitteleuropa bekannt. Man nahm dazu oft Obstbäume, wobei Jungen meist einen Apfelbaum und Mädchen einen Birnen- oder Walnussbaum bekamen. Häufig gab man die Plazenta mit ins Pflanzloch.

Verwandlungen

Die Wesensverwandtschaft zu Bäumen war vor allem in der Antike noch sehr präsent. Es sind nicht nur Mythen überliefert, in denen der Mensch aus dem Baum hervorging, sondern auch umgekehrt konnten Menschen oder sogar Götter zu Bäumen werden. Vor allem der römische Dichter Ovid überliefert uns in seinem um Christi Geburt entstandenen Buch „Metamorphosen“ zahlreiche Baumverwandlungen. So wurde beispielsweise die Königstochter Myrrha in einen Myrrhebaum verwandelt, weil sie mit ihrem Vater eine inzestuöse Beziehung hatte. Als Baum gebar sie dann ihren Sohn Adonis. Die attraktive Bergnymphe Daphne versuchte dem aufdringlichen Gott Apollon dadurch zu entgehen, dass sie sich von ihrem Vater in einen Lorbeerbaum verwandeln ließ. In einem anderen Mythos wurde die Meeresnymphe Philyra zur Linde » Seite 160. Eine weitere Baum-Sage handelt von dem armen, aber glücklichen Bauernehepaar Philemon und Baucis: Die griechischen Götter Zeus und Hermes waren in der Welt unterwegs, um die Gesinnung der Menschen zu prüfen. Dabei baten sie, als arme Wanderer verkleidet, um Nachtlager und Essen. Überall wurden sie abgewiesen, nur bei den beiden Alten fanden sie Gastfreundschaft. Jene nahmen sie in ihre Hütte auf und teilten das Letzte, was sie hatten. Zum Abschied hielten die Götter Strafgericht über das hartherzige Volk und schickten eine tödliche Sintflut. Die Hütte des alten Ehepaars jedoch verwandelten sie in einen Tempel, wo beide noch viele Jahre als Diener des Heiligtums lebten. Am Ende ihrer Lebenszeit erfüllten die Götter ihren sehnlichsten Wunsch, durch den Tod nicht getrennt zu werden. Sie starben gemeinsam zur gleichen Stunde. Philemon wurde in eine Eiche verwandelt, seine Frau Baucis wurde zur Linde, und ihre Zweige berührten sich im Wind. So wurden Linde und Eiche zu Tempelbäumen.

Weitere Verwandlungsmythen werden in den Baumporträts » ab Seite 46 beschrieben.

Die antiken Mythen bringen selbst die Geburt der Götter mit Bäumen in Verbindung. So soll Zeus auf Kreta unter einer Pappel geboren worden sein, und seine Gattin Hera kam entweder unter einer Weide oder unter einem Mönchspfeffer zur Welt. Von der ägyptischen Liebesgöttin Hathor gibt es Abbildungen, auf denen sie einem Baum entsteigt. Ihr war die Sykomoren-Feige (*Ficus sycomorus*) geweiht.

Alte Baumveteranen inspirierten unsere Vorfahren: Sie sahen eine verwandtschaftliche Beziehung zwischen Baum und Mensch. Der Baum galt als bewohntes oder beseeltes Wesen.

DER HEILIGE BAUM

Manche Baumindividuen wurden als Sitz von Ahnengeistern, einer Gottheit oder eines Baumgeistes angesehen. Diese Wesenheiten wurden zusammen mit dem Baum verehrt. Wir können jedoch davon ausgehen, dass ursprünglich der Baum selbst als göttliches Wesen im Zentrum des religiösen Kultes stand. Erst später wurden Götter und Naturgeister darauf übertragen. Der einzelne Baum oder lichte Ansammlungen von Bäumen, die man als heilige Haine bezeichnete, waren die ursprünglichen Tempel der frühen Religionen. Die Verehrung von Bäumen treffen wir in allen alten Hochkulturen an, in Mesopotamien, Indien, Ägypten sowie bei Griechen, Römern, Kelten, Germanen und Slawen. Sie alle verehrten ihre Götter in Bäumen; später dann ging man dazu über, Tempel zu errichten. Vor allem Kelten, Germanen und Slawen beteten in heiligen Hainen zu ihren Göttern. In dieser Zeit hatten die „zivilisierten" Römer ihre Gottheiten längst in Tempelbauten untergebracht. So darf das Erstaunen des Schriftstellers Tacitus beim Anblick des germanischen Baumkultes nicht verwundern: *„Im Übrigen glauben die Germanen, dass es der Hoheit der Himmlischen nicht gemäß sei, Götter in Wände einzuschließen oder irgendwie der menschlichen Gestalt nachzubilden. Sie weihen ihnen Lichtungen und Haine …"*

Solche Bäume oder Haine waren sakrosankt, also unantastbar. Deshalb war der Baumfrevel ein schweres Vergehen, das oft mit dem Tod bestraft wurde. Den Hainen und heiligen Wäldern durfte man kein Holz entnehmen, und auch die Jagd war dort verboten. In der griechischen Epoche glaubte man, die Bäume der verehrten Haine seien mit weiblichen Baumgeistern verbunden, wie es auch in nachfolgender Sage überliefert ist: Der thessalische König Erysichthon ließ eine heilige Eiche im Hain der Göttin Demeter fällen. Da begann diese zu bluten, und die darin lebende Dryade flehte um ihr Leben. Kaltherzig ließ der König die Nymphe sterben. Demeter rächte jedoch den Tod ihrer Lieblingsnymphe grausam, indem sie eine Hungergöttin beauftragte, dem schlafenden König Fressgier einzuhauchen. Daraufhin verzehrte der König zuerst seinen ganzen Besitz und schließlich auch sich selbst. Selbst Könige wurden also gestraft, wenn sie an heiligen Bäumen Frevel begingen.

Zur Verehrung der heiligen Bäume gehörte, dass man dort Rat suchte oder Krankheiten abzustreifen wünschte. Es wurden Gelübde abgelegt und Opfergaben hinterlassen, die man an die Zweige band oder über die Wurzeln goss (Bier, Milch). Die vorchristlichen Völker betrieben Ahnenverehrung; sie glaubten an die Wiedergeburt der menschlichen Seele innerhalb der Sippe. Die Geister der Vorfahren warteten in heiligen Bäumen oder an Quellheiligtümern auf ihre Reinkarnation. Ein Baum, in dem die Ahnengeister wohnten, konnte man nicht fällen. Der Glaube an die Beseeltheit der Bäume war selbst im christianisierten Mittelalter noch präsent, denn bei heilmagischen Ritualen sprach man mit „Frau Hasel", „Frau Holle" (Holunder) oder „Frau Fichte".

DIE ZERSTÖRUNG DER BAUMHEILIGTÜMER

Schon im Alten Testament rangen die Priester mit dem Volk, das immer wieder vom Jehova-Glauben abfiel und nach alter Tradition Bäume, Quellen oder gar weibliche Göttinnen verehrte. Die Autoren der Bücher Moses erklärten Baumorakel und Opfer unter Bäumen zum Götzendienst und forderten, die heiligen Haine dem Erdboden gleichzumachen. Vor der gleichen Problematik standen die ersten christlichen Missionare, als sie in keltische und germanische Siedlungsgebiete vordrangen. Zahlreiche Konzilien beschäftigten sich mit der gotteslästerlichen Baumverehrung, und man war dabei nicht zimperlich: *„Mit größtem Eifer sollen die Bischöfe und ihre Knechte bis zum Letzten darum kämpfen, dass die Bäume, die den Dämonen geweiht sind und die das Volk verehrt, ja in solcher Verehrung hält, dass es nicht einmal wagt, einen Zweig oder Reis abzuschneiden, mit der Wurzel ausgehauen und verbrannt werden"* (658 Konzil von Nantes). Die Zerstörungs- und Dämonisierungsstrategie wurde in den ersten Jahrhunderten der Christianisierung mit großem Eifer verfolgt. Im Laufe der Zeit wich sie jedoch einer Umdeutungsstrategie: Die heidnischen Plätze und Bäume erhielten neue Namen und wurden Gott oder auch Maria geweiht

(Herrgottseiche, Marienlinde). Trotzdem wurden, wenn die alte Baumverehrung sehr hartnäckig war, immer wieder heilige Bäume gefällt. Die letzten, man kann es kaum glauben, im Jahre 1806 in der Schweiz: Auf Anraten mehrerer Geistlicher gab der Rat von Luzern den Befehl, *„die vom Volk als heilige Eiche und heilige Buche bezeichneten Bäume in aller Stille niederzuhauen"*. Die Bäume hingen voll mit Opfer- und Votivbildern! 1807 ging die Polizei von Luzern dann auch gegen eine „heilige Tanne" vor, zu der *„das Volk gegen rheumatische Schmerzen Zuflucht nahm"*.

Die Kirche nahm durchaus auch naturreligiöse Vorstellungen auf und erweiterte sie: Der heidnische Weltenbaum, der im Zentrum des Universums stand, wurde zum Kreuzesbaum im Zentrum des Christentums. Das Kreuz war das Symbol von Auferstehung und Erlösung. Es wurde im Mittelalter oft als grünender Lebensbaum dargestellt.

PARADIESBAUM, WELTENBAUM UND BAUM DER ERLEUCHTUNG

Auch das Alte Testament kam nicht ohne Bäume aus. Im biblischen Paradiesgarten standen in der Mitte zwei wichtige Bäume: *„Und Gott der Herr ließ allerlei Bäume aus der Erde wachsen, lieblich anzusehen und gut zu essen, und den Baum des Lebens mitten im Garten, und den Baum der Erkenntnis des Guten und des Bösen."* Von den Früchten des letzteren war es Adam und Eva verboten zu naschen. Die verführerische Schlange sorgte für den Sündenfall, und so kam es zur Vertreibung aus dem Paradies. Verloren war dadurch auch der Baum des Lebens, der den Menschen Unsterblichkeit hätte schenken können.

Religiöse Vorstellungen von Lebensbäumen gab es in allen Kulturen. Der sogenannte Weltenbaum ist eines der ältesten Mythen und Symbole. Mit ihm erklärte sich der Mensch die Schöpfung und das Universum. Der Baum war Zentrum und Stütze der Welt, der Himmel ruhte auf seiner Krone. Seine Wurzeln und seine Äste verbanden die verschiedenen Welten. In der schamanischen Kosmologie ist die Welt in drei Stockwerke gegliedert, verbunden durch den Weltenbaum: Oberwelt, Erde und Unterwelt. Der Baum symbolisierte das Universum und den Kreislauf des Werdens, Vergehens und Auferstehens. Die Schamanen nutzen ihn bei ihrer Reise in andere Welten, wo sie zum Beispiel Krankheitsgeister und Heilmittel suchen. Sie orientieren sich bei ihrer Trancereise an den Wurzeln und Ästen des Schamanenbaumes. Die germanische Weltenesche Yggdrasil » Seite 115 f. ist das bekannteste Weltenbaummotiv. Ausführlich wird sie in der nordischen Liedersammlung Edda beschrieben: *„Die Welt liegt im Schatten eines gewaltigen Baumes, der seine Wurzeln tief in die Erde hinabtreibt und dessen Krone in den Himmel emporragt."* An ihrem Fuße befanden sich drei Quellen, und an ihrer Wurzel nagte eine verderbenbringende Schlange. Hier gibt es auffallende Ähnlichkeiten zu den Paradiesbäumen: Beide stehen an lebensspendenden Wassern und eine Schlange trägt zur Zerstörung der alten Ordnung bei.

In buddhistischen Kulturen wurde der Bodhibaum (*Ficus religiosa*) Teil der Verehrung Buddhas, der im Jahre 528 v. Chr. unter einem solchen Baum die Erleuchtung empfing. In Sri Lanka bringt man dieser Baumart Opfer in Form von Blumen, Reis, Früchten und Münzen dar. Genau besehen geht es dabei nicht um Buddha, sondern um den Baum. Die Baumverehrung ist viel älter als der Buddhismus, gut erkennbar an einem kleinen Detail der Überlieferung: Als Buddha am Abend vor seiner Erleuchtung meditierend unter dem Baum saß, brachte ihm eine Frau namens Sujata eine Schale Reis als Opfergabe, weil sie dachte, Buddha sei der Baumgeist, der dort seinen Sitz hatte.

WARUM BÄUME HEILIG WURDEN

Stein- und bronzezeitliche Ritzzeichnungen stellen Menschen oftmals mit erhobenen Händen dar. Diese uralte Gebetshaltung, die auch nordamerikanische Indianerstämme zur Anrufung der Geister nutzten, erinnert an die Gestalt der Bäume, die ihre Äste dem Licht entgegenstrecken. Auch wenn es Spekulation sein mag, dass der betende Mensch den Baum bewusst als Vorbild nahm: Sicher ist, dass dieser auf den archaischen Menschen eine besondere Anziehungskraft ausübte und von ihm als heilig empfunden wurde. Das hat vielerlei Gründe: Zum einen galten Bäume durch ihr hohes

Alter und ihre ungewöhnliche Größe als Symbol für Stärke und ein langes Leben. Alte Bäume, die schon zahlreiche Menschengenerationen überdauert hatten, mussten unsterblich erscheinen. Ihr Laubabwurf im Herbst und ihr Neuaustrieb im Frühling waren ein Zeichen für das sich ständig erneuernde Leben. Auch immergrüne Bäume demonstrierten mit ihrem scheinbar unvergänglichen Blattwerk eine Teilhabe am ewigen Leben. Kein Wunder, dass Bäume neben der Wiedergeburt auch ewige Fruchtbarkeit repräsentierten. Möglicherweise vermutete man deshalb dort den Aufenthaltsort der Seelen. Es gibt viele Sagen, in denen die kleinen Kinder aus bestimmten hohlen Bäumen in die Welt geholt werden. Darin spiegelt sich der Gedanke des Sippenbaumes, der die Seelen der Verstorbenen aufnimmt und bis zur (Wieder-)Geburt eines Kindes beschützt. Kein Wunder, dass auf solchen lebensspendenden Bäumen meist weibliche Gottheiten ihren Sitz hatten. Zweige von Bäumen wurden aus diesem Grund für Fruchtbarkeitsrituale genutzt, die in entfremdeter Form teilweise bis heute ausgeübt werden. Dazu gehören beispielsweise der Weihnachtsbaum » Seite 193, die Lebensrute » Seite 129, das Pflanzen eines Geburtsbaumes und der am Palmsonntag geweihte Palmen » Seite 212.

Bei der Frage, warum den Bäumen eine besondere Rolle im Kult gebührte, muss man auch ihren Nutzen berücksichtigen. Der Urmensch verdankte ihnen in vielerlei Hinsicht das Leben. Ganz wichtig ist die Tatsache, dass das Holz der Bäume das heilige Feuer nährte. Der Stellenwert des wärmenden Feuers für die menschliche Kultur ist nicht zu unterschätzen. Deshalb wurden beide Elemente, Feuer und Baum, kultisch verehrt. Viele Bäume waren wichtige Nahrungs- und Heilmittellieferanten, und vor allem lieferten sie Bauholz für Hütten, Unterstände, Speere, Pfeile und Bogen. Außerdem boten Bäume Schutz vor den Wettergewalten (Hitze, Regen, Sturm), aber auch vor dämonischen Einflüssen. Der Schutzaspekt galt bis ins Mittelalter: Der Hausbaum, der früher in der Nähe jedes Hofes stand, bewachte und schützte die Hausgemeinschaft. Das Holz eines solchen Schutzbaumes konnte auch in verarbeiteter Form (etwa als Türschwelle) seine abwehrende Wirkung behalten!

Nicht immer war der Baum allein das Heilige: Oft markierten und schützten heilige Bäume einen besonderen Ort, mit dem man eine Verbindung zum Göttlichen assoziierte. Einen besonderen Stellenwert hatten zum Beispiel Quellheiligtümer. Sie galten als Eingang zur Unterwelt. Die Verbindung zum Lebenselement Wasser heiligte die dort wachsenden Bäume. Auch Felsen, Hügel, Berge oder energetische Plätze gehörten zu diesen besonderen Orten, aber letztendlich wirkte das Heilige nur in Verbindung mit dem schützenden Baum.

Heilige Orte waren immer auch heilsame Orte, bei denen man Krankheiten abstreifen und dadurch gesunden konnte. „Heilig" und „heilen" war im Denken der alten Völker untrennbar verwoben.

Die mächtige Esche symbolisierte den Weltenbaum. Seine Äste ragten in die Himmelswelt, seine Wurzeln reichten tief in die Unterwelt.

DIE BAUMARTEN IM PORTRÄT

Buche und Eiche sind seit Urzeiten bei uns heimisch, Fichte und Kiefer kennen wir oft nur als Nutzholz, Birke als Moorbewohner und Rosskastanie aus Biergärten. Sie alle haben eine ganz eigene, besondere Geschichte, die sie mit den Menschen verbindet.

AHORNE

ALLER GUTEN DINGE SIND DREI

Bei unseren Vorfahren zählte der Ahorn, wie die Birke und die Lärche, zu den fröhlichen, heiteren Bäumen, unter deren Krone man sich gerne aufhielt. So schrieb der Arzt Tabernaemontanus im Jahre 1588: „Es wird dieser Baum in Ehren gehalten wegen seines lustigen Schattens.“ Von den 150 weltweit verbreiteten Ahornarten sind drei Arten bei uns heimisch.

NAME	BERG-AHORN *Acer pseudoplatanus*	SPITZ-AHORN *Acer platanoides*	FELD-AHORN *Acer campestre* (Syn. Maßholder)
FAMILIE	Seifenbaumgewächse		
HÄUFIGKEIT	2 % der Waldfläche (Österreich 2 %, Schweiz 4 %)		
ALTER	300 – 500 Jahre	150 – 250 Jahre	150 – 200 Jahre
WUCHSHÖHE	30 – 50 m	20 – 30 m	strauchartig, 10 – 15 m
STAMMUMFANG	6 – 8 m möglich	4 – 5 m möglich	2 m möglich
RINDE	graubraun, schuppig	dunkelgrau, längsrissig	grau bis braun, netzrissig
BLÄTTER	5-lappig, Lappen eiförmig abgerundet, oberseits dunkelgrün, unterseits heller und auf den Hauptnerven behaart, am Rand stumpf gesägt, Blattstiel ohne Milchsaft	5 – 7-lappig mit stark gezähnten, zugespitzten Lappen, oberseits glänzend grün, unterseits hellgrün und nur auf den Blattnerven schwach behaart, Blattstiel mit Milchsaft	klein, 3 – 5-lappig mit abgerundeten Lappen, die unteren Lappen sehr klein, oberseits dunkelgrün, unterseits graugrün und leicht behaart, Blattstiel mit Milchsaft
BLÜTEN	April – Mai, erscheinen **nach** den Blättern, gelbgrün, einhäusig und getrenntgeschlechtlich oder zwittrig, in traubenartig hängenden Rispen	April – Mai, erscheinen **vor** den Blättern, gelbgrün, einhäusig und getrenntgeschlechtlich oder zwittrig, in kurzen, endständigen doldigen Rispen	Mai, erscheinen **mit** den Blättern, gelbgrün, zweihäusig, 10 – 20-blütige Rispen
FRÜCHTE	zwei zusammensitzende Flügelfrüchte, im rechten (spitzen) Winkel angeordnet	zwei zusammensitzende Flügelfrüchte, fast waagerecht gespreizt	zwei zusammensitzende Flügelfrüchte, waagerecht oder sogar leicht nach oben gespreizt
HOLZ	hart und mittelschwer, gelblich weiß, sehr hell, Splint- und Kernholz ohne Unterschied		
VERWENDUNG	wertvolles Möbelholz, Furniere, Parkett, Resonanzböden für Saiteninstrumente, früher: Kinderspiel mit Früchten		

Berg-Ahorn Fünf eiförmig abgerundete Lappen.

Spitz-Ahorn Zugespitzte und in sich gezähnte Lappen.

Feld-Ahorn Die kleinen Blätter sehen auf den ersten Blick dreilappig aus, denn die Lappen am Blattgrund sind sehr klein.

Am häufigsten verbreitet ist der Berg-Ahorn (*Acer pseudoplatanus*), der vor allem in mittleren und höheren Gebirgslagen zu finden ist. In der Ebene wachsen eher Spitz-Ahorn (*Acer platanoides*) und Feld-Ahorn (*Acer campestre*). Diese drei Arten können sehr gut an der Blattform und den Flügelfrüchten identifiziert werden siehe Steckbrief.

Die propellerartigen Flügelfrüchte sind nicht nur ein Charakteristikum der Ahorne, sie waren und sind auch ein beliebtes Kinderspielzeug: Im grünen Zustand kleben sie prima auf der Nase und bieten sich dazu an, Nashorn oder „A-Horn" zu spielen. Außerdem lieben es Kinder, die Hubschrauber in die Luft zu werfen und ihren Flug zu beobachten.

Der Name *Acer* kommt vom lateinischen „spitz" und bezieht sich auf die zugespitzten Lappen der Blätter. Die Artnamen *pseudoplantanus* und *platanoides* weisen auf die Ähnlichkeiten der schuppenartigen Borke und der gelappten Blätter mit denen der Platane (*Platanus orientalis*) hin.

DAS TROJANISCHE PFERD

Bei den alten Griechen war eine südländische Ahornart (*Acer sempervirens*) dem Kriegsgott Ares und dessen Sohn Phobos geweiht. Angeblich war das berühmte Trojanische Pferd aus Ahornholz gebaut. Das hölzerne Pferd war eine Kriegslist des Odysseus. In seinem Innern versteckten sich einige Krieger, und die griechische Armee täuschte einen Abzug vor. Das Pferd trug die Inschrift: *„Die Griechen widmen dieses Dankopfer der Göttin Athene für eine sichere Heimfahrt."* Trotz Warnungen der Seherin Kassandra brachten die Trojaner das Pferd in die uneinnehmbare Burg. In der Nacht öffneten die versteckten Helden die Stadttore und das griechische Heer zerstörte Troja.

DER HEILIGE BAUM DER BERGVÖLKER

Im mitteleuropäischen Raum sind für die dort heimischen Ahornarten im Vergleich zu Eiche oder Linde nur wenige Mythen und Brauchtum überliefert. Möglicherweise hängt dies damit zusammen, dass die Ahorne bei ihrer Rückkehr (4500 v. Chr.) waldgeschichtlich nicht sehr häufig vorkamen. Lediglich im Gebirge konnte sich der Berg-Ahorn durchsetzen. Deshalb haben sich vor allem im Alpenraum einige Geschichten und Sagen erhalten, die zeigen, dass der Berg-Ahorn in manchen Regionen als besonderer oder gar heiliger Baum angesehen wurde.

In Graubünden (Schweiz) stand solch ein besonderes Exemplar, mit sechs Meter Stammumfang. An diesem sogenannten „Schwurbaum" haben sich im Jahr 1424 einige Dörfer und Regionen zu einem Bund gegen die Habsburger zusammengeschlossen, die gerne die Handelswege kontrolliert hätten. Man wollte in Zukunft Streitigkeiten untereinander vermeiden und „einig sein gegen die Großmacht der Habsburger". Der gegründete „Graue Bund" (aus dem sich der Kantonsname Graubünden entwickelte) traf sich alle zehn Jahre, um den Schwur unter dem Ahorn zu erneuern. Im Jahr 1870 fiel der riesige Baum einem Sturm zum Opfer. Heute steht an der gleichen Stelle ein aus einem Steckling des Schwurbaumes gezogener, inzwischen über 140 Jahre alter Ahorn. Der riesige Wurzelstock des alten Baumes ist noch heute im Museum des Ortes Trun zu besichtigen.

VON FEEN UND NYMPHEN

In einer alten Sage aus dem 15. Jahrhundert taucht ein bekanntes Muster auf: die Verbindung von weiblichen Naturgeistern mit Bäumen. Ein Bauer wollte einen Ahornbaum fällen. Da trat plötzlich eine geheimnisvolle Frau zu ihm und fragte, wozu er das Holz nehmen wolle. *„Zu Tischen und Stühlen, denn ich will heiraten“*, antwortete er. Dann sagte die Frau: *„Dieser Ahorn widersteht jedem Axthieb, solange ich ihn nicht berühre. Wenn du versprichst, für deinen Erstgeborenen eine Wiege daraus zu machen, will ich den Baum berühren.“* Der Bauer versprach es und baute eine Wiege. Als das Kind geboren wurde, erschien die Frau mit einem Ahornzweig und berührte das Kind, welches von nun an mit Glück gesegnet war. Die Frau war eine verwunschene Fee und war nun selbst erlöst.

Der Glaube an die Bindung von Naturgeistern an Bäume und Quellen hat eine alte Tradition. Die Römer und Griechen nannten sie Nymphen, die Kelten sprachen von Feen. Jene Nymphen, welche für die Bäume zuständig waren, nannte man Dryaden. Genau genommen waren die Dryaden die Nymphen der Eichenbäume („drys“ = Eiche), aber der Begriff wurde für alle Baumnymphen üblich. Die Baumnymphen waren wiederum einzelnen Baumarten zugeordnet: die Karyatiden dem Walnussbaum, die Meliaden den Eschen und die Heliaden den Pappeln. Hamadryaden waren im Gegensatz zu Dryaden ein Teil der Bäume und mussten daher mit ihnen sterben. Aus diesem Grunde bestraften die griechischen Götter jeden Sterblichen, der einen Baum verletzte, ohne zuvor den Baumnymphen zu opfern.

VERWANDLUNG IN EINEN BAUM

In einer Kärntner Sage geht es um eine Baumverwandlung: Ein Mädchen verliebte sich in einen Soldaten. Als die Mutter merkte, dass sich die Tochter heimlich mit einem Mann traf, erzürnte sie und sprach einen schrecklichen Fluch aus: *„Ich wollte, du wärst ein Ahornbaum und verdorrst wie das Grün an seinen Ästen.“* Und siehe da, zum Entsetzen der Mutter verwandelte sich das Mädchen in einen Ahorn. Ihre Haut wurde zu Rinde, die Hände zu Ästen und die Haare zu Blättern. Jahre später saß ein Fiedler unter dem Ahornbaum und spielte so heftig, dass ihm der Bogen brach. Da nahm er ein Messer, um mit einem Ahornzweig einen neuen Bogen zu schnitzen. Als er in den Baum schnitt, tropfte Blut heraus. Er hörte eine Stimme: *„Mein Blut ist versöhnt, schneide einen*

Der Berg-Ahorn galt im Alpenraum stellenweise als heiliger Baum. Einige Exemplare sind wahrhaftig majestätisch.

AHORNMEDIZIN ANWENDEN

Eine südländische Ahornart ist schon in einer über 3500 Jahre alten medizinischen Schrift (Payrus Ebers) des alten Ägyptens als wichtige Heilpflanze erwähnt. Die ägyptischen Priester nutzten vermutlich den Balkan-Ahorn (*Acer hyrcanum*), um Entzündungen zu heilen.

Hildegard von Bingen (1098–1179) empfahl bei Gicht, erwärmtes Ahornholz auf die schmerzende Stelle zu legen. Bei Fieber verordnete sie ein Bad mit einem Zusatz von ausgekochten Ahornblättern. Außerdem sollte man nach dem Bad den ausgepressten Rindensaft in Wein trinken.

In der Volksmedizin wurden Ahornblätter vor allem bei der Wundversorgung genutzt. Dazu weichte man sie in heißem Wasser ein und legte sie dann auf die Wunden. Dies sollte auch bei Geschwüren, Fieber, geschwollenen Gliedern und bei müden Augen helfen. Bei Schwellungen, Entzündungen, Prellungen und Insektenstichen legte man die frischen, kühlenden Ahornblätter auf die betroffenen Stellen. Dazu quetschte man die Blätter an, damit etwas Saft austrat.

In der Gemmotherapie verwendet man das Knospenmazerat bei Fieber (fiebersenkend), Muskelschmerzen (schmerzlindernd, abschwellend) sowie erhöhtem Cholesterin- und Blutzuckerspiegel.

Bogen und spiele mit ihm ein Grablied. Geh dann vors Bleicherhaus, wo meine Mutter wohnt, und geige ihr ein Stück und sage, dass der Bogen von ihrem Kind ist.“ Da machte er wie ihm geheißen, und der Bogen brachte Töne hervor wie nie zuvor. Als die Mutter dies hörte, sprach sie reuevoll: *„Wahrlich, lieber ein gefallenes Kind als gar keines mehr!“* In Österreich gibt es mehrere solcher Sagen über die Verwandlung von Mädchen in einen Ahornbaum. Im Verlauf der Sagen wird der Baum verletzt und Blut fließt aus der Wunde.

SCHUTZ VOR HEXEN UND ANDEREM UNHEIL

Wie manch anderer heiliger Baum stand auch der Ahorn in dem Ruf, Hexen und böse Geister zu vertreiben. Als besonders wirksam galt es, eine Türschwelle aus Ahornholz zu fertigen, die die Hexen anscheinend nicht zu überschreiten vermochten. Es musste aber nicht gleich eine ganze Schwelle sein, es genügte bereits, wenn man Zapfen aus Ahornholz in Türschwellen oder Türrahmen schlug. Türschwellenzauber spielte in früheren Zeiten eine enorm wichtige Rolle, denn die Schwelle ist die Grenze zwischen Innen und Außen. Wer besonders ängstlich war, stattete zusätzlich Fenster, Türen und Zimmerecken mit Ahornzweigen aus. Der Abwehrzauber mit Ahornzweigen hat vermutlich mit der Blattform zu tun, die wie eine gespreizte, abwehrende Hand aussieht.

Ahornzweige konnten angeblich auch vor Blitzschlag schützen, wenn man sie am 24. Juni (Johannistag) auf den Dachboden brachte. Um die Felder herum gesteckte Ahornsträußchen sollten die Maulwürfe vertreiben. In seinem ursprünglichen Verbreitungsgebiet wurde der Berg-Ahorn als beschützender Hausbaum immer in der Nähe des Hofes gepflanzt.

Im folgenden Brauch ging es ursprünglich um ein Opfer an einen Baumgeist oder eine Baumgottheit, auch wenn es in der Überlieferung nicht mehr deutlich hervortritt: Man glaubte, ein Wunsch gehe in Erfüllung, wenn man Wein über die Wurzeln eines Ahornbaumes gießt. Ähnliche Überlieferungen gibt es auch von Bieropfern unter Ahornbäumen.

SÜSSE FRÜHLINGSSÄFTE

Alle Ahornarten sind sehr saftreich, besonders der nordamerikanische Zucker-Ahorn (*Acer saccharum*). Aus ihm stellt man den berühmten Ahornsirup

Unter der Ahornrinde konnte sich im Glauben unserer Vorfahren durchaus eine Nymphe, eine Fee oder ein verwunschenes Mädchen verbergen.

Die Knospen des Feld-Ahorns nutzt man in der Gemmotherapie gerne wegen ihres positiven Einflusses auf den Cholesterin- und Blutzuckerspiegel.

her. Aber auch der heimische Berg-Ahorn kann im Frühling als Sirupquelle herhalten, wenngleich er nicht so ergiebig ist wie sein Bruder aus Amerika. In Not- und Kriegszeiten hatte die Zuckerherstellung aus Berg-Ahornsaft eine große Bedeutung. Dazu wird der Stamm wie bei der Birke im Frühjahr zur Zeit des Saftanstiegs (Anfang März) angebohrt Seite 59 f.. Etwa drei Wochen lang kann man nun täglich etwa einen Liter Saft gewinnen. Zum Zeitpunkt des Blattaustriebs versiegt der Saftstrom schlagartig. Jetzt wird die Bohrstelle mit Baumharz sorgfältig verschlossen. Den süßlich schmeckenden Saft dickt man durch Erhitzen zu Ahornsirup ein. In manchen Gegenden wurde aus dem Saft ein weinähnliches Getränk gebraut.

AHORN ALS NAHRUNGSPFLANZE

Ein alter Name des Feld-Ahorns ist Maßholder. Maß kommt vom germanischen mat = Speise und hat den gleichen Wortstamm wie Mast und Mus, ein Hinweis, dass die Blätter zu Nahrungszwecken genutzt wurden. Man fütterte damit Schweine, Pferde und Ziegen (Laubfutterbaum). Die jungen, eiweißreichen Blätter des Feld-Ahorns waren in Notzeiten auch für den Menschen interessant. Ganz jung schmecken sie mild-süßlich und sehr angenehm. Man kann sie in Salate mischen oder bereitet sie wie Blattspinat zu. Sehr lecker schmecken sie in Pfannkuchenteig getaucht und anschließend frittiert. In früheren Zeiten wurden die Blätter wie Sauerkraut milchsauer vergoren. Ähnlich lassen sich auch die größeren Blätter des Spitz-Ahorns verwenden. Durch die Blattgröße bieten sie sich als Weinblätterersatz an. Dazu füllt man die blanchierten Blätter mit gewürztem Reis, ähnlich den griechischen Dolmades. Je älter allerdings die Blätter sind, desto herber schmecken sie.

Auch Blütenbüschel und junge Ahornfrüchte (mit Flügel) sind als Nahrung nutzbar. Meiden sollten Sie allerdings die Samen des Berg-Ahorns, denn sie enthalten giftige Aminosäuren (Hypoglycin), die zum Erbrechen führen können und für Pferde sogar tödlich sind.

AHORN-SPINAT

- 1 kg junge Ahornblätter (Feld- oder Spitz-Ahorn)
- 1 Zwiebel
- 3 EL Olivenöl
- etwas Gemüsebrühe
- 200 g Sahne
- 1 Knoblauchzehe
- Salz
- Pfeffer

Zwiebel würfeln und im Öl anrösten. Von den Blättern die Stiele entfernen und die Blätter grob zerschneiden. Zusammen mit der gepressten Knoblauchzehe zu den Zwiebeln geben und zusammenfallen lassen. Eventuell mit etwas Gemüsebrühe ablöschen. Mit Salz und Pfeffer würzen und mit Sahne abschmecken. Einige Minuten ziehen lassen und als Beilage genießen.

BIRKEN

DER BAUM DER ERSTEN STUNDE

Für viele Menschen ist die Birke mit ihrem heiteren und jugendlichen Wesen der schönste aller Bäume. Vor allem im Frühling verzaubert sie uns mit ihrem schlanken Stamm und dem zarten Blätterkleid. Vermutlich hat die besondere Bedeutung der Birke im Kult vieler Völker auch damit zu tun, dass sie mit ihrem Erscheinungsbild die Menschen schon immer faszinierte. Ihre schneeweiße Rinde macht sie zu etwas ganz Besonderem.

NAME	MOOR-BIRKE *Betula pubescens* (Syn. Flaumbirke)	HÄNGE-BIRKE *Betula pendula* (Syn. Sandbirke, Weißbirke)
FAMILIE	Birkengewächse	
HÄUFIGKEIT	5 % der Waldfläche (Österreich 1,5 %, Schweiz 1,5 %)	
ALTER	80–100 Jahre, bis 120 Jahre möglich	
WUCHSHÖHE	25–30 m	
STAMMUMFANG	2–4 m möglich	
RINDE	weißgrau, rissige Borke bildet sich viel später als bei der Hängebirke, Äste eher waagerecht stehend	glatt und glänzend weiß, in dünnen Fetzen quer abreißend, im Alter zunehmend längsrissig (schwärzlich) und wulstig, Äste im oberen Bereich spitzwinkelig stehend
BLÄTTER	Blätter herzförmig bis rundlich, nur kurz zugespitzt, junge Blätter unterseits samtig behaart, Zweigspitzen nicht herabhängend, junge Zweige weich behaart	Blätter rautenförmig, lang zugespitzt und kahl, Zweige mit herabhängenden Spitzen
BLÜTEN	April bis Mai, einhäusig und getrenntgeschlechtlich, männliche Blütenkätzchen (10 cm lang) walzenförmig und braungelb, stehen zu zweit oder zu dritt zusammen, erscheinen schon im Herbst, hellgrüne weibliche Blütenkätzchen (2–4 cm) erscheinen im Frühjahr	
FRÜCHTE	geflügelte Früchte reifen im September	
HOLZ	weich und mittelschwer, hell gelblich gefärbt, kaum Farbunterschiede zwischen Kern- und Splintholz	
VERWENDUNG	gutes Brennholz, Möbel, Parkett, Furnier, Holzspielzeug, früher: Holzschuhe, Reisig für Besen, Rinde als Bedachung	

Der Name Birke, der sich in allen indoeuropäischen Sprachen auf den gleichen Wortstamm zurückführen lässt, bedeutet „hellschimmernd" oder „weißglänzend". Ein weiterer Grund für die kultische Bedeutung liegt in der Waldgeschichte, denn die Birke hat als erster Pionierbaum nach der Eiszeit den Weg in die baumlose Zone zurückgefunden. Sie dominierte als „Baum der ersten Stunde" die Vegetation von 13 000 bis 7000 v. Chr. und diente den Menschen der Altsteinzeit jahrtausendelang als Spenderin von Brenn- und anderem Nutzholz. Weil das Birkenholz ätherisches Öl enthält, brennt es sogar, wenn es feucht ist. Das aus der Rinde gewonnene Birkenpech war in der Steinzeit ein gebräuchlicher Allzweckklebstoff.

Während die Birke in Mitteleuropa nach und nach konkurrenzfähigeren Bäumen weichen musste, gehörte sie in Skandinavien, Osteuropa, Russland und Kanada weiterhin zu den dominierenden Baumarten. Deshalb gilt sie in diesen Ländern noch heute als Wahrzeichen der Nation. Als Charakterbaum ist sie mit den dort lebenden Menschen innig verbunden. Bei fast allen skandinavischen Volksbräuchen und -festen hat sie ihren unverrückbaren Platz. In den „Birkenländern" gehört zum Beispiel Birkenreisig unbedingt zum Saunaritual hinzu. Man peitscht sich damit die Haut, um das Entschlacken und die Durchblutung der Haut zu fördern.

Die Blätter der **Moor-Birke** (oben) sind mehr rundlich, während die rautenförmigen Blätter der **Hänge-Birke** (unten) eine langgezogene Spitze haben.

VERBINDUNG ZUM KOSMOS

Bei einigen Volksstämmen in Sibirien und der Mongolei verehrt man die Birke noch heute als Schamanen- oder Weltenbaum. Sie steht in der Jurte des Schamanen, denn sie öffnete den Zugang zum Himmel. Auch bei den Initiationsriten der zukünftigen Schamanen spielt sie eine besondere Rolle. Neun Kerben werden in den Wipfel des Birkenstammes geschnitten, den die Initianten rituell erklimmen müssen, als Symbol für die neun Himmelssphären. Aus Birkenholz fertigt der junge Schamane den Ring, über den er das Fell seiner Trommel spannt, das unverzichtbare Utensil für seine Seelenreise.

An den Wurzeln der Birke wächst in Symbiose der Fliegenpilz, dem ebenfalls eine wichtige Rolle bei der Trancereise in andere Welten zukommt. Der Fliegenpilz bildet auch Lebensgemeinschaften mit einem weiteren Schamanenbaum der sibirischen Völker, der Fichte » Seite 126.

FRÜHLINGSBAUM UND MAIBRAUCHTUM

Die Birke ist der Baum des Neubeginns, des Lichts und des Frühlings. Sie trägt die Jugend in sich, und ihre leuchtend weiße Rinde symbolisiert das wiedererwachende Licht. Die Birke ist der erste Laubbaum, der im Frühling seine Blätter sprießen lässt und das Erwachen der Natur einläutet. Somit schenkte sie den Menschen der Vorzeit die Gewissheit, dass der Winter besiegt ist. Deshalb war sie sowohl bei den germanischen als auch bei den keltischen Stämmen einer Licht- und Frühlingsgöttin geweiht: Brigid, Eostre, Frigga, Freya, Holla oder Bertha. Die Weiße Frühlingsgöttin war ein Aspekt der dreifachen Göttin, die alle drei Lebenszyklen repräsentierte, so wie auch die Birke sich innerhalb eines Menschenlebens als jugendlicher, reifer und alter Baum präsentiert.

Weil sie für die Geburt des Frühlings stand, wurde sie das Wahrzeichen der Frühlingsfeste. Vor allem am 1. Mai spielt sie eine wichtige Rolle. In manchen Regionen wurde sie als Dorfmaien (Maibaum) aufgestellt, aber meist war es eine große Fichte oder Tanne, die mit Kränzen ge-

Mit geschmückten Birken begrüßt man auch heute noch den Frühling.

schmückt in der Mitte des Dorfes stand. Ansonsten dominierte jedoch die Birke das Mai-Geschehen: Ihre sichtbare Frühlingskraft sollte Fruchtbarkeit und Gesundheit bringen und gleichzeitig alles Unheil abwenden. Der „Liebesmaien" war ein Birkenstämmchen, das zum „Anbandeln" diente. Er wurde in der Nacht zum ersten Mai von jungen Burschen heimlich vor die Tür oder das Fenster der Angebeteten gestellt. Es galt als Zeichen der Liebe und als symbolischer Heiratsantrag. Je schöner der „Maien" geschmückt war, desto größer die Zuneigung. Wer hingegen eine Schlehe vor der Tür fand, galt als Kratzbürste, und eine Hasel wies auf uneheliche Kinder hin. In manchen Gegenden ist das Birkenstellen noch heute Brauch.

Maibäumchen und Birkenzweige dienten aber auch dem Abwehrzauber. An die Stalltüren genagelt oder in den Misthaufen gesteckt, sollten sie den Hexen den Eintritt verwehren. Die größte Hexengefahr drohte anscheinend in der Walpurgisnacht zum 1. Mai. Man glaubte, die Hexe müsse zuerst alle Blättchen zählen, bevor sie in den Stall eindringen könne. Wenn entsprechend viele Birkenstämmchen aufgestellt waren, hatte sie kaum eine Chance, dies bis zum Morgengrauen zu schaffen. Denn beim Morgenläuten war Schluss mit dem Spuk! Erwischte man eine Hexe beim Milchklauen auf frischer Tat, so konnte man sie durch Schlagen mit einem Birkenbesen ihrer Zauberkraft berauben.

Obwohl die Kirche anfangs sehr über das Maibrauchtum schimpfte, übernahm sie recht bald Teile des alten Abwehr- und Fruchtbarkeitszaubers: An Pfingsten gehörte die Birke zum Kirchenschmuck, und an den Fronleichnamsprozessionen waren Wegränder und Altäre mit Birkenbäumchen verziert. Es gibt auch eine christliche Legende, die erzählt, wie einst die Hängebirke (*Betula pendula*) entstanden sein soll: Als Jesus vom Kreuz genommen wurde, setzte Johannes Maria auf einen Stein unter einer Birke und legte ihr den toten Jesus auf den Schoß. Ihr Schmerz war riesengroß, und unzählige Tränen flossen. Plötzlich war es ihr, als würde sie von lieber Hand leicht berührt. Aber Johannes stand einige Meter entfernt an einen Baum gelehnt. Dann sah Maria, dass es der Birkenbaum war, der aus Mitleid sein Zweige weit herunterbeugte, um sie sanft zu berühren und zu trösten. Das sah der Himmelsvater, und so bestimmte er, dass alle Nachkommen der mitfühlenden Birke zum ewigen Gedächtnis an die schwere Todesstunde von nun an niederhängende Zweige haben sollten. Eine schöne Geschichte, auch wenn die Birke in Palästina nie heimisch war.

EINE RUTE, DIE SEGNET UND ZÜCHTIGT

Die Fruchtbarkeit von Feldern und Familie war für unsere Vorfahren äußerst wichtig. Bei den damit verbundenen Ritualen spielte die Birke als Frühlingsbaum eine besondere Rolle. Man nutzte ihre Zweige zum Binden der „Lebensrute". Das Schlagen mit dieser Rute war ein magischer Brauch zum Übertragen der Fruchtbarkeit, der ursprünglich nur bei Frauen und weiblichen Tieren ausgeübt wurde Seite 129 *Fichte*. Außerdem verlieh das „Pfeffern" oder „Quicken" mit der Rute Gesundheit, weckte die Lebensgeister und schützte gleichzeitig vor Unheil. Diesen Brauch übte man vor allem an Weihnachten, Ostern und Pfingsten aus. Auch beim Austrieb des Viehs im Frühling gehörte der Schlag mit der Lebensrute unbedingt dazu, damit es vor Krankheiten und Ungeziefer geschützt war, fruchtbar blieb und reichlich Milch gab. In manchen Gegenden bekam das Vieh einen Kranz aus Birkenreißern. Sogar der Kohl im

Garten wurde mit Birkenruten geschlagen, um ihn vor Raupen zu bewahren. In ähnlicher Weise versuchte man Ratten aus den Häusern zu vertreiben. Mit der Birkenrute in der Hand lief man während des Glockengeläutes um das Haus herum, schlug auf die Türen und rief: *„Hallo, hallo, zur Kirche!“* Ob sich der Pfarrer über den Einzug der Ratten freute, ist nicht überliefert.

Der Rutenschlag war aber nicht nur segenbringend. Im Mittelalter nutzte man die Rute zur Erziehung und „Züchtigung“ der Kinder. Es war Tradition, hierfür unbedingt Birken zu nehmen, damit die Kinder auch wirklich „gut gerieten“. Wie beliebt die Erziehungsmaßnahmen mit der Birkenrute waren, zeigt ein Zitat des Arztes Adam Lonitzer (1528–1586): *„Die Birke ist auch heut zu Tag in großer Ehr, dieweil sie die bösen und ungehorsamen Kinder und Jugend strafet. Daher man dann in Teutschen Reimen sagt: ‚O du gute Birken Rut, du machst die ungehorsamen Kinder gut.‘“* Der Prediger Konrad Geiler von Kaysersberg (1445–1510) ging noch weiter: *„Wenn man ein Kind haut, so muss es dankbar die Rute küssen und sprechen ‚Liebe Rut, traute Rut, wärst du nit, ich tät nimmer gut.‘“* Dass die Kinder selbst die Rute hassten und als grausam empfanden, zeigt sich in den Rachegedanken eines Birkensaftzapfers: *„O Birke, grausam durstiger Baum / Mein ist nun Recht und Rache. / Oft trankest du mein junges Blut, / Nun trink ich deins und lache.“* Aber nicht nur Kinder bekamen die Birkenruten zu spüren. Die Stadtverwaltung von Kiew musste 1849 an benachbarte Verwaltungsbezirke jährlich 26 000 Bündel Strafruten liefern, da es dort zu wenige Birkenbäume gab. Möglicherweise stand ursprünglich hinter der Strafaktion mit Birkenruten die Intention, böse Geister aus dem Körper zu vertreiben.

DER REINIGENDE BIRKENBESEN

Aus zusammengebundenen Birkenzweigen fertigte man früher nicht nur Ruten, sondern auch Besen. Viel überliefertes Brauchtum weist darauf hin, dass der Birkenbesen einstmals mehr bedeutete als nur ein banales Reinigungsutensil. Die Birke hatte im Kult schon immer eine enge Beziehung zur spirituellen Reinigung und Erneuerung. Mit Birkenbesen kehrt man das alte Jahr aus. Das Kehren mit dem Besen war in den vorchristlichen Heiligtümern eine kultische Handlung, so wie es teilweise noch im Buddhismus und Hinduismus gehandhabt wird: Man reinigte mit den Zweigen des heiligen Baumes die Tempel und Altäre. Böse Geister sowie Verunreinigungen aus der profanen Außenwelt wurden hinausgekehrt.

Interessant ist die Tatsache, dass man Birkenbesen noch in christianisierter Zeit als Opfergabe nutzte, um Krankheiten loszuwerden. So opferte man in Kapellen und Kirchen solche Besen dem heiligen Rochus bei Seuchen, dem heiligen Sigismund bei Bettnässen und dem heiligen Fulgentius bei Geschwüren. Birkenbesen nutzte man auch, um Krankheiten abzugeben. Bei Wadenkrämpfen legte man ihn zu sich ins Bett. Bereits Konrad von Megenberg (1309–1374) erwähnt in seinem „Buch der Natur“ die krampfwidrige Wirkung: *„Birkenholz, wer das bei sich trägt, das ist für den Krampf gut.“* Der Besen hatte auch eine Schutzfunktion vor Ungeziefer. Fegte man mit einem an Petri Ketten (1. August) vor Sonnenaufgang gefertigten Birkenbesen die Stube, dann kamen keine Flöhe hinein. Der Reformator Martin Luther (1483–1546) verspottete einen Aberglauben, bei dem Erbsen- und Bohnenäcker mit einem Birkenmaien abgefegt wurden, damit die Vögel den Früchten nicht schaden konnten.

ALLES DREHT SICH UM DIE RINDE

Der römische Schriftsteller Plinius erwähnt in seiner Enzyklopädie die Bücher des legendären römischen Königs Numas Pompilius, der angeblich um etwa 700 v. Chr. lebte. Diese Bücher sollen auf Birkenrinde geschrieben worden sein. Auch der Botaniker Hieronymus Bock (1498–1554) weiß von Birkenbüchern zu berichten: *„Der Birkenbaum ist vor Zeiten in großer Würde gewesen / darum dass man auf die weißen Rinden desselben Baums etwa geschrieben / ehe dann die Lumpen zum Papier erfunden sind worden / wie ich daselbst zu Chur im Schweitzerland etliche Carmina Vergilii* (= Verse des Dichters Vergil) *auf weiße Birkenrinden geschrieben / gesehen und gelesen habe.“*

In Russland war das Schreiben auf Birkenrinde im 18. Jahrhundert noch sehr verbreitet.

Die wasserundurchlässige Rinde hat die Menschen vielfältig inspiriert: Man fertigte daraus wasserdichte Abdeckungen für Häuser und Zelte. Man nahm sie als Unterlage, um Schwellen und Balken vor Bodenfeuchtigkeit zu schützen. Die kanadischen Indianer bauten daraus ihre ultraleichten Kanus. In Russland und Finnland nutzte man sie für Schuhe, Gürtel, Umhänge und Schmuck. Slawische Völker fertigten aus ihr Vorratsbehälter und Köcher. Die aus der Jungsteinzeit stammende Gletschermumie Ötzi hatte einen Köcher aus Birkenrinde bei sich. In einem keltischen Fürstengrab fand man einen Hut aus Birkenrinde.

Aus der Rinde wird seit Urzeiten durch trockene Destillation Birkenpech oder Birkenteer gewonnen. Schon der Römer Plinius beschreibt, dass die Gallier aus den Birken das Pech herauskochen. Noch viel früher, nämlich in der Steinzeit, wurden damit Gefäße und Boote abgedichtet, oder man nutzte es als Klebestoff. In der Medizin galt Birkenpech als hilfreich bei der Wundheilung sowie bei chronischen Hauterkrankungen.

Die gelbe Innenrinde der Birke, das Kambium, enthält zahlreiche Vitamine und Kohlenhydrate, weshalb sie in Notzeiten als Nahrung genutzt wurde. Man kochte daraus einen Brei oder nutzte sie getrocknet als Mehlersatz. Auch die Blätter eignen sich im Frühling als Nahrung. Die ganz jungen, noch harzigen Blätter können im Mai als Salatzutat gegessen werden. Später bekommen sie eine zähe Konsistenz und werden herb im Geschmack.

Die Birkenrinde wurde von unseren Vorfahren vielseitig eingesetzt: zum Dachdecken, für Kleidung, als Vorratsbehälter und als Papierersatz.

Die moderne Forschung entschlüsselte in der Birkenrinde das Triterpen Betulin. Dieser Wirkstoff schützt die Rinde vor Nässe, Temperaturschwankungen, Sonneneinstrahlung und Tierfraß. Es scheint aber nicht nur für die „Baumhaut“ gut zu sein, sondern auch für unsere Haut. Das stark entzündungshemmend wirkende Betulin fördert die Hautregeneration, beschleunigt den Heilungsprozess und hat zudem juckreizstillende und antibakterielle Eigenschaften.

Auch im Liebeszauber kam die Rinde indirekt zum Einsatz: In der Johannisnacht schnitten heiratswillige Frauen drei Birkenzweige. Der erste behielt seine Rinde, der zweite wurde halb und der dritte ganz geschält. Dann kamen die Zweige unter das Kopfkissen. Vor dem Morgengrauen wurde blind einer davon hervorgezogen, der dann zeigte, ob man einen reichen, einen mittelmäßig begüterten oder einen armen Mann bekam.

IN DER BIRKE FLIESST EIN BESONDERER SAFT

Der Botaniker und Mediziner Tabernaemontanus (1522–1590) beschreibt in seinem Kräuterbuch eine uralte Tradition: *„Birkensaft: Im Anfang des Lenzten (= Frühling) reißt man die Rinden mit einem Messer auf / so fließt ein süßes Wasser daraus / das man Birkenwasser nennt / damit die Hirten oftmals ihren Durst löschen / Welches gut sein soll den Stein / der Nieren und Blasen zu brechen und auszutreiben / wenn man davon trinkt.“*

Der leicht süßliche Birkensaft steigt nur wenige Wochen im Frühling den Birkenstamm empor, und zwar von März bis zum Blattaustrieb im April. In dieser Zeit pumpt der Baum gespeicherte Nährstoffe aus den Wurzeln in die Knospen der Äste. Sobald sich die Knospen öffnen, versiegt der sprudelnde Saftfluss weitgehend. In diesem kurzen Zeitraum von etwa 3–4 Wochen kann der Birkensaft durch Anzapfen gewonnen werden.

Es gibt zwei Methoden der Safternte: Das Anbohren des Stammes und das Kappen eines Astes an seiner Spitze. Bei der **Stammmethode** bohrt man den Stamm in etwa 1 m Höhe schräg nach oben an, oder man nutzt alternativ als Bohrstelle einen dicken Ast in der Nähe der Verzweigung zum Stamm. Letzteres ist für den Baum verträglicher. Je nach Größe des Zapfloches fließen pro Tag unglaubliche 3–10 Liter Saft. Eine zu intensive Nutzung kann den Baum jedoch schädigen. Für nicht kommerzielle Zwecke genügt es, die Rinde zu durchbohren, also etwa 2–3 cm tief. Das leicht schräg nach oben angesetzte Bohrloch sollte einen Durchmesser von etwa 1 cm haben. Dann wird ein passendes Röhrchen eingesteckt, und sogleich beginnt der Saft zu fließen. Direkt darunter bringt man eine Getränkeflasche mit Trichter an und befestigt sie mit Klebeband oder Draht am Baum. Danach wird die Wunde mit Baumwachs verschlossen. Die **Astmethode** ist für den Baum noch schonender: Man schneidet einen kleinen Ast so ab, dass sein Durchmesser an der Schnittstelle etwa 1–2 cm beträgt. Dort wird nun eine Plastikflasche eingesteckt und möglichst stabil befestigt. Hängt man die Flasche morgens an, kann man abends den ersten Saft ernten. Der Saft enthält viele Vitamine und Mineralien und etwa 2 % Fruchtzucker. Er geht schnell in Gärung über, weshalb man daraus früher „Birkenwein" herstellte. Selbst im Kühlschrank hält er sich nur wenige Tage. Um ihn haltbar zu machen, empfiehlt es sich, ihn einzufrieren, denn beim Erhitzen gehen viele wertvolle Inhaltsstoffe verloren.

BIRKEN-HAARWASSER

- 30 g frische Brennnesselblätter
- 30 g frische Birkenblätter
- 3 Tropfen ätherisches Rosmarinöl
- 150 ml Alkohol 70 % vol.
- 150 ml Birkensaft

Kräuter zerkleinern und mit Alkohol und Birkenwasser übergießen. Geben Sie das Rosmarinöl hinzu und lassen Sie alles gut verschlossen 2 Wochen ausziehen, dann abfiltern. Täglich die Kopfhaut damit massieren. Das Haarwasser regt die Durchblutung der Kopfhaut an und ermöglicht so eine gute Versorgung der Haarwurzeln.

Der Frühlingsbaum liefert Birkensaft und heilkräftige junge Blätter. Beides wurde gerne zu Frühjahrs- und Entgiftungskuren eingesetzt.

In der Volksmedizin nutzt man den Saft zum Entwässern und Entgiften, indem man dreimal täglich ein Schnapsgläschen davon trinkt. Äußerlich verwendet man ihn für Waschungen bei Hauterkrankungen sowie als Haarwasser (Schuppen, Haarausfall) und Hautpflegemittel. In Böhmen galt der Birkensaft als Schönheitsmittel.

HEILEN MIT MAGIE

Sehr häufig übertrug man auf die Birke Fieber oder Gicht. Bei folgender Überlieferung wurde die Krankheit symbolisch in einen Zweig geknotet: Vor Sonnenaufgang ging man zu einer Birke und sprach: *„Birkenbaum ich schüttle dich / 77erlei Gichten quälen mich. / Solang sollen sie sein dir verbunden / bis meine 77erlei Gicht verschwunden."* Ein weiterer Gichtspruch ist uns aus Marburg (Hessen) überliefert, wo man bei abnehmendem Mond in einen Birkenwald ging, einen Knoten in den Zweig knüpfte und sprach: *„Ich stehe hier vor Gottes Gericht, und verknüpfe meine Gicht, und meine*

Krankheit am Leibe, soll in dieser Birke bleibe." Der abnehmende Mond sollte gemäß der Analogie die Krankheit zum Abnehmen zwingen. Gegen Warzen brach man von einer Birke neun kleine Zweiglein ab und schlug damit die Warzen, während es zum Kirchgang läutete. Hier spielt die Zahl Neun eine Rolle, die in der Pflanzenmagie sehr wichtig war. Um die verlorene Manneskraft (Impotenz) wiederzuerlangen, musste man durch einen Kranz aus Birkenzweigen urinieren. Die Kranz- oder Kreissymbolik taucht sehr oft bei Krankheitsübertragungen auf. Ursprünglich hatten Kränze schutzmagische Funktionen. Eine Impotenz aufhebende Wirkung traute man auch dem berauschenden Birkenwein zu, der aus dem Birkensaft hergestellt wurde. Im Mittelalter vermuteten die Männer den Grund der Impotenz im „Nestelknüpfen". Eine Hexe knüpfte mit der erbeuteten Hosennestel des Mannes einen Zauberknoten, der die Manneskraft dahinschwinden ließ.

BIRKENMEDIZIN ANWENDEN

Die Birke nimmt einen wichtigen Platz im Arzneischatz der Volksmedizin ein. **Hildegard von Bingen** sah in den Birkenknospen ein Mittel gegen Hautgeschwüre. Sie sollten erwärmt auf die erkrankte Stelle gebunden werden. Die mittelalterlichen Autoren empfehlen vor allem den Birkensaft als Heilmittel. Aber auch die Birkenrinde und der daraus gewonnene Birkenteer waren der traditionellen Heilkunde bekannt. Die wundheilungsfördernde Wirkung des Rindenbestandteils Betulin » Seite 59 konnte in zahlreichen Studien nachgewiesen werden. Außerdem ist Betulin möglicherweise eine wirkungsvolle Waffe gegen diverse Stoffwechselprobleme wie Übergewicht, Diabetes und Arteriosklerose: Zumindest bei Mäusen senkt der Stoff den Cholesterinspiegel, verhindert übermäßige Gewichtszunahme, wirkt sich positiv auf die Blutfettwerte aus und verbessert den Zuckerstoffwechsel.

Junge, frisch entfaltete Blätter (Mai) sind traditionell Bestandteil von **Frühjahrs- und Blutreinigungskuren**. In dieser Zeit sind sie reich an Flavonoiden, die für die entzündungshemmende und harntreibende Wirkung verantwortlich sind. Die meisten volksheilkundlichen Anwendungen haben sich wissenschaftlich bestätigt. Deshalb setzt man Birkenblättertee zur Durchspülungstherapie bei Harnwegsinfekten ein. Die Durchspülung sorgt dafür, dass die Zahl der Keime reduziert wird. Neben Blase und Niere wird auch die Ausscheidungstätigkeit der Haut aktiviert. Die stoffwechselanregende und entgiftende Wirkung nutzt man vor allem bei rheumatischen Beschwerden und Hauterkrankungen. Für einen Birkentee übergießen Sie 2 TL getrocknete Birkenblätter mit 200 ml heißem Wasser und lassen das Ganze 10 Minuten ziehen.

Es muss aber nicht immer Tee sein: In Lappland wurden Rheumakranke nackt in ein Bett aus Birkenlaub gelegt und bis zum Kopf mit Blättern bedeckt. In den Blättern befindet sich übrigens auch ein Stoff, der vor allem die Weide berühmt machte und dem das Aspirin nachempfunden ist: die Salizylsäure.

Die Birke gehört zwar nicht zu den Bachblüten, aber der **Essenz aus den Blütenkätzchen** sagt man nach, sie vermittle Schutz, Sicherheit und Geborgenheit.

In der Gemmotherapie nutzt man die Birkenknospen als entzündungshemmendes Mittel bei Gelenkschmerzen und zur Immunstimulierung. Außerdem unterstützt das entwässernde und entgiftende Mittel Blutreinigungs- und Frühjahrskuren.

BUCHE

KEIN WALD OHNE BUCHEN

Nach Buchen muss man nicht lange suchen, denn sie sind in Mitteleuropa sehr verbreitet. In Deutschland ist die Rot-Buche (*Fagus sylvatica*) der häufigste Laubbaum, mit einem Anteil von 16 % an der Waldfläche. Buchenwälder und Buchenmischwälder strahlen eine ganz besondere Stimmung aus: Im Frühling vor dem Blattaustrieb sind sie sonnendurchflutet und bieten somit einer Vielzahl von Frühlingsblühern einen Lebensraum. Wenn sich aber das dichte Blätterdach geschlossen hat, ist es vorbei mit der zauberhaften Farbenpracht. Nun stellt sich unter den hohen Stämmen eine fast ehrfürchtige Stimmung ein. Unsere Vorfahren prägten den Begriff „Buchendome“, denn die säulenförmigen, glatten Buchenstämme und das imposante hohe Kronendach erinnerten sie an Kathedralen oder „heilige Hallen“. Da die Buchen durch ihren Schattenwurf anderen Bäumen das Licht rauben, atmen solche Wälder eine unglaubliche Weite.

NAME	ROT-BUCHE *Fagus sylvatica*
FAMILIE	Buchengewächse
HÄUFIGKEIT	16 % der Waldfläche (Österreich 10 %, Schweiz 19 %)
ALTER	300–500 Jahre, selten 600 Jahre
WUCHSHÖHE	30–45 m
STAMMUMFANG	6–8 m möglich
RINDE	glatt, anfangs graubraun, im Alter silbergrau
BLÄTTER	länglich elliptisch bis eiförmig, 5–9 Paar deutliche Seitennerven, Blattrand leicht wellig, Blattoberfläche älterer Blätter glänzend dunkelgrün, die Unterseite etwas heller
BLÜTEN	April – Mai, einhäusig und getrenntgeschlechtlich, männliche Blüten hängen in kugeligen Büscheln herab, weibliche Blüten sitzen aufrecht oberhalb der männlichen und haben rosafarbene Narben
FRÜCHTE	Bucheckern reifen im Oktober, rotbraun, scharf dreikantig, sitzen zu zweit im stacheligen Fruchtbecher, der sich zur Reifezeit mit 4 Klappen öffnet
HOLZ	hart und schwer, weiß-rötliche Färbung, im gedämpften Zustand wird es rötlich braun, Splint- und Kernholz gleichfarbig, im Alter rotbrauner Kern
VERWENDUNG	bestes Brennholz, Möbel, Parkett, Treppen, Furnier, Holzspielzeug, früher: Holzkohle- und Pottascheherstellung

Vor 2000 Jahren war die Buche noch wesentlich häufiger als heute. Deutschland war damals nahezu komplett bewaldet, und die Buche war der dominierende Baum. Davon zeugen heute noch fast 1600 Ortsnamen, die sich von der Buche ableiten. Als die römischen Truppen unter der Führung von Julius Cäsar 55 v. Chr. den Rhein erreichten, waren sie von den dichten Buchenwäldern Germaniens beeindruckt. Ihnen war die Buche zwar nicht unbekannt, doch in dieser Dichte, die die Wälder dunkel und düster machte, erschien sie ihnen ungewohnt. Waldgeschichtlich spricht man ab 800 v. Chr. von der Buchenzeit, denn zu diesem Zeitpunkt verdrängte sie die Eichen auf fast allen Standorten.

OHNE BUCHE KEINE BUCHSTABEN

Das Buch und der Buchstabe gehen sprachgeschichtlich auf den bekannten Laubbaum zurück. An Wanderwegen entdeckt man hin und wieder alte Buchen, in deren Rinde Namen oder Herzen eingeritzt sind. Ein Brauch, der eine lange Tradition besitzt. Der römische Dichter Vergil schrieb schon vor über 2000 Jahren: *„Soll ich den traurigen Spruch wiederholen, den ich vor kurzem in die Buche schnitt?“* Über die schöne Helena berichtet der Dichter Homer (800 v. Chr.), sie habe die Namen ihrer Liebhaber in den Stamm einer Buche geritzt. Warum gerade die Buche? Zum einen hat dies ganz praktische Gründe, denn wegen der dünnen glatten Rinde eignet sie sich sehr gut für diesen Zweck. Zum anderen galten Bäume einst als Wesen, die dem Göttlichen nahestanden, insbesondere wenn sie groß und alt waren. Man ritzte Zeichen und Beschwörungssprüche in den Baum und erhoffte sich dadurch göttliche Unterstützung bei kultischen Handlungen, aber auch bei ganz persönlichen Wünschen, wie zum Beispiel dem Liebeszauber. Das eingeritzte Liebespaar war sozusagen mithilfe des Baumes zauberisch verbunden.

Die ältesten Schriftsysteme und ersten Buchstaben entstanden 5000 v. Chr. in der alteuropäischen Donauzivilisation und sind 2000 Jahre älter als die Keilschriften Mesopotamiens. Sie hatten kultisch-religiöse Bedeutung und standen in Verbindung mit magischen Ritualen. Man ritzte sie auf Tongefäße und kleine Figuren von Göttinnen, aber auch auf Holzstäbe. Die erst viel später auftauchenden Germanen nutzten jedenfalls die Zweige der Buche, um darin geheimnisvolle Zeichen einzuritzen. Der römische Geschichtsschreiber Tacitus (58–120) beschreibt das Losorakel der germanischen Priester oder Priesterinnen zur Weissagung: Sie ritzten Runenzeichen in frisch geschnittene Buchenstäbchen und warfen sie ungeordnet auf ein weißes Tuch. Dann nahmen sie drei der Stäbchen auf und lasen daraus die Zukunft. Die Reihenfolge der gezogenen Runenstäbe ergab den Orakelspruch.

„Buchstabenlesen“ entwickelte sich also aus dem „Lesen der Buchenstäbe“. Das Runenalphabet kennt 24 Zeichen. Die Rune ist das Geheimnis, das einem die Götter zuraunen. Mit Runen wurde Heilzauber, Liebeszauber und Schutzzauber betrieben.

MIT DEM GÖTTLICHEN VERBUNDEN

Die Buche war für die ab 200 v. Chr. in Mitteleuropa einwandernden Germanen ein unbekannter Baum, der in ihrem bisherigen Lebensraum nicht vorkam. Trotzdem oder vielleicht gerade deshalb fand er Eingang in den Runenzauber. Auch die Blätter nutzte man zu kultischen Handlungen: Mitunter findet man durch eine Laune der Natur auf Buchenblättern mit besonders ausgeprägten Blattadern eine T-Rune (Tiwaz-Rune) abgebildet. Wer das Glück hatte, solch ein Blatt zu finden, konnte sicher sein, dass er selbst und sein Haus vor Zauberei geschützt waren. Die T-Rune nutzte man vor allem für Schutzzauber. Sie stand für den Gott Tyr und symbolisierte Sieg.

Tyr, auch Ziu genannt, war ursprünglich der Hauptgott der Germanen. Er war der Gott der Rechtsprechung und der Hüter der Thingversammlungen (Volksversammlungen im Freien). Ihm war der Dienstag geweiht, was sich noch im alemannischen Zischdig (= Zius Tag) und im englischen thuesday offenbart.

Auf die besondere kultische Bedeutung der Buche in germanischer Zeit weisen auch zahlreiche alte Sagen hin, wo von Hexen- oder Zauberbuchen die Rede ist. Man erzählte sich, darunter hätten

Die Tiwaz-Rune, hier in einen Buchenstamm geritzt. In den Blattadern des Buchenblattes kann man unter Umständen diese Rune entdecken. Es handelte sich um eine Schutzrune.

einst Hexen getanzt, und Menschen, die am Baum vorübergingen, seien verzaubert worden. Auch den Teufel soll man unter Buchen gesehen haben. All diese Figuren weisen darauf hin, dass hier einst Verehrungsplätze heidnischer Götter und Naturgeister bestanden, die nach der Christianisierung verteufelt wurden. Manchmal lässt sich aus der Legende noch herauslesen, welche Gottheit mit dem Baum verbunden war. So berichtet eine badische Sage von einem Mann, der nachts um ein Uhr zu einer Blutbuche ging, um Holz für Fackeln zu schlagen. Kaum hatte er den ersten Schlag getan, da vernahm er in der Luft ein furchtbares Jagdgetöse, das mit jedem Axtschlag näher kam. Er erkannte, diese Buche müsse ein „gefeiter Baum“ sein, und hörte auf zu schlagen. Sofort verstummte der wüste Lärm. Ein gefeiter Baum ist ein unantastbarer, also heiliger Baum. Das Jagdgetöse deutet auf die „Wilde Jagd“ hin, ein von dem Schamanengott Wodan/Odin angeführter Geisterzug, der vor allem in den Raunächten unterwegs war. Blutbuchen sind übrigens eine Mutation der Rot-Buche, mit rötlich gefärbten Blättern. Sie sind bereits seit dem 15. Jahrhundert bekannt, ihre Kultivierung begann aber erst im 18. Jahrhundert.

FRUCHTBARKEITSSEGEN BEIM KINDERBAUM

In manchen Sagen wird berichtet, alte Buchen würden nachts leuchten und engelsähnliche Gestalten unter dem Baum umherhuschen. Ein deutlicher Hinweis auf Naturgeister, wie man sie aus keltischen Volkssagen kennt. Dementsprechend hielt man die Buche in Frankreich für den Wohnsitz der Feenkönigin. Auch Fruchtbarkeitsgöttinnen schienen sich in der Buche aufzuhalten, denn in einigen Gegenden gehörte sie, wie der Holunder, zu den „Kinderbäumen“, aus denen man die Neugeborenen holte. Solche fruchttragenden Bäume galten als Aufenthaltsort der Seelen, die im Schutz des Baumes auf die Wiedergeburt warteten. Hier beteten und opferten junge Frauen, um schwanger zu werden. Es gab auch die Volksmeinung, in Mastjahren mit besonders vielen Bucheckern kämen viele uneheliche Kinder zur Welt, was man übrigens auch von der Hasel behauptete. Die Buchecker als Symbol der Fruchtbarkeit sowie die Abgeschiedenheit des Buchenwaldes schienen die Bucheckern sammelnde Jugend eindeutig inspiriert zu haben.

Alte ehrwürdige Buchen hatten bei den Germanen kultische Bedeutung. Nach der Christianisierung wurden sie oft zu Marienwallfahrtsorten.

Ein weiterer Anhaltspunkt für die kultische Bedeutung, die Buchen bei den germanischen Stämmen besaßen, ist die Tatsache, dass später viele „Buchenorte“ zu Wallfahrtsorten wurden. Dort wo man zuvor einem Baumkult huldigte, errichtete man nun eine Kapelle, eine Kirche oder ein Kloster. Diese Strategie verfolgte die Kirche ab 600 auf Anweisung von Papst Gregor I. (540–604). Man ging dazu über, die alten Kultstätten christlich zu überlagern, statt sie zu zerstören und zu verteufeln. Sehr häufig übernahmen Maria oder die Heilige Margareta das Patronat der Buchen, ein weiterer Hinweis, dass in vorchristlicher Zeit weibliche Fruchtbarkeitsaspekte mit der Buche verbunden waren.

BUCHENWÄLDER WERDEN ZU ASCHE

Waren imposante „Buchen-Persönlichkeiten“ an Kult- oder Wallfahrtsplätzen für die profane Nutzung tabu, wurden die Buchenwälder im Mittelalter massiv gerodet. Zwischen 600 und 1300 verschwanden über zwei Drittel des Waldbestandes. Da Buchen hervorragendes Brennholz mit bestem Heizwert liefern, gingen ganze Wälder in Rauch auf. Die mittelalterliche Eisenindustrie benötigte Unmengen an Holzkohle, die tonnenweise in Köhlereien hergestellt wurde. Aus Buchenasche gewann man auch Pottasche, die damals für Seifenherstellung und Glasproduktion benötigt wurde. In der Umgebung von Glashütten gab es bald keine Buchen mehr. Buchenasche nutzte man auch im Haushalt, um daraus billig Waschmittel und Scheuerlauge herzustellen. Dazu wurde die Asche in mehreren Arbeitsgängen mit heißem Wasser ausgelaugt. Heute ist die Buche vor allem ein hervorragendes Möbelholz, das auch im Parkett- und Treppenbau verwendet wird.

In Kohlemeilern wurde das Holz zu Holzkohle verschwelt.

ESSEN AUS DEM WALD

Die Buche war einst ein bedeutender Speisebaum. Ihr botanischer Name *Fagus sylvatica* kommt aus dem Griechischen und bedeutet sinngemäß „Essen aus dem Wald". Gegessen wurden sowohl Blätter als auch Früchte. Der Gelehrte Konrad von Megenberg (1309–1374) schrieb: *„Des Baumes Blätter sind gar lind* (= mild) *und haben süßen Saft, und darum, wenn sie dann noch jung sind, so machen arme Leute Muß* (= Gemüse) *daraus und kochen es wie ein Kraut."* Im Volksmund nannte man die Buchenblätter „Esslaub". Man muss allerdings nicht zu den „armen Leut" gehören, um diese Delikatesse zu genießen. Die jungen, zarten Buchenblätter, die sich Ende April, Anfang Mai entfalten, schmecken angenehm säuerlich und erinnern ein wenig an Sauerampfer. Sie sind eine mineralienreiche Zutat für Salate, aber auch pur aufs Butterbrot gelegt, sind sie ein Genuss. Buchenblätter zählen zu den leckersten Baumblättern überhaupt – Sie sollten sie unbedingt einmal probieren. Nehmen Sie aber nur die ganz jungen, zarten Blätter. Sie sind dann noch hellgrün und am Rand mit feinen Härchen bewimpert. Ältere Blätter werden dagegen sehr herb und zäh und sind dann ungenießbar.

BUCHECKERN-PILZ-PESTO

- 50 g Bucheckern
- 125 g Champignons
- 1 Zwiebel
- 50 g Parmesan
- 50 g Petersilie
- 50 ml Olivenöl
- Salz, Pfeffer
- 1 EL Zitronensaft

Schälen Sie die Bucheckern, um sie dann in einer Pfanne ohne Fett leicht anzurösten. Anschließend mit einer Nussmühle oder einem Mixer mahlen. Zwiebeln fein würfeln und mit 1 EL Olivenöl glasig dünsten. Ebenfalls fein gewürfelte Pilze zugeben und gar dünsten. Mit Salz und Pfeffer abschmecken. Mit fein geschnittener Petersilie, Zitronensaft, Parmesan und dem restlichen Olivenöl mischen. Das warme Pesto unter Nudeln ziehen oder auf geröstetem Weißbrot servieren.

BUCHENLIKÖR

- 70 g junge Buchenblätter
- 500 ml Korn
- 200 ml Wasser
- 200 g Zucker

Schneiden Sie die Buchenblätter in Streifen und geben Sie den Korn darüber. 14 Tage ziehen lassen und gelegentlich umrühren. Aus Wasser und Zucker eine Zuckerlösung kochen (5 Minuten). Die Buchenblätter abfiltern und den Auszug mit der Zuckerlösung mischen. Dann in kleine Fläschchen abfüllen und 2–3 Wochen reifen lassen.

Eine Bereicherung des Speisezettels stellen auch die Buchenkeimlinge dar, die man im Frühjahr oft wie dicht gesät unter den alten Buchen findet. Sie sind gut erkennbar an den tellerartigen, ledrig verdickten Keimblättern. Lassen Sie sich von den zart-aromatischen Keimlingen überraschen, indem Sie sie unter Salate mischen oder wie Blattspinat zubereiten.

BUCHECKERN – NÄHRSTOFFREICHE FRÜCHTCHEN

Im September und Oktober reifen die dreikantigen Bucheckern in kleinen, stacheligen Fruchtbechern. Diese ölhaltigen Früchte waren früher ein wichtiger Nährstofflieferant. Sie enthalten etwa 35 % Fett und 25 % Eiweiß. Das daraus gepresste Öl galt einst als gutes Speiseöl mit einem nussigen Geschmack. In Notzeiten streckte man mit Bucheckern das Brotmehl oder röstete daraus einen Kaffeeersatz. Die kleinen Früchte können Sie wie Nüsse zum Knabbern oder Backen verwenden. In rohem Zustand sollten Sie davon jedoch nicht allzu viel essen (maximal 40 Stück), denn der übermäßige Genuss kann Übelkeit und Erbrechen hervorrufen. Die unverträglichen, leicht giftigen Inhaltsstoffe (etwa Fagin) werden jedoch durch Erhitzen unschädlich gemacht. Deshalb ist es sinnvoll die dreieckigen Früchte vor dem Genuss einige Minuten ohne Fett zu rösten, entweder im Backofen oder in der Pfanne. Dazu schält man sie zunächst, was leider eine sehr mühsame Handarbeit ist. So zubereitet, können Sie die kleinen Nüsschen mit Mandelaroma über Salate und Müsli streuen. Die Buchen haben nur alle fünf bis acht Jahre einen reichen Fruchtbehang, man nennt diese Jahre Mastjahre.

Bucheckern galten auch als gutes Schweinefutter, weshalb die Dorfhirten die Schweine im Herbst zum Mästen in den Wald trieben. Der Arzt Adam Lonitzer schrieb 1679: *„Die Schwein haben sonderlich Lust zu diesen Buchnüßlein / und wird das Fleisch wohlschmeckend und lieblich davon.“* Allerdings hielt man Eicheln für das bessere Futter. So schrieb Konrad von Megenberg in seinem „Buch der Natur“ über die Buche: *„Des Baumes Frucht macht nicht so keckes Fleisch an dem Schwein als die Eicheln.“*

Die nahrhaften Bucheckern sitzen in einem stacheligen Fruchtbecher. Um sie verträglich zu machen, werden sie vor dem Genuss geröstet.

Wenn Bucheckern im Herbst in Massen auftraten, sahen dies die Menschen einst als Hinweis auf einen strengen, harten Winter an. Auch eine Mäuseplage glaubte man daraus ablesen zu können, deshalb der alte Spruch: *„Viel Buch, viel Fluch."* Überhaupt wurde der alte Orakelbaum gerne genutzt, um Vorhersagen für den kommenden Winter zu machen. So schnitt man zum Beispiel an Allerheiligen (1. November) einen Span aus der Buche. War er trocken, so erwartete man einen trockenen, warmen Winter, war er nass, dann gab es einen feuchten, kalten Winter.

BLITZE UND HEXEN

Sehr verbreitet war der Glaube, Buchen würden vom Blitz nicht heimgesucht. Bei Gewitter solle man unter einer Buche Schutz suchen: *„Eichen sollst du weichen, vor Fichten sollst du flüchten. Weiden sollst du meiden, doch Buchen musst du suchen."* Oder: *„Eichen sollst du weichen, Buchen sollst du suchen, kannst du Linden gerade nicht finden."* In der Tat werden Buchen im Gegensatz zu den tief wurzelnden Eichen viel seltener vom Blitz getroffen. Aber grundsätzlich sollte man bei Gewitter jeden Baum meiden. Weil man der Buche Schutz vor Gewitter zutraute, nagelte man Buchenzweige auf den Dachstuhl, um Blitze abzuwehren. Es halfen aber nur solche Zweige, die zuvor an Fronleichnam als Altarschmuck gedient hatten.

Man glaubte übrigens, mit Buchenholz könne man Hexen erkennen. Dazu kniete man an Weihnachten während der Mitternachtsmesse auf ein neu gezimmertes Buchenstühlchen, auf dem vorher noch niemand gekniet hatte. Von hier aus sah man angeblich alle in der Kirche befindlichen Hexen. Man erkannte sie dann daran, dass sie dem Altar den Rücken zukehrten oder einen Melkeimer auf dem Kopf trugen. Ähnliches wird auch vom Gundermann berichtet, den man bei der Maiandacht als Kränzchen tragen musste. Die Zauberkraft der Buche blieb also anscheinend im verarbeiteten Holz erhalten, wie wir am Stühlchen sehen können. Ähnliches gilt für einen aus Buchenholz gefertigten Badezuber: Wenn man darin neugeborene Mädchen badet, dann werden ihnen später die Männer haufenweise nachlaufen.

ALS HEILPFLANZE KAUM BEKANNT

Hildegard von Bingen (1098–1179) hielt die Buche für ein gutes Heilmittel, weil darin Wärme und Kälte in der richtigen Mischung vorhanden seien. Bei ihr finden wir Rezepturen mit Buchenzweigen, Buchenfrüchten und Buchenwurzeln. Sie sollten bei Gelbsucht, Fieber, Schüttelfrost und Hautausschlägen helfen und waren nur wirksam, wenn bei der Ernte christlich-magische Beschwörungen gesprochen wurden: *„Durch das heilige Band der heiligen Menschwerdung, durch die Gott Mensch wurde, du Schüttelfrost, ihr Fieber, werde schwach und werdet schwach in deiner Kälte und Hitze in diesem Menschen."*

Ansonsten verwendete man die Buche in der Volksmedizin nur selten. Der Mediziner Tabernaemontanus (1522–1590) stellte fest: *„So wird dieser Baum mehr zum Bauen und zum Brennen als zur Arznei gebraucht."* Das ist überraschend, denn die Buche hat durchaus interessante, medizinisch wirksame Inhaltsstoffe. Der Grund, warum die Buche nicht zu einer bedeutsamen Heilpflanze wurde, liegt möglicherweise in der Waldgeschichte siehe auch Seite 16f.: Während der letzten Eiszeit wurden Menschen und Bäume von den vorrückenden Eismassen verdrängt. Vor 15 000 Jahren begann das Eis sich langsam zurückzuziehen, und der Wald konnte zurückkehren. Der Buche gelang die Rückwanderung jedoch erst sehr spät: 3000 v. Chr. erreichten die ersten Exemplare Deutschland. Bis dahin hatten die steinzeitlichen Heiler und Heilerinnen jahrtausendelang Erfahrungen mit Birken, Kiefern, Fichten, Eichen, Weiden und Linden gesammelt. Die Buche kam einfach zu spät, um in der uralten Heiltradition den ihr zustehenden Platz einnehmen zu können.

Dennoch war die Buche medizinisch keine gänzlich Unbekannte: Die Blätter kaute man bei Entzündungen des Zahnfleisches und der Mundschleimhäute. Außerdem legte man sie äußerlich auf Hauterkrankungen, Wunden und Geschwüre. Aufgrund der enthaltenen Gerbstoffe, mit ihrer zusammenziehenden und antibakteriellen Wirkung, waren diese Anwendungen sinnvoll. Ergänzt wird die Heilwirkung durch die entzündungshemmenden Flavonoide und Phenolsäuren.

Die kraftvolle Stimmung eines Buchenwaldes ist auch eine Art von Baummedizin.

Für Heilzwecke nutzt man die älteren gerbstoffhaltigen Blätter, während sich die jungen zarten Blätter vorzüglich für die Wildkräuterküche eignen.

Die im Frühjahr geschälte Rinde galt zudem als gutes Fieber- und Hustenmittel. Buchenholzasche wurde äußerlich bei Ekzemen und Geschwüren genutzt. Man mischte sie mit Öl zu einer salbenartigen Paste.

Erwähnenswert ist noch ein altes Buchenheilmittel namens Kreosot. Man verabreichte es früher bei Lungenerkrankungen und äußerlich bei Rheuma, Hautgeschwüren und Entzündungen der Haut. Kreosot ist durch Trockendestillation gewonnener Buchenholzteer. Dabei wird Holz in einem luftdicht verschlossenen Behälter auf über 250 °C erhitzt. Bei Abkühlung entsteht Holzteer, den man auch zum Imprägnieren von Schiffen und Bahnschwellen nutzte. Wildschweine lieben den rauchigen „Duft" des Teers. Man kann sie damit anlocken. Inzwischen ist Buchenholzteer wegen krebserregender Inhaltsstoffe in Verruf geraten. In der Homöopathie wird er stark verdünnt unter dem Namen „Kreosotum" verwendet.

BUCHENMEDIZIN ANWENDEN

Wenn Sie die Buche **heilkundlich** nutzen wollen, dann sammeln Sie die Rinde von 2–3-jährigen Zweigen im März und April. Verwenden Sie auch die daran befindlichen Knospen. Die Blätter sind erst im Sommer richtig heilkräftig, wenn sich die Gerbstoffe angereichert haben. Ernten Sie die Blätter also von Juni bis August und trocknen Sie sie unzerkleinert an einem schattigen Ort. Für einen Buchentee benötigen Sie 1 TL Rinde oder 2 TL getrocknete Blätter auf 150 ml Wasser. Der Tee ist hilfreich bei Durchfall sowie bei Entzündungen in Mund und Rachen. Für die äußerliche Anwendung (Gurgeln, Umschläge) nehmen Sie 1 EL Rinde oder 2 EL Blätter auf 350 ml Wasser.

Die Bachblüte „Beech" gilt als „Toleranzblüte" und wird Menschen verordnet, die überkritisch und intolerant über andere Menschen und deren Schwächen urteilen.

In der Gemmotherapie nutzt man die Buchenknospen zur Stärkung des Organismus bei Allergien.

DOUGLASIE

FLIRT MIT SCHOTTISCHEN MÄNNERN

Die Gewöhnliche Douglasie (*Pseudotsuga menziesii*) ist in unseren Breiten die bedeutendste fremdländische Baumart, sowohl mengenmäßig als auch aus forstwirtschaftlicher Sicht. In Deutschland besiedelt sie inzwischen 2 % der Waldfläche, in Baden-Württemberg sind es sogar 3,5 %. Sie stammt aus Nordamerika, war jedoch vor langer Zeit auch bei uns heimisch. Vor Beginn des Eiszeitalters, also vor etwa 30 Millionen Jahren, kam die Douglasie noch überall in Europa vor. Dann verschwand sie und kehrte erst im 19. Jahrhundert wieder zurück. Die beiden Männer, die dafür verantwortlich waren, zwei Schotten, haben sich im Namen des Baumes verewigt.

NAME	GEWÖHNLICHE DOUGLASIE *Pseudotsuga menziesii*
FAMILIE	Kieferngewächse
HÄUFIGKEIT	2 % der Waldfläche (Österreich 0,1 %)
ALTER	400–600 Jahre, selten 700 Jahre
WUCHSHÖHE	60–65 m, in Nordamerika über 100 m
STAMMUMFANG	6 m möglich, in Nordamerika über 10 m
RINDE	rotbraun mit ockergelbfarbenen Rissen, in der Jugend olivgrün mit vielen Harzbeulen, Harz riecht stark zitronig
NADELN	weich und flach, an der Spitze abgerundet, 2–4 cm lang, dunkelgrün bis blaugrün, unterseits mit zwei weiß-silbrigen Streifen, unregelmäßig bis deutlich gescheitelt (an jungen Trieben), zerriebene Nadeln duften fruchtig harzig nach Orangen
BLÜTEN	April – Mai, einhäusig und getrenntgeschlechtlich, männliche Blüten walzenförmig und gelblich, weibliche Blüten gelbgrün bis rot
FRÜCHTE	hängende, länglich eierförmige Zapfen, 5–10 cm lang, als Ganzes abfallend, charakteristisch sind die weit herausragenden, dreispitzigen Deckschuppen
HOLZ	widerstandsfähig und dauerhaft (ähnliche Eigenschaften wie Lärchenholz), hellbrauner Splint und rotbraunes Kernholz
VERWENDUNG	wertvolles Bauholz, Möbel, Parkett, gut für den Außenbereich (Schalung, Terrasse, Balkon)

DOUGLASIENLIKÖR

- 200 g junge frische Douglasienspitzen
- 1 l Wodka oder Korn
- 150 g Zucker
- 150 ml Wasser
- Saft einer halben Zitrone

Übergießen Sie die Douglasienspitzen mit Alkohol, so dass alles bedeckt ist. Den Ansatz 3 Wochen ziehen lassen und gelegentlich umrühren. Nach der Ziehzeit abfiltern. Dann Zucker und Wasser mit Zitronensaft aufkochen und 5 Minuten köcheln lassen. Abgekühlt zum Douglasienauszug geben und vor dem Genießen nochmals 3 Wochen reifen lassen. Die Douglasienspitzen können Sie auch durch Tannen- oder Fichtensprossen ersetzen.

Den Artnamen *menziesii* verdankt der Baum seinem Entdecker, dem Botaniker Archibald Menzies (1754–1842), der die Douglasie 1795 erstmals beschrieb. Den deutschen Namen Douglasie bekam sie vom zweiten wichtigen Mann in ihrem Leben, dem schottischen Botaniker und Pflanzensammler David Douglas (1799–1834). Dieser brachte 1827 zahlreiche Samen und Pflanzen aus Nordamerika nach Europa. Darunter war nicht nur die Douglasie, sondern beispielsweise auch Mahonie, Blutjohannisbeere, Goldrute und Riesen-Tanne. Douglas durchstreifte jahrelang Amerika auf der Suche nach unbekannten Pflanzen. Dabei lebte er wie die Einheimischen von Jagd und Fischfang. Die Indianer nannten ihn „Grasmann“, weil er ständig Pflanzen sammelte. Im Jahre 1834 kam er auf einer Sammeltour in Hawaii auf tragische Weise ums Leben. Er stürzte in eine Fallgrube, in der sich schon ein wilder Stier befand, und wurde von dessen Hörnern aufgespießt.

Zunächst wurde die Douglasie vor allem in Gärten und Parks angepflanzt, doch schon bald zeigte die Forstwirtschaft großes Interesse an dem neuen Baum. In Deutschland wurden Ende des 19. Jahrhunderts die ersten Exemplare gepflanzt.

Das Interesse der Forstwirtschaft verdankt die raschwüchsige Douglasie in erster Linie ihrem dauerhaften und widerstandsfähigen Holz, mit dem sie Fichte und Tanne weit überlegen ist. Die Holzeigenschaften entsprechen denen der Lärche, weshalb das Holz auch häufig im Außenbereich Einsatz findet.

An den typischen dreispitzigen Deckschuppen ist die Douglasie leicht zu erkennen. Unter den Bäumen finden sich immer zahlreiche herabgefallene Zapfen.

DOUGLASIENMEDIZIN ANWENDEN

Aufgrund ihres hohen Gehalts an ätherischem Öl in Nadeln und Harz ist die Douglasie auch **als Heilpflanze** interessant. In ihren Einsatzmöglichkeiten ist sie Fichte, Tanne und Lärche ebenbürtig. Die Inhaltsstoffe wirken schleimlösend, durchblutungsfördernd und stark antiseptisch. Man verordnet deshalb die frischen Douglasientriebe sowie das ätherische Öl bei Atemwegserkrankungen und rheumatischen Beschwerden sowie bei Muskel- und Nervenschmerzen. Aus den im Mai gesammelten Triebspitzen lassen sich ein wohlschmeckender Hustentee, Hustentinktur oder Hustensirup zubereiten. Nutzen Sie dazu die Rezepte Seite 197 *Tannensirup* und Seite 131 *Fichtentinktur*. Für einen Douglasientee nehmen Sie 2 TL frische Triebe auf 200 ml Wasser. Nach 10 Minuten Ziehzeit abgießen. Das ätherische Nadelöl ist Bestandteil von äußerlichen Einreibungen bei Rheuma und Bronchialerkrankungen. Dosieren Sie sehr sparsam, es genügen 2 Tropfen auf 50 ml Einreiböl. In der Aromatherapie nutzt man das Öl in Duftlampen gegen Stress, denn der Duft fördert das Selbstvertrauen und stärkt die Widerstandskräfte.

Aber nicht nur in der Heilkunde hat die Douglasie einiges zu bieten. Die zarten Triebsprossen eignen sich im Frühling auch **zum kulinarischen Gebrauch**. Man kann daraus Gelee Seite 133 *Fichte* oder Likör zubereiten.

WEDER TANNE NOCH FICHTE

Die Douglasie wird oft mit Fichte und Tanne verwechselt, denn sie hat mit beiden einiges gemeinsam: Vom Aussehen ähnelt sie einer breit gewachsenen Fichte und wie diese wirft sie auch ihre hängenden Zapfen als Ganzes zu Boden. Die Nadeln dagegen gleichen denen der Tanne: Sie sind flach, vorne abgerundet und stechen nicht. Auf der Blattunterseite haben sie zwei weiße Streifen. Außerdem sitzen die Nadeln direkt am Trieb, und beim Abreißen bleibt nur eine runde Narbe, nicht aber ein Höcker wie bei den Fichten. Die Fichte hat zudem kurze, stechende vierkantige Nadeln. Wenn man die langen Douglasiennadeln zerreibt, verströmen sie einen aromatischen, angenehm orangenartigen Duft. Tanne und Fichte riechen deutlich harziger. Als giftiger Verwechsler kommt die Eibe in Frage, die jedoch deutlich zugespitzte Nadeln besitzt Tabelle Seite 76.

Mit ihrem Höhenwachstum stellt die Douglasie die heimischen Nadelbäume leicht in den Schatten. In ihrer Heimat erreicht sie über 100 Meter, in Europa wird sie nicht ganz so groß. Das in Deutschland höchste Exemplar trägt den Namen „Waltraut vom Mühlenwald“, eine Douglasie, die seit 1923 im Stadtwald von Freiburg steht. Sie hat inzwischen die Höhe von 66 Metern überschritten.

MÄRCHEN VON DEN DOUGLASIENZAPFEN

Im europäischen Brauchtum konnte sich der spät entdeckte Baum nicht mehr etablieren. Aber aus seiner Heimat an der pazifischen Nordwestküste Amerikas ist uns ein schönes indianisches Märchen erhalten. Die Stämme Oregons erzählten sich folgende Geschichte: Am Anfang der Zeit war die Douglasie der größte und mächtigste Baum der Erde. Sie war stolz auf ihre zahlreichen Kinder, denn sie war mit unzähligen Zapfen bedeckt. Die Samenkinder lagen gut versteckt unter den Schuppen. Eines Morgens erschrak sie sehr, weil einige Samen fehlten. Sie vermutete, es habe jemand nachts, während sie schlief, die Samen gestohlen. Deshalb legte sie sich in der folgenden Nacht auf die Lauer und tat, als ob sie schliefe. Sie wurde immer müder und wäre fast eingeschlafen, als sie

plötzlich spürte, wie etwas den Baum hochkletterte. Es mussten viele Eindringlinge sein, denn es kribbelte am ganzen Stamm. Und schon spürte sie das Knabbern an den Samen. Da ließ sie die Zapfenschuppen wie eine Falle über den Dieben zuschnappen. Als es hell wurde, konnte sie sehen, wen sie da gefangen hatte: Es waren unzählige kleine Mäuschen, die nun mit ihren Köpfen unter den Schuppen gefangen waren. Man sieht noch heute die beiden Hinterfüßchen und den langen Mäuseschwanz aus den Schuppen hervorragen. Den Indianern war ein charakteristisches Merkmal der Douglasienzapfen aufgefallen: die weit herausragenden dreispitzigen Deckschuppen!

Man benötigt nicht viel Fantasie, um in den dreispitzigen Deckschuppen das Hinterteil von kleinen Mäuschen zu erkennen.

SO SCHLIESSEN SIE VERWECHSLUNGEN AUS

NAME	DOUGLASIE	FICHTE	TANNE	EIBE
NADELN	2 – 4 cm lang, flach und weich, an der Spitze abgerundet, dunkelgrün bis blaugrün, unterseits mit zwei weiß-silbrigen Streifen, am Zweig unregelmäßig bis deutlich gescheitelt, zerriebene Nadeln duften fruchtig-harzig nach Orangen	1 – 3 cm lang, steif, stachelspitz und stechend, im Querschnitt vierkantig, allseitig dunkelgrün, sitzen auf stark vorspringenden Nadelkissen (Höcker), bürstenartig rund um den Zweig angeordnet	1 – 3 cm lang, flach und biegsam, an der Spitze stumpf und eingekerbt, oberseits dunkelgrün und unterseits zwei längliche weiße Wachsstreifen, sitzen meist gescheitelt am Zweig	1 – 3 cm lang, flach und weich, zugespitzt, oberseits dunkelgrün, unterseits gelblich grün mit undeutlichen blassgrünen Streifen, zweizeilige Anordnung am Zweig
FRÜCHTE	länglich eiförmiger Zapfen, 5 – 10 cm lang, hängend, als Ganzes abfallend, mit weit herausragenden, dreispitzigen Deckschuppen	zylindrischer Zapfen 10 – 16 cm lang, nach unten hängend, als Ganzes abfallend	zylindrischer Zapfen 10 – 16 cm lang, sitzt aufrecht am Baum, nicht als Ganzes abfallend, Schuppen fallen einzeln ab	Scheinbeeren, Samen sind von becherartigem scharlachrotem Samenmantel umhüllt

Douglasie
Flache Nadeln, abgerundete Spitzen und unterseits zwei weißliche Längsstreifen.

Fichte
Vierkantige Nadeln, spitz und stechend.

Tanne
Flache Nadeln, an der Spitze eingekerbt und unterseits zwei weißliche Längsstreifen.

Eibe
Flache und zugespitzte Nadeln, unterseits mit zwei blassgrünen Längsstreifen.

EBER-ESCHE / VOGELBEERE

BÄUME MIT KLEINEN APFELFRÜCHTEN

Die Eberesche (*Sorbus aucuparia*), auch Vogel- oder Drosselbeere genannt, zählt zur Gattung *Sorbus*, die weltweit etwa 85 Arten umfasst. Typisch sind die kleinen apfelähnlichen Früchte, die die Verwandtschaft zu den Kernobstgewächsen anzeigen. In Deutschland kommen neben der Eberesche drei weitere Arten vor sowie zahlreiche Hybriden, denn die *Sorbus*-Arten bastardieren gerne untereinander.

NAME	EBERESCHE *Sorbus aucuparia* (Syn. Vogelbeere, Drosselbeere)
FAMILIE	Rosengewächse
HÄUFIGKEIT	2 % der Waldfläche (Österreich 0,1 %)
ALTER	100 – 150 Jahre
WUCHSHÖHE	15 – 20 m
STAMMUMFANG	1,5 m möglich
RINDE	glatt und silbrig-grau, im Alter dunkelgrau und längsrissig
BLÄTTER	unpaarig gefiedert mit 9 – 17 Fiederblättchen, Fiederblättchen sehr kurz gestielt, länglich elliptisch, oberseits mattgrün und anliegend behaart, unterseits dicht graufilzig, am Blattrand scharf gesägt, duften beim Zerreiben nach Bittermandel
BLÜTEN	Mai bis Juni, nach dem Laubaustrieb, einhäusig und zwittrig, gelblich weiß, sitzen in reichblütiger Doldenrispe (über 200 Einzelblüten), riechen unangenehm
FRÜCHTE	ab August / September, orangerote bis korallenrote Apfelfrüchte, dreisamig, kugelig, 8 – 10 mm groß, etwas bitterer Geschmack, roh leicht giftig
HOLZ	schwer, hart und elastisch, Splint rötlich weiß, Kern hellbraun
VERWENDUNG	Möbelholz, Schnitzerei, früher: Rinde zur Ledergerbung

Der Speierling (*Sorbus domestica*) wurde früher oft in Weinbaugegenden angebaut, ist aber heute sehr selten geworden. Ursprünglich stammt er aus dem Mittelmeerraum. Man nutzte seine harten, herben Früchte, um Apfelmost haltbarer und geschmackvoller zu machen. Seine Blätter ähneln denen der Vogelbeere, aber die Früchte sind größer und eher birnenförmig. Die Mehlbeere (*Sorbus aria*) hat ovale Blätter, die oben dunkelgrün erscheinen und unten weißfilzig behaart sind. Die kleinen, kugeligen Früchte sind erhitzt genießbar und dienten früher als Notnahrung. Die Elsbeere (*Sorbus torminalis*) hat ahornähnliche Blätter. Die kleinen Apfelfrüchte sind unauffällig bräunlich und erst nach dem Frost genießbar. Das birnbaumähnliche, harte rotbraune Holz gilt als sehr wertvoll. Es wird, wie auch das Holz des Speierlings, unter dem Namen „Schweizer Birnbaum" unglaublich teuer gehandelt.

Die Beeren der Eberesche symbolisieren satte Fruchtbarkeit. Roh gegessen sind sie jedoch kein Genuss.

DER NAME IST PROGRAMM: VOGELBEERE

Im Herbst setzt die Vogelbeere Farbakzente, nicht nur mit ihrem rotfärbenden Laub, sondern auch durch ihre knallig gefärbten Früchte. 63 Vogelarten ernähren sich von den korallenroten Beeren und sorgen über den Kot für die Vermehrung ihres Lieblingsbaumes. Die bei Vögeln sehr beliebten Früchte wurden früher als Vogellockmittel verwendet. Dies geht auch aus dem botanischen Artnamen *aucuparia* hervor, was so viel wie „Vögel fangen" bedeutet (lat. aves capere). Diese Praktik beschreibt auch der italienische Arzt Mattioli (1501–1577): *„Diese Beeren halten die Bauern über den Winter zum Vogelstellen, denn die Drosseln haben ihre Nahrung daran."* Die Früchte wurden zum Anlocken in Schlingfallen, sogenannte Dohnen gelegt, in denen unzählige Drosseln zu Tode kamen. Der Singvogelfang war nämlich bei den Bauern sehr beliebt, da sie in den herrschaftlichen Wäldern kein Großwild jagen durften. Bis ins 19. Jahrhundert gehörten gebratene Vögel zur alltäglichen Speisekarte. Die Singvogeljagd war so präsent, dass sogar Martin Luther in seiner „Klageschrift der Vögel" dagegen wetterte. In dieser Schrift beklagen sich Drosseln, Amseln, Finken, Hänflinge und Stieglitze bei Martin Luther über seinen Diener Wolfgang Sieberger, der ihnen erbarmungslos nachstelle. In manchen Ländern gelten die kleinen Sänger noch heute als Leckerbissen.

Der andere Name der Vogelbeere, Eberesche, bedeutet „falsche Esche", denn ihre gefiederten Blätter ähneln jenen der Esche ➔ Seite 112 f.. *Eber*esche entwickelte sich aus *Aber*esche. Im gleichen Sinne war der *Aber*glaube ein „falscher Glaube".

LEBENS- UND SCHUTZBAUM DER KELTEN

Waldgeschichtlich kehrte die von der Eiszeit verdrängte Eberesche etwa 6500 v. Chr. zurück und war deshalb bei den damals in Mitteleuropa siedelnden keltischen Völkern sehr bekannt und beliebt. Alte keltische Mythen berichten, die erste Frau sei aus einer Eberesche geboren worden. Die Eberesche galt als Baum des Lebens und Symbol des Wiedererwachens der Natur. Außerdem war sie zusammen mit der Birke der altkeltischen Stammesgöttin Brigantia und der Frühlingsgöttin Brigid geweiht. Brigid, die „Strahlende", wurde im keltischen Irland am 1. Februar (Imbolc) als Schutzgöttin der Heilkunst und der Fruchtbarkeit verehrt. Es war eines der wichtigsten Jahreskreisfeste des keltischen Kalenders. Die Göttin kündete im Glauben der damaligen Menschen mit dem frühen Austrieb der hellgrünen Ebereschenblätter den Frühling an.

Die Eberesche galt bei den keltischen Stämmen als Baum mit starken abwehrenden Kräften. Deshalb wurde sie um Kultstätten gepflanzt. So sollte Unheil von den sakralen Plätzen abgehalten werden. Um die Geister der Toten zu beschützen, pflanzte man sie auch auf Friedhöfen. Den Druiden diente das heilige Holz als Zauberstab. Nach einer alten irischen Sage trug eine Eberesche im Norden die Früchte der Unsterblichkeit. Mit ihnen konnte man Verwundete heilen und das Leben Todgeweihter um ein Jahr verlängern. Bewacht wurde der sagenhafte Baum angeblich von einem drachenähnlichen Ungeheuer.

ABWEHRZAUBER MIT DER EBERESCHE

Die germanischen Stämme nutzten die Eberesche ebenfalls zum Schutz- und Abwehrzauber. In einem bronzezeitlichen Grabgefäß fand man einen Ebereschenzweig, zusammen mit Knochenresten von Pferd, Luchs, Wiesel und Natter. Das alles waren typische Gegenstände, die man damals als Abwehr- und Schutzzauber bei sich trug. Dieser Abwehrzauber wurde trotz Christianisierung im Mittelalter weitergepflegt. So baute man beispielsweise die Kinderwiege aus Ebereschenholz, und Ebereschenamulette sollten das Böse fernhalten. Der Stiel des Butterfasses wurde ebenfalls aus ihrem Holz gefertigt, damit die Milch gut butterte. In der Regel gab man Hexen die Schuld, wenn Butter oder Käse misslangen. Deshalb steckte man die Äste an Stalltüren, um Hexen fernzuhalten. Außerdem befestigte man Zweige im Dachstuhl, damit das Haus vom Blitzeinschlag verschont blieb. Letzteres hängt vermutlich damit zusammen, dass die Eberesche mit

Die hellgrünen Triebe waren Frühlingsboten und ein Symbol für das Erwachen der Natur.

dem Gewittergott Thor/Donar verbunden war. In einem germanischen Mythos rettete sich der Gott bei seiner Reise zu den Riesen mithilfe einer Eberesche aus dem reißenden Fluss Vimur. Er bekam mit letzter Kraft einen Ebereschenast zu fassen und zog sich daran aus dem Wasser. So erhielt der Baum in nordischen Ländern den Namen Thorsbjörg = Thors Rettung oder Schutz. Die korallenroten Beeren erinnern angeblich an den roten Bart des Gottes. Auch sollen die Ziegenböcke seines Wagengespanns besonders gern Ebereschenblätter gefressen haben. Die beiden Böcke hatten eine Besonderheit: Man konnte sie verspeisen und wenn man dabei die Knochen unversehrt ließ, standen die Tiere am nächsten Morgen wieder wie neugeboren im Stall.

In manchen Gegenden zählte die Eberesche zu dem zauberkräftigen „neunerlei Holz“. Darunter verstand man neun verschieden Holzarten, die zusammengesetzt eine starke Magie besaßen. Mit neunerlei Holz konnte man verhindern, dass Hexen und Dämonen in Haus oder Stall eindrangen. Auf einem Schemel kniend, der aus neunerlei Holz gezimmert war, konnte man außerdem die in der Kirche sitzenden (getarnten) Hexen erkennen.

SYMBOL FÜR GESUNDHEIT UND FRUCHTBARKEIT

Alte Namen wie „Quickbaum“ oder „Quitschenbaum“ weisen auf eine alte Nutzung hin: Dahinter verbirgt sich das Wort quecken/quicken = lebendig machen. Die Zweige solcher Bäume (dazu gehörte auch die Birke) nutzte man als sogenannte Lebensrute. Damit wurde die Fruchtbarkeit und Lebenskraft der Bäume auf Mensch und Tier übertragen. Der Schlag mit der Lebensrute, auch „quecken“, „quicken“ oder „kindeln“ genannt, wurde vor allem an Ostern, Pfingsten und Weihnachten ausgeführt ➳ Seite 129. Entweder nahm man für diesen Brauch Zweige von immergrünen Bäumen oder von Bäumen, deren Laub sehr früh austreibt. Als Symbol des wiedererwachenden Frühlings passte die Eberesche sehr gut zu diesem uralten Fruchtbarkeitsritual. Auch die zahlreichen Früchte im Sommer bezeugen eine deutliche Fruchtbarkeitsanalogie.

Sehr häufig wurden im Frühjahr mit dem „Quickbaum“ die Kälber „gequickt“. Beim „Kälberquicken“ schlug man den Tieren dreimal auf den Rücken oder auf das Euter. Dabei bat der Hirte mithilfe eines Beschwörungsspruchs um

Die Blätter nutzte man einst bei Durchfall und die Blüten galten als gutes Hustenmittel. Allerdings verströmen sie einen eigenartigen Geruch.

Durch Frosteinwirkung wird die in den Früchten enthaltene Parasorbinsäure abgebaut. Oft haben die Vögel die Beeren vorher aber schon gefressen.

EBERESCHENMEDIZIN ANWENDEN

Hildegard von Bingen (1098–1179) beschreibt den Speierling, der mit der Eberesche nah verwandt ist. Sie berichtet, die Früchte würden einem gesunden Menschen weder helfen noch schaden. Doch Kranke sollten sie meiden.

Im Mittelalter nutze man die getrockneten Früchte der Eberesche vor allem bei Durchfallerkrankungen, was dem hohen Gerbstoff- und Pektingehalt geschuldet ist.

Das Kauen von frischen Beeren dagegen gilt **in der Volksmedizin** als Mittel bei Verstopfung. Die abführende Wirkung liegt in der Parasorbinsäure siehe Seite 85 begründet. Die getrockneten, vitamin-C-reichen Früchte galten früher als Geheimtipp mancher Sänger, da sie angeblich Heiserkeit beseitigen und die Stimmbänder geschmeidig halten. Außerdem wurden die Früchte zur Vermeidung von Skorbut (Vitaminmangelerkrankung) gegessen, und dem Fruchtmus sprach man appetitanregende Wirkung zu.

In der Volksheilkunde gelten die Früchte als blutreinigend und lymphflussfördernd. Ihre harntreibende Wirkung ist dafür verantwortlich, dass die Vogelbeeren bei Nierenerkrankungen, Rheuma und Gicht empfohlen werden.

Auch Blätter und Blüten kamen in der Volksmedizin zum Einsatz. Den „stopfenden" gerbstoffreichen Blättertee trank man bei Durchfall und Magenverstimmungen. Man nimmt dazu 2 TL auf 200 ml heißes Wasser. Die Blüten galten als gutes Hustenmittel und wurden traditionell in Honigmilch ausgezogen. Probieren Sie einen Erkältungs- und Hustentee aus je 1 Teil Ebereschen- und Holunderblüten. Blüten und Blätter für Heilzwecke werden im Mai geerntet, während die Beeren im August und September reifen.

Die Blüten riechen, wie auch jene des Weißdorns und der Ess-Kastanie, etwas unangenehm fischartig. Der dafür verantwortliche Stoff heißt Trimethylamin. Er ist auch im männlichen Samen enthalten. Der „besondere Duft" lockt vor allem Käfer und Fliegen zur Befruchtung an.

In der magischen Medizin konnte man mithilfe der Eberesche angezauberte Krankheiten loswerden. Man streckte dazu den bezauberten Körperteil durch einen Kranz aus Ebereschenzweigen. Der Kranz wurde dann auf einen Pfahl gesteckt, und sobald er dort getrocknet war, ging es dem Patienten gut, dem Zauberer dagegen ziemlich schlecht.

In der Gemmotherapie gilt das Knospenmazerat der Eberesche als gutes Mittel bei Beschwerden der Venengefäße (Krampfadern, Venenentzündungen, Hämorrhoiden). Außerdem hilft es bei rheumatischen Erkrankungen.

Die Ebereschen-Blütenessenz gehört nicht zu den klassischen Bachblüten. Sie gilt als „Blüte der Vergebung", um alten Groll zu begraben und vergangene seelische Wunden zu heilen.

Gesundheit und Milchreichtum. Der Ebereschenzweig musste im Morgengrauen mit einem Kupferblech geschnitten werden, sobald der erste Sonnenstrahl darauf fiel. In Schweden wurde das Jungvieh mit einem Namen getauft, indem man es unter Ausrufung dieses Namens dreimal mit einer Ebereschenrute auf den Rücken schlug.

Einen Bezug zur Fruchtbarkeit hat vermutlich auch der Brauch, am 1. Mai ein Ebereschenbäumchen vor die Tür von unkeuschen oder schwangeren Mädchen zu setzen. Der „Fruchtbarkeitsbaum" sollte die ungewollte Schwangerschaft anzeigen.

NICHT GIFTIG, SONDERN ESSBAR

Man trifft in der Literatur öfter auf die Angabe, Vogelbeeren seien giftig. Im Mittelalter schrieb der Botaniker Hieronymus Bock (1498–1554): *„Sie sind eines seltsamen unlustigen Geschmacks / So man deren zuviel isst / machen sie Unwillen."* Wahrhaftig ist der Rohverzehr kein kulinarischer Genuss, sondern eher eine „bittere" Enttäuschung. Je nach Menge kann er sogar Durchfall oder Erbrechen nach sich ziehen. Grund dafür ist die enthaltene Parasorbinsäure, die sich durch den herben, bitteren Geschmack bemerkbar macht. Sowohl Frosteinwirkung als auch Erhitzen bewirken den Abbau dieses unverträglichen Stoffs. Die Parasorbinsäure wird dabei zu Sorbinsäure umgebildet. Deshalb kann man Früchte, die erhitzt wurden oder einige Wochen im Gefrierfach lagerten, problemlos verarbeiten. Es lassen sich dann daraus köstliche Gelees, Chutneys, Liköre, Desserts oder Spirituosen herstellen. Da in den Kernen ganz besonders viel Parasorbinsäure sitzt, sollte man die Früchte nach dem Kochen durch ein feines Sieb passieren. Es gibt jedoch eine Kultursorte, die kaum Parasorbinsäure enthält und einen deutlich höheren Zuckergehalt besitzt: die Mährische Eberesche (*Sorbus aucuparia* var. *moravica*). In manchen Gegenden schätzt man sie als Obstbaum in Gärten, denn als Belohnung winken nicht nur vitaminreiche Beeren, sondern auch die wunderschöne feurige Laubfärbung im Herbst. Ihre Früchte sind auch roh genießbar, sie erinnern im Geschmack etwas an Preiselbeeren.

Die Äpfel mildern den herben Geschmack der Vogelbeeren im Vogelbeer-Apfel-Gelee.

VOGELBEER-APFEL-GELEE

- 500 g Vogelbeeren
- 500 g Äpfel
- 400 ml Apfelsaft
- 1 Vanilleschote
- 500–600 g Gelierzucker 2:1

Die frisch gesammelten Vogelbeeren sollten vor der Verarbeitung mindestens 1–3 Monate durchgefroren werden. Je länger sie im Gefrierschrank liegen, desto besser wird der Geschmack! Vogelbeeren, die kleingeschnittenen Äpfel und die aufgeschnittene Vanilleschote werden nun bei kleiner Hitze im Apfelsaft ca. 10 Minuten weichgekocht. Dann die Mischung durch die Flotte Lotte oder durch ein Sieb passieren. Den Fruchtbrei wiegen und mit der halben Menge Gelierzucker vermischen. Aufkochen und nach 4 Minuten in vorbereitete Gläser abfüllen. Passt zum Beispiel gut zu Wild und gebackenem Camembert.

EIBE

NADELBAUM MIT EIGENHEITEN

Alte Eiben wirken wie knorrige Gestalten aus längst versunkener Zeit. Die Eibe wächst nur sehr langsam und kann ein hohes Alter erreichen. Die betagtesten unter ihnen schätzt man auf über 2500 Jahre; sie zählen zu den ältesten europäischen Bäumen. Durch das langsame Dickenwachstum sind Bäume mit einem Durchmesser von nur 30 cm zuweilen schon ganze 200 Jahre alt. Die Altersbestimmung über Jahresringe ist bei Eiben oft schwierig, da die Stämme im Alter von 500 Jahren innen meist hohl werden. Die Gewöhnliche Eibe (*Taxus baccata*) nimmt unter den Nadelbaumarten eine Sonderstellung ein; sie beansprucht eine eigene Familie, die der Eibengewächse, für sich. Im Vergleich zu anderen Nadelbäumen trägt sie keine Zapfen, sondern beerenartige Früchte, daher der Artname *baccata* für „beerentragend". Außerdem fehlen ihr die für Nadelgehölze so typischen ätherischen Öle und Harze.

NAME	**GEWÖHNLICHE EIBE** *Taxus baccata* (Syn. Europäische Eibe)
FAMILIE	Eibengewächse
HÄUFIGKEIT	sehr selten, geschützt, unter 0,1 % der Waldfläche
ALTER	900–1000 Jahre, selten bis 2500 Jahre
WUCHSHÖHE	15–20 m
STAMMUMFANG	5–7 m möglich
RINDE	rötlich braun, löst sich in dünnen Schuppen (Platten)
NADELN	1–3 cm lang, flach und weich, zugespitzt, oberseits dunkelgrün glänzend, unterseits gelblich grün mit undeutlichen, blassgrünen Streifen, zweizeilige Anordnung am Zweig
BLÜTEN	März – April, zweihäusig (es gibt aber einhäusige Ausnahmen), männliche Blüten an den Zweigspitzen mit kugeliger Form und hellgelbem Blütenstaub, weibliche Blüten winzig klein, grünlich und unscheinbar
FRÜCHTE	Scheinbeeren, Samen werden von becherartigem, scharlachrotem Samenmantel umhüllt
HOLZ	hart, schwer und elastisch, gelblicher Splint und rotbrauner Kern
VERWENDUNG	Möbel, Furnier, früher: Speere, Armbrüste, Bögen

Die Eibe ist zweihäusig, das heißt, männliche und weibliche Blüten wachsen an verschiedenen Bäumen. Als Relikt aus dem Tertiärzeitalter gilt sie als die älteste Baumart Europas. Von den weltweit zehn bekannten Arten ist bei uns nur die Gewöhnliche Eibe verbreitet. Es gibt jedoch im Siedlungsbereich viele Zier- und Gartenformen, in die andere Arten eingekreuzt wurden. Zum Gartenbaum wurde die Eibe wegen ihres außergewöhnlichen Vermögens, nach Beschneiden wieder auszuschlagen. Außerdem wächst sie sehr dicht und gleichmäßig. Das macht sie interessant für die Anlage von immergrünen dichten Hecken und Beeteinfassungen. Die Gärtner der Barockgärten nutzten dies, um die Eiben zu geometrischen Formen, Figuren und Hecken zu schneiden.

TÖDLICHES GIFT

Die Gewöhnliche Eibe ist das einzige einheimische Nadelgehölz, das giftig ist. Dies gilt für alle ihre Teile außer dem roten Samenmantel. Sie enthalten das sehr giftige Taxin, eine Mischung aus Diterpen-Alkaloiden, die Herzstillstand und Atemlähmung auslösen. Der Verzehr von 50–100 g Eibennadeln wäre für Menschen tödlich. Pferde sind gegen das Gift besonders empfindlich, während Rinder, Schafe und Ziegen geringe Mengen vertragen. Rehe, Wildschweine und Hasen fressen das Eibengrün sehr gerne und ohne Schaden zu nehmen. Der wohlschmeckende saftige Samenmantel lockt Vögel an, die den giftigen Samenkern unverdaut wieder ausscheiden. Mit diesem Trick sorgt die Eibe für ihre Vermehrung. Auch für uns Menschen ist der süße Samenmantel genießbar, doch sollte man den Kern unbedingt wieder ausspucken. Auf keinen Fall darf man ihn zerbeißen.

Da die Nadeln der Eibe ziemlich giftig sind, ist eine genaue Unterscheidung von den anderen heimischen Nadelbäumen sehr wichtig. Verglichen mit den ähnlich aussehenden Nadeln von Tannen und Douglasie sind Eibennadeln deutlich zugespitzt und besitzen unterseits nicht die typischen zwei weißen Streifen. Im Gegensatz zu den stechenden vierkantigen Fichtennadeln sind

Das zarte Grün der neuen Triebe könnte darüber hinwegtäuschen, dass die Nadeln wie auch die meisten anderen Teile der Eibe äußerst giftig sind.

Eibennadeln flach und weich. Außerdem sind sie zweireihig am Zweig angeordnet, während Fichtennadeln bürstenartig um den Zweig herum stehen. Auch fehlt der Eibe der typisch harzige Geruch der anderen Nadelbäume. Die Tabelle auf Seite 76 stellt die Nadelbäume mit Verwechselungsgefahr einander mit ihren typischen Merkmalen gegenüber.

GIFTIGE PFEILE

Die Giftigkeit der Eibe war schon unseren Vorfahren bekannt: Der griechische Arzt Dioskurides berichtet im 1. Jahrhundert *„dass die, welche in ihrem Schatten ruhen oder eingeschlafen sind, geschädigt werden, oft auch sterben“*. Der Römer Plinius (23 – 79) machte dafür die Ausdünstungen der Eibe während der Blütezeit verantwortlich. Er glaubte sogar, Trinkgefäße aus Eibenholz zu benutzen, bringe den Tod. Diese Spekulationen hielten sich auch im Mittelalter, weshalb so manches alte Kräuterbuch davor warnt, unter einer Eibe einzuschlafen.

Aus heutiger Sicht sind derartige Begegnungen mit Eiben unbedenklich, doch in der Geschichte gibt es auch Hinweise auf tödliche Vergiftungen: In seinen Beschreibungen der Eroberungszüge durch Gallien berichtet Julius Cäsar (100 v. Chr. – 44 v. Chr.), die Eibe komme in Gallien und Germanien zahlreich vor. Er erzählt zudem, der Anführer der Eburonen habe sich mit Eibe vergiftet, um den Römern nicht lebend in die Hände zu fallen. Die Eburonen, ein im Rheinland siedelnder keltischer Volksstamm, führte die Eibe als Stammeszeichen (keltisch: eburo = Eibe).

Damals verwendete man Eiben auch als Pfeilgift. Keltische und germanische Jäger benutzten einen Sud aus Eibennadeln, um ihre Pfeile zu vergiften. Sie sollen damit Wölfe und Bären erlegt haben. Diese Methode ist bereits in der griechischen Mythologie erwähnt. Angeblich schoss die Göttin Artemis mit Eibengiftpfeilen. So soll sie etwa die sieben Töchter und sieben Söhne der Niobe getötet haben, weil diese mit ihrem Kindersegen geprahlt und sich damit über die Mutter von Artemis und Apollon gestellt hatte. Die Erinnyen (Furien), drei griechische Rachegöttinnen, bestraften Verbrecher mit Eibengift. Man stellte sie als schreckenerregende Frauen mit Peitschen, Eibenholzfackeln und Schlangenhaar dar. Die Erinnyen verfolgten den Übeltäter so lange, bis er die gerechte Strafe für seine Untaten bekam.

BEGEHRTES WAFFENHOLZ

Die Eibe, die früher auch Ibe hieß, ist bei uns so selten geworden, dass man sie heute als gefährdete Art einstuft. Dass dies nicht immer so war, bezeugen viele Orts- und Flurnamen, wie zum Beispiel Eiberswalde, Eibelstadt oder Ibach. Die zahlreichen Eibenbestände wurden im Mittelalter nahezu ausgerottet, ein Ergebnis der jahrhundertelangen Übernutzung als Waffenholz.

Eibenholz wird schon seit Urzeiten für Speere verwendet. Es gibt Fundstücke von Lanzen, die über 100 000 Jahre alt sind, also aus der Zeit der Neandertaler stammen. In Niedersachsen fand man eine 2,4 m lange Eibenlanze, die noch im Brustkorb eines Waldelefantenskeletts steckte.

Das harte und zugleich elastische Holz machte die Eibe nicht nur für Speere, sondern auch zur Fertigung von Pfeil und Bogen interessant. Diese waren schon in Jungsteinzeit und Bronzezeit begehrt. Auch der 5000 Jahre alte Gletschermann Ötzi trug einen Eibenbogen von 1,80 Meter Länge bei sich, und der Stiel seines Kupferbeils war ebenfalls aus Eibenholz gefertigt. Selbst Götter nutzten angeblich die Eibe: Der Bogen des nordischen Winter- und Jagdgottes Uller bestand aus ihrem Holz.

Der römische Name *Taxus* leitet sich von griechisch „toxos“ ab, was Bogen bedeutet. Die althochdeutsche Bezeichnung „iwa“ meinte nicht nur Eibe, sondern wurde synonym für Bogen und Armbrust benutzt. Wegen dieser Verwendung pflanzte man Eiben oft als eine Art lebendige Waffenkammer rund um Burgen. Es waren vor allem die großen Langbogen, die letztendlich für die radikale Abholzung der europäischen Eibenbestände verantwortlich waren. Ab dem 10. Jahrhundert waren sie ein wichtiger Bestandteil der Kriegsstrategie, weshalb man sie zu Tausenden fertigte. Vor allem das englische Heer war mit Bogenschützen gut gerüstet. Die englischen Langbogenschützen waren

Robin Hood schoss vermutlich dank seines Bogens aus Eibenholz so zielsicher.

berühmt für ihre Kunst, den Feind über eine Entfernung von 400 Metern zu treffen. Ein Schütze musste in der Lage sein, zehn Pfeile pro Minute abzuschießen. Kein Wunder, denn der englische König forderte 1369 sogar, dass jeder Mann seine Freizeit ausschließlich mit Bogenschießen verbringen müsse. Alle anderen Freizeitbeschäftigungen, wie Steinstoßen oder Eisenwerfen, wurden unter Gefängnisstrafe verboten. In jene Zeit fällt auch die Legende des berühmten Bogenschützen Robin Hood.

Bedingt durch die zahlreichen Kriege, gab es in England bald keine Eiben mehr, so dass man die wertvollen Eibenrohlinge aus ganz Europa einkaufen musste. Der Eibenhandel war ein profitables Geschäft. Allein aus Österreich und Bayern wurden zwischen 1521 und 1567 etwa eine Million zwei Meter lange Eibenstäbe nach England ausgeführt. 1568 musste Herzog Albrecht eingestehen, dass Bayern über keine schlagreifen Eiben mehr verfügte. Mit der Umstellung des englischen Heeres von Langbogen auf die Muskete im Jahre 1595 nahm der Raubbau ein Ende. Doch leider waren zu diesem Zeitpunkt nahezu alle Eibenvorkommen geplündert.

Eibenholz war aber nicht nur Waffenholz. In jungsteinzeitlichen Pfahlbausiedlungen fand man daraus gefertigte Kämme, Messer und Werkzeugstiele. Das dauerhafte Holz wurde auch gerne für Türschwellen, Sohlbalken, Wasserleitungen und Zaunpfähle verwendet. Die Eibe zählt zu den härtesten heimischen Hölzern, und ihr Holz ist noch stärker gegen Fäulnis resistent als das der Eiche.

GEISTER VERTREIBEN

Die Eibe war in vorchristlicher Zeit ein heiliger Baum, weshalb das Holz sich auch vorzüglich für magische Zwecke eignete. Man fertigte daraus Zauberstäbe und Schutzamulette. Das änderte sich auch nach der Christianisierung nicht. Der mittelalterliche Spruch: *„Vor Eiben kein Zauber kann bleiben“* weist auf die zauber- und dämonenabwehrenden Kräfte des Eibenbaumes hin. Eibenholz, als Amulett auf der nackten Haut getragen, galt damals als besonders guter Schutz gegen Hexerei und Zauberei. Dieser Glaube lieferte auch Stoff für Legenden: In Thüringen (bei Angelrode) hausten einst zahlreiche Zwerge in einer Bergwand mit vielen Höhlen und Spalten, die man Kammerlöcher nennt. Die Zwerge gruben einen Stollen in den Keller des Wirtshauses und stahlen dort regelmäßig Bier und Speisen. Auf Rat eines weisen Mannes legte der Wirt Eibenzweige in der Form eines Kreuzes aus, und zwar auf alle Wege und auch direkt vor die Höhleneingänge der Zwerge. Daraufhin hörte der Spuk auf und das Zwergenvolk wanderte aus. Der alte Brauch, am Dreifaltigkeitstag (Sonntag nach Pfingsten) Eibenzweige in Kreuzform in Ställen und Kellern

Die Eibe symbolisierte das Tor zur Unterwelt, weshalb sie auch zum Friedhofsbaum wurde.

aufzuhängen, hielt sich in dieser Region bis zum Ende des 19. Jahrhunderts. In Thüringen und Bayern verwendete man das Eibenholz auch zum Räuchern, um „unreine Geister“ zu vertreiben. Die Eibenzweige waren zudem in vielen Regionen Bestandteil des Palms, der am Palmsonntag geweiht wurde und ebenfalls zum Abwehrzauber diente Seite 212 *Weide*.

LEBENS- UND TODESBAUM

Die Eibe symbolisierte durch ihr hohes Alter und die immergrünen Nadeln einerseits das Leben und die Unsterblichkeit. Andererseits unterstrichen ihre starke Giftigkeit und ihr düsteres dunkles Nadelkleid den Aspekt des Todes. Beides ist im Denken der alten Völker untrennbar verbunden. Kein Wunder, dass die Eibe in der Mythologie gleichzeitig Baum des Lebens und des Todes war.

Bei den keltischen Völkern war die Eibe der Baum des Übergangs, der zwischen der Welt der Lebenden und der Toten wuchs. Damit war sie das Symbol für den ewigen Zyklus der Wiedergeburt. Die Eibe gehörte außerdem zu den fünf magischen Bäumen Irlands, die dem alten keltischen Glauben zufolge das Land vor Unheil beschützen Seite 116 *Esche*. Bei den altirischen Stämmen war sie der Großen Erd- und Muttergöttin Danu (Dana/Ana) geweiht, die die Toten zu sich nahm und gleichzeitig Leben schenkte.

Da die Kelten die Eibe sehr verehrten, stehen vor allem in ihren ehemaligen Siedlungsgebieten (Irland, England, Schottland, Bretagne) alte Eiben auf den Friedhöfen. Sie sollten die Toten beschützen. In der Bretagne glaubte man, die Wurzeln der Friedhofseibe wüchsen in den Mund jedes Bestatteten. Kränze aus dem Laub des Friedhofsbaumes dienten als Zeichen der Trauer. Der englische Dichter William Shakespeare (1564–1616) beschreibt den Brauch, dass Eibenzweige den Toten ins Leinentuch gesteckt wurden. Auch hierbei ging es darum, die Seele auf ihrer Reise in die andere Welt zu beschützten. Die christliche Kirche übernahm die heidnische Bilderwelt und machte die Eibe zum Zeichen der Auferstehung Christi.

Auch den Germanen war der Eibenbaum heilig. Sie nutzten für ihre Magie ein Runenzeichen, das für die Eibe stand: Eihwaz, die Eibenrune. Es war eine Schutzrune gegen Krankheit und Zauberei, doch sie symbolisierte auch den Übergang von Tod zu Neugeburt. Sie stellte eine Verbindung

Trotz starker Giftigkeit wurde die Eibe früher in der Volksmedizin genutzt. Ungiftig und essbar ist nur der rote Samenmantel.

Gefährliche Medizin

Obwohl zu ihren Lebzeiten der todbringende Aspekt der Eibe im Vordergrund stand, sah **Hildegard von Bingen** den Baum als Sinnbild der Fröhlichkeit. Sie empfiehlt, einen Stab aus Eibenholz in den Händen zu tragen, weil dies der Gesundheit des Körpers dienlich sei. Auch hält sie das Räuchern mit Eibenholz für unschädlich und verordnet das Einatmen bei verschleimten Bronchien („üble Säfte in der Brust").

In der Volksmedizin nutzte man die giftige Eibe zur Förderung der Menstruation und als Abtreibungsmittel. Dazu wurde aus den Nadeln eine Abkochung hergestellt. Diese Anwendungen waren aufgrund der starken Giftigkeit sehr riskant, weshalb es auch zu Todesfällen kam. Der Einsatz als Abortivum brachte der Eibe den Volksnamen „Verbotener Baum" ein. Außerdem behandelte man mit den Nadeln Wurmbefall und Epilepsie. Das süßliche, schleimige Fruchtfleisch (Samenmantel) wurde als Sirup bei Brustkrankheiten verabreicht. Dies ist wohl die einzige ungefährliche volksmedizinische Anwendung.

In der Homöopathie verwendet man die hochverdünnte Eibenmedizin (*Taxus baccata*) bei Hauterkrankungen sowie bei Rheuma und Gicht, vor allem bei stechenden Schmerzen. In der modernen Medizin nutzt den Inhaltsstoff Taxol aus der Rinde der Pazifischen Eibe (*Taxus brevifolia*) als Zytostatikum, vor allem bei Brust- und Eierstockkrebs. Die Substanz hat die Eigenschaft, die Zellteilung zu stören und somit die Vermehrung von Krebszellen zu stoppen. Wegen der schweren Nebenwirkungen wird Taxol nur eingesetzt, wenn andere Therapien versagen.

zwischen den Welten her. Die alten Griechen und Römer interpretierten die Eibe auf ähnliche Weise. Sie galt als ein Baum, der den Unterirdischen heilig war. Sie war das Tor zur Unterwelt und die Hüterin der Schwelle. Der römische Dichter Ovid beschrieb den Weg in die Unterwelt folgendermaßen: *„Abwärts senkt sich der Weg, von trauernden Eiben umdüstert, …"* Vielleicht hängt es mit ihrer Rolle als Schwellenbaum zusammen, dass immer wieder Berichte auftauchten, wonach ein Schläfchen unter einer Eibe zu Trancezuständen führte.

Ist der Weltenbaum Yggdrasil eine Eibe?

Obwohl in der isländischen Edda der Weltenbaum Yggdrasil eindeutig als Esche bezeichnet wird, gibt es auch Überlegungen, ob es sich bei ihm nicht eher um eine Eibe handelte. Denn der mythische Baum wurde als immergrün beschrieben, was auf die Esche nicht zutrifft: *„Eine Esche weiß ich stehen, sie heißt Yggdrasil … Immergrün steht sie über dem Brunnen der Urd."* Andererseits wird die Esche Yggdrasil als der Größte aller Bäume geschildert, und mit Größe kann die Eibe nicht gerade punkten. Sie wird selten über 15 Meter hoch, während die Esche ganze 40 Meter erreichen kann. Außerdem existieren in Sagen und Mythen Beschreibungen eines immergrünen Blätterdachs auch von anderen Laubbäumen (Linde, Eiche). Warum also nicht auch bei der Esche? Vielleicht ist der Ansatz falsch, dem mythischen Baumwesen, das die Welten zusammenhielt, reale Baumarten zuzuordnen. Vermutlich haben verschiedenste Bäume mit ihren erstaunlichen Besonderheiten Pate gestanden für die symbolische Weltenachse.

EICHEN

ZWEI HEIMISCHE ARTEN

Alte Eichen flößen uns Ehrfurcht ein. Sie scheinen eine Brücke zu längst vergangenen Zeiten zu schlagen. Ihre tiefrissige Borke erweckt den Eindruck eines urzeitlichen Fossils. Tatsächlich können Eichen ein Alter von über tausend Jahren erreichen. Man ahnt, dieser Baum hat viele Geschichten zu erzählen.

NAME	TRAUBEN-EICHE *Quercus petraea* (Syn. Wintereiche)	STIEL-EICHE *Quercus robur* (Syn. Sommereiche)
FAMILIE	Buchengewächse	
HÄUFIGKEIT	10,5 % der Waldfläche, jede Art ca. 5 % (Österreich 2 %, Schweiz 2 %)	
ALTER	500 – 800 Jahre, selten 1000 Jahre	600 – 900 Jahre, selten 1200 Jahre
WUCHSHÖHE	30 – 40 m	
STAMMUMFANG	8 – 10 m möglich	10 – 12 m möglich
RINDE	graubraun, dick, längsrissig und tief gefurcht	
BLÄTTER	verkehrt eiförmig, unregelmäßig gelappt, wenig eingebuchtet, am Blattgrund keilförmig, Blattstiel lang	verkehrt eiförmig, regelmäßig gelappt, tief eingebuchtet, am Blattgrund geöhrt, Blattstiel kurz
BLÜTEN	April – Mai, männliche Blüten bilden schlaff hängende Kätzchen, weibliche Blüten stehen an langen Stielen (Stiel-Eiche) oder sind kurz gestielt (Trauben-Eiche)	
FRÜCHTE	Eicheln reifen September – Oktober, walzige Form, sitzen in beschupptem Fruchtbecher, 2 – 7 Früchte an sehr kurzen Stielen	Eicheln reifen im Oktober, walzige Form, sitzen in halbkugeligem, beschupptem Fruchtbecher, 1 – 3 Früchte an langen Stielen (2 – 5 cm)
HOLZ	hart und schwer, Splintholz gelblich weiß bis hellgrau, Kernholz gelbbraun	
VERWENDUNG	gutes Brennholz, Haus- und Möbelbau, Brücken- und Schiffsbau, Wein- und Whiskyfässer, Parkett, früher: Gerberei	

Von den weltweit etwa 500 Eichenarten finden wir bei uns vor allem zwei Arten. In Deutschland nimmt jede davon etwa 5 % der Waldfläche ein. Die Stiel-Eiche (*Quercus robur*) wird wegen der früheren Blüte und der höheren Wärmeansprüche auch Sommereiche genannt. Die Trauben-Eiche (*Quercus petraea*) nennt man aufgrund der zwei Wochen späteren Blüte gelegentlich Wintereiche. Zu unterscheiden sind sie vor allem an Blättern und Früchten: Die Stiel-Eiche hat einen sehr kurzen Blattstiel (maximal 1 cm) und ihr Blatt ist am Blattgrund rundlich geöhrt. Bei ihr sitzen immer 1–3 Früchte zusammen an langen Stielen. Die Trauben-Eiche hat einen langen Blattstiel (2–3 cm) sowie einen keilförmigen Blattgrund. Sie präsentiert 2–7 Früchte traubenartig gehäuft an sehr kurzen Stielen. Ab und zu findet man im Wald auch die nordamerikanische Rot-Eiche (*Quercus rubra*), deren Blätter spitzgelappt sind und sich im Herbst rötlich verfärben.

Stiel-Eiche
Kurze Stiele bei den Blättern, lange Stiele bei den Früchten.

Trauben-Eiche
Lange Blattstiele und kurze Stiele bei den Früchten.

BAUM DER INDOEUROPÄER

Die Eiche gehörte bei den indoeuropäischen Völkern zu den am meisten verehrten Bäumen. Das liegt vermutlich daran, dass sie zwischen 5500 v. Chr. und 1500 v. Chr. die mitteleuropäischen Wälder dominierte. Zusammen mit Ulmen und Linden bildete sie die Eichenmischwälder. In dieser Zeit wurden die Menschen Europas sesshaft und erlebten, bedingt durch die neue Wirtschaftsform des Ackerbaus, eine unglaublich rasante kulturelle Entwicklung.

Im gleichen Zeitraum drangen die indoeuropäischen Völker in mehreren Wanderwellen in die Siedlungsgebiete des alten Europas. Die kultischen und religiösen Bräuche, die sich in jener Zeit im Schmelztiegel der einwandernden Völker entwickelten, hinterließen noch jahrtausendelang Spuren im kulturellen Gedächtnis. So auch die mächtige Eiche, die damals alles für die Existenz der Menschen Nötige bereithielt: Nahrung, Arznei, Bau- und Feuerholz sowie Futter für die Tiere. Hinzu kam, dass Eichen zahlreiche Menschengenerationen überdauern, ein Symbol der göttlichen Ewigkeit. Deshalb wurde sie bei allen indoeuropäischen Völkern verehrt und den höchsten Gottheiten geweiht.

SITZ DER WETTERGÖTTER

Interessant ist die Tatsache, dass es sich bei den „Eichengöttern" um blitztragende Wettergötter handelte. Aber das sollte nicht verwundern, denn in den neu entstandenen Agrarkulturen spielte das Wetter eine entscheidende Rolle. Blitz, Donner und Regen waren damals im Denken der Menschen untrennbar mit der Fruchtbarkeit des Landes verbunden.

Im alten Griechenland war die Eiche der Baum des olympischen Hauptgottes Zeus, der auch „Blitzlenker" genannt wurde. In der antiken Stadt Dodona befand sich das berühmte Eichenorakel, in dem drei weiß gekleidete Frauen aus dem Rauschen der Blätter des heiligen Eichenhains die Stimme des Göttervaters deuteten. Eichenzweige wurden damals zum Regenzauber verwendet. Mit den Eichen verbunden waren auch die griechischen

Baumnymphen, deren Name, Dryaden, von dem griechischen Wort drys = Eiche abgeleitet ist. Sie waren mit dem Leben des Baumes verbunden, weshalb jeder Mensch, der einen Baum verletzte, ohne zuvor bestimmte Zeremonien abzuhalten, von den Göttern bestraft wurde.

Die Römer verbanden die Eiche mit ihrem höchsten Gott Jupiter, der ebenfalls den Blitz bei sich trug. Die Verleihung des Eichenkranzes war in jener Zeit für einen römischen Bürger die höchste Ehre.

Bei den Germanen thronte der regenbringende Donner- und Kriegsgott Thor/Donar im König der Bäume. Der Legende nach fuhr er mit seinem Ziegenkarren über den Himmel, wodurch der Donner entstand. Dabei schleuderte er mit seinem Hammer Blitze zur Erde. Nach ihm ist der Donnerstag (Donars Tag) benannt, der im Schwedischen torsdag heißt. In heiligen Eichenhainen opferten die Germanen ihren Göttern. Unter den Eichen war Versammlungs- und Gerichtsplatz (Thing). Die Haine durften von Unbefugten nicht betreten werden. Das Fällen von Bäumen, das Abknicken von Zweigen und das Töten von Tieren war an diesem heiligen Ort verboten. Zuwiderhandlungen wurden nicht selten mit dem Tod bestraft.

Bei den gallischen Kelten war die Eiche dem Donner- und Wettergott Taranis geweiht. Wir wissen durch den römischen Geschichtsschreiber Plinius (23–79), dass die Kelten ohne Eichenlaub keine kultische Handlung vollzogen. Die kultisch-sakrale Bedeutung der Eichen ist auch daran zu erkennen, dass das keltische Wort Druide, für Priester, von duir = Eiche abgeleitet ist. Besonders gesegnet war diejenige Eiche, die eine Mistel beherbergte. Die irischen Kelten ordneten die Eiche dem rothaarigen Wettergott Dagda zu, der eine riesige Keule bei sich trug. Wie der Hammer Thors kann auch diese Keule als Phallussymbol gedeutet werden. Man sagte dem Gott eine unbändige Lust auf Essen und Sex nach.

Der Gewittergott der Slawen schwang eine Axt und hieß Perun. Ihm zu Ehren wurde Tag und Nacht ein Eichenfeuer unterhalten. Auch das heilige Feuer im Tempel der römischen Göttin Vesta, Hüterin des ewigen Feuers, wurde ausschließlich mit Eichenholz genährt.

Die enge Beziehung von Eichen zum Gewitter hat sich bis heute gehalten. In Sprüchen Seite 69 *Buche* wird empfohlen, Eichen zu meiden, weil sie besonders häufig vom Blitz getroffen würden. Dies wird damit erklärt, dass ihre Pfahlwurzeln bis tief ins Grundwasser reichen. Das Holz von getroffenen Eichen galt als besonders zauberkräftig, denn es war vom Gewittergott persönlich gesegnet. Genau aus diesem Grund war die Eiche nie ein Hausbaum, denn man verzichtete gerne auf die direkte Nähe des Donnerers.

Es entsteht der Eindruck, die Eiche sei ein rein männlicher Baum gewesen. Dem ist aber nicht so, denn die patriarchalen Götter der indoeuropäischen Einwanderer besetzten ehemals weibliche Kultplätze und unterwarfen die alten Göttinnen. Vor allem fruchttragende, nährende Bäume wie die Eiche waren ursprünglich immer mit einer weiblichen Gottheit assoziiert, die als Spenderin aller Nahrung galt. So weiß man, dass Zeus an Eichenverehrungsplätzen die älteren Göttinnen Dione, Rhea, Hera und Demeter überlagerte. Bei den Kelten war es die Urmutter Danu (Ana), die Mensch und Tier mit ihren Eicheln nährte.

DIE EICHE WIRD VERTEUFELT …

Bei ehrwürdigen Eichen und in Eichenhainen wurde jahrhundertelang geopfert und gebetet. Man hinterließ beim Götterbaum Sorgen, Kummer, Schwüre und Gelübde. Die allgegenwärtige Verehrung der Götter in heiligen Bäumen war Grund genug für die aufstrebende christliche Kirche, das heidnische Treiben mit der Axt zu beenden. Der heilige Baum geriet zum Teufelswerk. Unzählige Eichen wurden im Rahmen der Christianisierung zerstört. Überliefert ist der Baumfrevel des heiligen Bonifatius, der 723 das bedeutende Heiligtum der Chatten, die Donareiche nahe dem hessischen Geismar, fällen ließ. Er wollte damit die Machtlosigkeit der alten Götter beweisen. Aus ihrem Holz ließ er demonstrativ eine Kapelle bauen.

Statt der alten Götter zog nun der Teufel in die Eiche ein und sie wurde zum Unglücksbaum. Zahlreiche Sagen und Legenden verknüpfen den

Beim Anblick dieser Eiche fällt die Vorstellung nicht schwer, Bäume seien von Göttern oder Dämonen bewohnt.

Inbegriff des Bösen mit dem einst heiligen Baum. Zwar wird der Teufel meist als unheimlich geschildert, aber in der Mehrzahl der Sagen lässt er sich von schlauen Bauern oder von Gott höchstpersönlich leicht hinters Licht führen. So erzählt eine alte Sage, von der es viele Varianten gibt, wie die Eichenblätter zu ihren typischen Einbuchtungen kamen: Ein Bauer wusste während einer Hungersnot keinen anderen Rat, als den Teufel anzurufen. Der versprach ihm Geld und wollte als Gegenleistung des Bauern Seele, die er im Winter nach Ende des 50. Lebensjahres holen wollte. Die listige Bedingung des Bauern für die Übergabe der Seele war, dass die Eichen keine Blätter mehr haben durften. Im vereinbarten Jahr freute sich der Teufel auf den Winter und auf die leicht erworbene Seele. Nach und nach verloren alle Bäume die Blätter, aber er musste verärgert feststellen, dass an den Zweigen der Eiche immer noch die dürren verwelkten Blätter festsaßen. Als diese im Frühling nun endlich abfielen, waren aber schon die neuen Blätter herausgekommen. Aus Wut wollte der Teufel die Blätter herabreißen und schlug seine Krallen hinein. Aber vergebens: Sie hielten stand, sind aber nun für immer eingebuchtet. Bis zu jener Zeit waren sie noch ganzrandig gewesen.

Neben den Teufelssagen gibt es auch zahlreiche Geschichten über unheimliche Hexen-Eichen, an denen es spukt. Vor allem in der Walpurgisnacht (30. April) wurden darunter angeblich gotteslästernde Orgien gefeiert.

... UND SCHLIESSLICH ZUM MARIENBAUM

Aber alle Verteufelungsversuche konnten die uralte Baumverehrung letztendlich nicht beseitigen. Die Landbevölkerung brachte den heiligen Bäumen heimlich weiterhin große Ehrfurcht entgegen. Ein Mönch aus Regensburg schrieb noch im 11. Jahrhundert: *„Es gibt Bauern, die es für einen Frevel halten, in einem Wald Bäume zu fällen, unter denen einst die Heidenpriester geweissagt haben.“*

Solche verehrten Eichen, wurden schließlich in den Schoß der Kirche aufgenommen. Sie wurden der Jungfrau Maria geweiht und mit Marienbildern geschmückt, oder in ihrem Schatten entstand eine Marienkirche. Oft heißt es in Sagen, dass man in Marieneichen ein Marienbild fand. So wird in Marienbaum bei Xanten die Geschichte erzählt, im Jahre 1430 habe ein gelähmter Schäfer im Traum einen hohen Eichbaum gesehen. Der Stamm der Eiche war nach oben stufenartig geformt aufgewachsen. Oben in den Zweigen stand eine wunderschöne Muttergottesstatue. Er sollte diesen Baum mit dem Bild der Mutter Gottes im Wald suchen und verehren. Dann würde er gesund werden. Der gelähmte Schäfer fand die Eiche tatsächlich und wurde auf der Stelle gesund. Bei dem Baum geschahen nun zahlreiche Wunderheilungen und schließlich wurde dort eine Kapelle gebaut.

Das Eichenlaub konnte nun im christlichen Gewand sogar den Teufel und die Hexen in die Schranken weisen. Fütterte man die Kuh damit, konnten die Hexen keine Milch stehlen. Nagelte man Eichenzweige an die Tür, waren Haus und Stall vor dämonischen Eindringlingen geschützt. Der Abwehr- und Schutzzauber mit Eichen lässt sich mit zahlreichen Bräuchen belegen.

NAHRUNG FÜR MENSCH ...

In archaischen Zeiten war man der Ansicht, die Menschen seien aus der Eiche geboren. Dafür wurde ihnen besondere Verehrung zuteil. Mitentscheidend für ihre außergewöhnliche Stellung im Kult waren jedoch ihre nutzbaren Früchte. Sie spielten in der Urzeit eine Rolle in der menschlichen Ernährung. Der römischer Schriftsteller Plinius (23–79) schrieb in seiner Naturgeschichte: *„Die Früchte der Eichen waren die erste und ursprünglichste Nahrung der Menschen ... Eicheln machen den Reichtum vieler Völker aus. Bei Getreidemangel werden sie getrocknet, gemahlen und zu Brot verarbeitet.“* Der griechische Dichter Hesiod schrieb 700 v. Chr.: *„Wo gerechte Menschen wohnen, da ist Hungersnot unbekannt. Ihnen geben die Götter reichlich Unterhalt, Eichen, die mit Eicheln beladen sind, Honig, Schafe.“* Auch bei den Germanen gehörten Gerichte aus Eichelmehl zum Speiseplan. Der deutsche Name Eiche soll sich aus dem lateinischen „esca“ (Speise) entwickelt haben und nimmt somit ebenfalls Bezug auf die Eichennahrung.

Übrig geblieben ist davon heute nichts mehr. Das liegt vermutlich an der aufwendigen „Entbitterung“ der Eicheln, ohne die sie für uns ungenießbar sind. Sie würden ansonsten Magenreizungen und Erbrechen hervorrufen. Lediglich in Notzeiten, wie etwa während der beiden Weltkriege, gab es wieder Eichelprodukte: Eichelkaffee und Eichelmehl als Beimischung für Brot, Gebäck oder Pfannkuchen.

Man erntet ab September möglichst große, frisch gefallene Eicheln. Zur Entbitterung müssen die noch grünschaligen Früchte geknackt oder geschält werden, entweder mit dem Nussknacker oder noch besser mit einem scharfen Messer. Die Schale lässt sich leichter entfernen, wenn die Eicheln 5–10 Minuten in einer mit Deckel verschlossenen Pfanne geröstet werden. Dabei die Pfanne immer bewegen, damit nichts anbrennt. Dann werden aus den herausgelösten Kernen die Gerbstoffe „ausgewaschen“. Dazu müssen Sie die Eicheln mit reichlich heißem Wasser übergießen und über Nacht einweichen. Am nächsten Tag wird das gelblich gefärbte Wasser gewechselt, und die Eicheln liegen nochmals 4–5 Stunden in heißem Wasser. Wenn das Wasser noch nicht klar ist, wässern Sie ein drittes Mal. Dann die Eicheln auf ein Backblech legen und bei 50 °C trocknen. Die getrockneten Eicheln können Sie nun mit einem leistungsstarken Mixer zu Mehl mahlen. Die entbitterten Eicheln kann man auch kochen und zu Püree verarbeiten. Oder sie werden in einer trockenen Pfanne langsam geröstet, um damit einen Kaffeeersatz herzustellen. Man nennt ihn „Muckefuck“, abgeleitet vom französischen „Mocca faux“ (= falscher Kaffee).

KARTOFFEL-EICHELKEKSE

- 200 g Eichelmehl
- 150 g Dinkelmehl
- 150 g gekochte Kartoffeln
- 125 g Zucker
- 50 g Butter oder Margarine
- 2 TL Backpulver

Alle Zutaten zu einem Teig verkneten. Ist dieser zu fest, etwas Wasser zufügen. Den Teig ausrollen und Kekse ausstechen. Auf Backpapier legen und bei 175 °C backen, bis sie leicht gebräunt sind.

... UND SCHWEIN

Vor allem jedoch nährten die Eicheln den Menschen indirekt: Sie waren jahrhundertelang die Grundlage der Schweinemast. Schon Kelten und Germanen trieben ihre Schweine in den Eichenwald. Bis ins 19. Jahrhundert war die Eichel das wichtigste Futtermittel. Wie schwerwiegend ein Ausfall der Eichelmast beurteilt wurde, zeigt folgende wahre Geschichte: In Offenburg (Baden) wurden 1575 die Eichen von Schädlingen kahlgefressen, so dass die Schweinmast ausfallen musste. Verantwortlich gemacht wurden vermeintliche Hexen, die dann unter Folter gestanden, fässerweise Raupen und Käfer über dem Stadtwald ausgestreut zu haben.

Die Eichelmast hatte eine große wirtschaftliche Bedeutung. Der Waldwert wurde im Mittelalter nicht in Holz, sondern nach der Zahl der Schweine angegeben, die man darin mästen konnte! *„Auf Eichen wachsen die besten Schinken!“*, schrieb Hans Jakob von Grimmelshausen 1668, denn die Eichelmast brachte den besten Schinken. Es gab eine Menge von Vorschriften, die den Schweineeintrieb durch die Schweinehirten regelten. Mit der Einführung der Kartoffel verlor die Mast mit der stärkehaltigen Eichel (38 %) massiv an Bedeutung.

BEDEUTENDER NUTZBAUM

Viele Familiennamen und etwa 1400 Ortsnamen sind von der Eiche abgeleitet. Das unterstreicht die einstmalige Bedeutung der Eiche in vielen Lebensbereichen. Eichenholz ist ein gutes Brennholz mit

Eicheln bildeten jahrhundertlang die Grundlage der Schweinemast, bis man diese Form der Waldnutzung im 19. Jahrhundert verbot. Heute treibt man zu Naturschutzzwecken vereinzelt wieder Schweine in den Wald.

hohem Heizwert. Zudem lässt es sich gut spalten und sehr lange lagern. Die Eiche liefert durch die eingelagerte Gerbsäure ein sehr dauerhaftes Holz, das sich als resistent gegen Schädlinge und Feuchtigkeit erweist. Unter Wassereinfluss wird es sogar noch fester und härter. Deshalb nutzt man Eichenholz von alters her traditionell zum Hausbau. Es wird auch gerne für Möbel, Böden und Treppen verwendet. Auch die Hersteller von Whisky- und Weinfässern können auf das gerbstoffhaltige Eichenholz nicht verzichten.

Bereits in der Antike besaß das robuste Holz große Bedeutung für den Schiffsbau. Dafür wurden ganze Eichenwälder gerodet. Für die Gerberei nutzte man die Gerbstoffe aus der Rinde. Die Tierhäute wurden zusammen mit gemahlener Eichenrinde längere Zeit in Gruben gelegt. Dabei kam es zur chemischen Umwandlung der Haut in Leder. Eine weitere historische Nutzung war die Herstellung der dokumentenechten Eisengallustinte. Dazu nahm man die Galläpfel der Eichenblätter, die durch die Eiablage der Eichengallenwespe entstehen. Die Eiche wehrt sich gegen den Befall durch eine gerbstoffhaltige Gewebswucherung. Doch leider vergebens. In den kugelrunden Galläpfeln entwickeln sich die Larven der Gallwespen und ernähren sich vom Pflanzengewebe. Erst im Herbst schlüpfen sie aus. Die Tinte lässt sich ganz einfach herstellen: Gesammelte Eichengallen werden zusammen mit ein paar Eisennägeln in Wasser gelegt. Nach 2–3 Wochen ist eine Tinte entstanden, die man noch etwas einkocht, damit sie dunkler wird.

MAGISCHE HEILKUNDE

In der magischen Volksmedizin gehörte die Eiche zu den Bäumen, die sich besonders gut zum Übertragen von Krankheiten eigneten. Es sind zahlreiche Beschwörungssprüche überliefert, wie man mithilfe der Eiche Gicht, Fieber, Brüche sowie Kopf- und Zahnschmerzen loswurde. So lehnte man sich zum Beispiel an eine Eiche und sprach: *„Eichenbaum, ich klage dir / Die Gicht die plaget mir / Ich wünsche dass sie mir vergeht / Und in dir besteht.“* Wer an Mundfäule (= Entzündung der Mundschleimhaut) litt, stellte sich zwischen drei Eichen und nahm davon einen Zweig. Mit diesem fuhr er dreimal an den Zähnen hin und her und sprach dabei: *„Mundfäul geh hin und wieder / Geh aus allen meinen Gliedern / Und komm nie wieder.“* Hier spielte die Zahlenmagie mit der heiligen Zahl Drei eine verstärkende Rolle. Bei Kopfschmerzen sprach man: *„Eichenbaum ich hör dich rauschen / Geschoß und Nachtgeschirr tut mir tauschen / Behalts bis zum jüngsten Tag / Bis ichs wieder haben mag.“*

Bei folgendem Fieberspruch war letztendlich ein kleiner Vogel der Leidtragende: *„Ach lieber Eichbaum ich klag es dir / Ein zehrend Fieber plaget mir / Ach lieber Gott, ich bitte dir / Nimm doch diese Last von mir / Ich bringe dir das warme und das kalte / Das erste Vöglein, das darüber fliegt, das mag es behalte. / Im Namen des Vaters, des Sohnes und des Heiligen Geistes."* Mit dem kalten Fieber war Schüttelfrost gemeint.

Manche besonders verwachsene oder hohle Eichen wurden genutzt, um beim Durchkriechen oder auch Durchziehen Krankheiten abzustreifen. Genauso beliebt war das Verbohren von Krankheiten im Baum. Man bohrte dazu ein Loch in den Stamm, stopfte die Krankheit in Form von abgeschnittenen Haaren oder Finger- oder Zehennägeln hinein und pflockte dann das Ganze mit einem Holzstück zu. Mit der gleichen Absicht wurden auch Kleidungsstücke des Kranken an Eichenäste gebunden.

Die Eiche galt wegen der Ähnlichkeit ihrer Eicheln zum männlichen Glied als gutes Mittel gegen Impotenz. Man(n) bohrte einen Eichenstamm an, steckte seinen Penis hinein und sprach: *„Oh Eiche, so wie dein Herz gesund ist, so möge mein Glied gesund sein."* Eine andere Möglichkeit war es, durch ein Astloch in einem Eichenbrett zu pinkeln. Ein weiterer, typisch „männlicher Eichenzauber" ging folgendermaßen: *„Eine Kunst, dass sich das Weibsvolk muss nackend zeigen und das Kleid aufheben. Schreibe mit Hasenblut den Namen der Frau auf Eichenholz und lege es auf die Schwelle. Wenn sie darüber geht, so hebt sie das Gewand bis zum Nabel auf."* Hoffen wir, dass sie darunter etwas anhatte!

VOLKSMEDIZIN BEWÄHRT SICH

In der Antike nutzte man Rinde und Blätter der Eiche vor allem bei Wunden, Hautentzündungen und Geschwüren. Im Mittelalter war der Baum einerseits ein sehr kraftvolles (heimlich genutztes) magisches Heilmittel, andererseits hatte er nach der Christianisierung auch unter der Verteufelung zu leiden. Hildegard von Bingen (1098–1179), die in einer Zeit lebte, als die Erinnerung an die heidnischen Verehrungsorte noch jung war, schimpfte sehr über den alten Heidenbaum: *„Die Eiche ist kalt, und sie ist hart und bitter, und doch weniges an ihr ist brauchbar. Und sie bezeichnet Liederlichkeit. ... Für ein Heilmittel ist weder das Holz noch die Frucht zu gebrauchen."* So verschwand die Eiche bis ins 16. Jahrhundert weitgehend aus der Medizin, um dann später wieder zum beliebten Heilmittel aufzusteigen. Einen Absud aus Rinde, Blättern oder Eichengalläpfeln

In hohlen oder gespaltenen Eichen versuchte man Gicht, Fieber und Zahnschmerzen loszuwerden.

nutzte man äußerlich bei Frostbeulen, Hämorrhoiden, Schweißfüßen, Hautentzündungen, Geschwüren, Wunden, Mundfäule und wackeligen Zähnen. Innerlich sollte die Eichenmedizin bei Vergiftungen, Durchfall, inneren Blutungen sowie bei Magen- und Darmerkrankungen hilfreich sein.

Viele dieser mittelalterlichen Anwendungen haben durchaus Sinn, denn die Eichenrinde ist eine vorzügliche Gerbstoffdroge, die zusammenziehend, gewebsverdichtend, entzündungshemmend und antibakteriell wirkt. Deshalb eignet sich die Eichenabkochung zum Gurgeln bei Entzündungen des Zahnfleischs sowie der Mund- und Rachenschleimhäute. In Form von Umschlägen oder Bädern wird die Heilung von kleinen Verletzungen, nässenden Ekzemen sowie entzündlichen Hauterkrankungen mit Juckreiz unterstützt. Die Wirksamkeit dieser äußerlichen Anwendungen von Eichenrinde fand wissenschaftliche Bestätigung. Weil die zahlreichen Gerbstoffe der Rinde auch magenreizend wirken können, wird sie heute innerlich hingegen nur noch selten angewendet.

Eichenrinde ist sehr gerbstoffhaltig und gut geeignet zur Behandlung von Entzündungen. Man benutzt dafür Abkochungen der Spiegelrinde junger Zweige.

EICHENMEDIZIN ANWENDEN

Für medizinische Zwecke nutzt man die im Juni gesammelten Blätter, die unzerkleinert im Schatten getrocknet werden. Sie sind reich an Polyphenolen und enthalten bis zu 11 % Gerbstoffe. Üblicher ist die Verwendung der Rinde von jungen Zweigen, deren Gerbstoffgehalt bis zu 20 % betragen kann. Die Zweige sollten nicht dicker als 5 cm sein und möglichst noch eine glatte, borkenfreie Rinde (Spiegelrinde) haben. Beste Ernte- und Schälzeit ist von März bis April. Dosiert wird die Rinde für die innerliche Anwendung bei Durchfall 3-mal täglich mit ½ TL (1,5 g) auf 150 ml Wasser. Zum Kochen bringen und 10 Minuten ziehen lassen. Für einen Eichenblättertee 1 – 2 TL mit 150 ml heißem Wasser übergießen und 10 Minuten ziehen lassen. Bei äußerlichen Anwendungen (Gurgeln, Umschläge) dosiert man 2 EL Rinde (18 g) auf 450 ml Wasser.

In der Bachblütentherapie gilt die Eichen-Blüte „Oak“ als hilfreich für Menschen, die zu viel Ehrgeiz und Verbissenheit an den Tag legen und dadurch unter Daueranspannung stehen. Der erschöpfte „Kämpfer“, der nie aufgibt, kann aus der „Ausdauer-Blüte“ Kraft schöpfen.

In der Gemmotherapie nutzt man die hormonreichen Knospen, um den Organismus zu stimulieren und zu kräftigen, besonders bei Rekonvaleszenz. Außerdem gelten die Eichenknospen als potenzstärkendes Tonikum.

ERLEN

DEM WASSER ZUGEWANDT

Die Schwarz-Erle (*Alnus glutinosa*) ist bei uns die häufigste Erlenart. Sie verdankt ihren Namen der fast schwarzen Borke, die früher auch zum Färben Verwendung fand. Mit Ausnahme einiger Weiden verträgt kein anderer Baum so viel Bodennässe. Leider ist die für Uferbefestigungen wichtige Schwarz-Erle durch ein Erlensterben bedroht. Ein pilzähnlicher Organismus, der durch Kreuzung zweier unbedeutender Krankheitserreger entstand, dezimiert seit einigen Jahren die Erlenbestände.

NAME	SCHWARZ-ERLE *Alnus glutinosa* (Syn. Roterle)	GRAU-ERLE *Alnus incana* (Syn. Weißerle)	GRÜN-ERLE *Alnus viridis* (Syn. Bergerle)
FAMILIE	Birkengewächse		
HÄUFIGKEIT	2 % der Waldfläche (Österreich 2 %, Schweiz 4 %)		
ALTER	100–150 Jahre	50 Jahre	100 Jahre
WUCHSHÖHE	25–30 m	10–20 m	3–6 m
STAMMUMFANG	3–4 m möglich	2 m möglich	strauchartig
RINDE	dunkelgrau bis schwarz	glatt und weißgrau	graubraun
BLÄTTER	rundlich, oft mit eingekerbter Spitze, 2–3 cm lang gestielt, oberseits dunkelgrün, unterseits mit gelblichen Haarbüscheln in den Nervenwinkeln, Knospen sind klebrig	elliptisch, zugespitzt, 2–3 cm lang gestielt, oberseits dunkelgrün und kahl, unterseits graufilzig, später nur noch auf den Blattnerven behaart, keine klebrigen Knospen	oval, mit kurzem Blattstiel, unterseits nur in den Nervenwinkeln behaart, Blattrand doppelt gesägt, Knospen anfangs klebrig
BLÜTEN	März – April, einhäusig und getrenntgeschlechtlich, männliche Kätzchen (6–12 cm) im Vorjahr angelegt, schlaff hängend, weibliche Blütenzäpfchen 3–4 mm, rotbraun	März – April, lange vor dem Laubaustrieb, einhäusig und getrenntgeschlechtlich, männliche Kätzchen (7–10 cm) im Vorjahr angelegt, weibliche Zäpfchen 3–5 mm	April – Juni, mit dem Laubaustrieb, einhäusig und getrenntgeschlechtlich, männliche Kätzchen (5–10 cm) bereits im Vorjahr angelegt, weibliche Zäpfchen stehen aufrecht in Büscheln
FRÜCHTE	verholzende Fruchtzapfen, braun, bis 2 cm lang	graubraune verholzende Fruchtzapfen mit schmal geflügelten Nussfrüchten	Fruchtzapfen kaum verholzt, Nussfrüchte geflügelt
HOLZ	weiches Holz, weiß bis rötlich, Kern- und Splintholz farblich gleich, verfärbt sich nach Einschlag orangerot		
VERWENDUNG	für Uferbefestigungen, selten Möbelholz, kein gutes Brennholz, früher: Schnitzarbeiten, Zigarrenkisten, zum Färben		

Schwarz-Erle
Rundliches Blatt mit oftmals eingekerbter Spitze.

Grau-Erle
Elliptische Blattform, vorne leicht zugespitzt und unterseits behaart.

Grün-Erle
Eiförmiges zugespitztes Blatt mit kurzem Blattstiel.

Obwohl die Schwarz-Erle kein besonders witterungsbeständiges Holz liefert, entwickelt sie unter Wasser eine unglaubliche Dauerhaftigkeit, die der Eiche in nichts nachsteht. Aus diesem Grund wurde ihr Holz früher für Wasserbauten verwendet, zum Beispiel als Stützgerüst für die jungsteinzeitlichen Pfahlbauten am Bodensee. Auch Alt-Amsterdam und Teile Venedigs wurden auf Erlenpfählen erbaut. Diese Beziehung zum Wasser und zur Feuchtigkeit prägte auch ihre kultische Bedeutung bei den Menschen vergangener Jahrtausende.

Die beiden anderen in Mitteleuropa vorkommenden Erlenarten sind wesentlich seltener. Außerdem bevorzugen sie etwas trockenere Standorte. Es handelt sich um die Grau-Erle (*Alnus incana*), auch Weißerle genannt, sowie um die strauchartige Grün-Erle (*Alnus viridis*), die man auch als Bergerle kennt, weil sie nur im Gebirge vorkommt. Die Schwarz-Erle kann leicht von den anderen Erlen unterschieden werden, da sie keine ovalen und zugespitzten, sondern rundliche Blätter hat, mit einer typischen Einkerbung an der Spitze.

ERLEN – EINE WELT ZWISCHEN LEBEN UND TOD

Etwa ab 4500 v. Chr. ist die Schwarz-Erle in ganz Europa auf Nassböden häufig anzutreffen. In jener Zeit begann die neolithische Revolution. Die jungsteinzeitlichen Menschen Mitteleuropas wurden sesshaft und betrieben Ackerbau. Erlenhaine wurde wegen ihrer Beziehung zum Wasser gerne als Kultorte genutzt. Das Wasser war der kosmische Schoß der Muttergöttin. Es war das Symbol des Lebens und deshalb immer mit Fruchtbarkeit verbunden. Aber es symbolisierte auch die zerstörerische Kraft. Die Große Göttin hatte zwei Gesichter, sie schenkte Leben und brachte den Tod. Alles floss im ewigen Kreislauf. Vor allem an Wasserläufen und auf Flussinseln, die dicht mit Erlen bewachsen waren, wurde die Große Göttin verehrt. Flussnamen wie Aller, Iller, Elz oder Elbe sind von der Erle abgeleitet, die man früher auch Eller, Aller oder Else nannte.

Den Totenaspekt der Erle können wir auch im patriarchalisch organisierten Götterhimmel der Kelten finden. Sie war der Totembaum des beliebten walisischen Bran, ein Unterweltsgott in Riesengestalt. Er besaß einen Kessel, der Tote wieder auferwecken konnte. Der Kessel ist das Symbol der Wiedergeburt. Seine Schamanenvögel waren Raben, die ebenfalls zur Totensymbolik der Kelten gehörten. Der Kessel war einst ein Attribut der Großen Göttin.

In der griechischen Mythologie taucht die Erle an verschiedenen Stellen auf. Die auf einer geheimnisvollen Insel wohnende Nymphe Kalypso lebte in einer Höhle, die von Erlen und Pappeln umgeben war. Sieben Jahre lang hielt sie den schiffbrüchigen Helden Odysseus auf ihrer Insel als „Sexsklaven“ fest. Auch die Zauberin Circe lebte in einem Hain von Erlen und Eichen. In manchen Quellen wird sie sogar als Göttin beschrieben, und ihre Insel galt als Toteninsel. Circe verwandelte ihre Gäste gerne mal in Schweine und „bezirzte“ Odysseus zwei Jahre lang in ihren Gemächern. Man kann davon ausgehen, dass die „Priesterinnen“ Circe und Kalypso einen heiligen Ort betreuten, der von Erlen umsäumt war. Wasser, Quellen und Höhlen waren die Verbindung zur Unterwelt, wo sich das Rad der Wiedergeburt drehte. Dieser Ort war ursprünglich keineswegs bedrohlich, aber er sollte in den folgenden Jahrhunderten immer düsterer und unheimlicher werden.

DÜSTERE GESELLEN: ERLENFRAU UND ELFENKÖNIG

Der Legende nach bluten Schwarz-Erlen, wenn sie gefällt werden. Tatsächlich verfärbt sich frisch geschlagenes Erlenholz an der Luft rötlich orange. Daher auch der Name Roterle. Dieses „Bluten" bot einigen Stoff für gruselige Geschichten und Sagen. In Dänemark war es die „Erlenfru", die blutete, wenn man die Axt in den Stamm schlug. Deshalb galt die Erle vielerorts als unheimlicher Baum. Das liegt aber auch daran, dass sie vor allem in Feuchtwäldern, Sümpfen und Mooren wächst. Diese düsteren, nebeligen Plätze waren verrufen, und man glaubte, es spuke dort. Das Moor galt als Tor zur Unterwelt, als Wohnort der Toten. Moore hatten jahrtausendelang kultische Bedeutung, was sich an zahlreichen Opfergaben dokumentieren lässt. Menschenopfer und -bestattungen in Mooren waren vor allem in germanischer Zeit recht häufig. In Mecklenburg gab es noch vor einigen Jahrzehnten beim Todesfall die Redewendung *„Er/Sie ist beim lieben Gott im Erlenbruch."* Kein Wunder, dass man in den Erlbrüchen Ahnengeister, Dämonen, Irrlichter Wassergeister, Elfen oder die Seelen von Selbstmördern und ungetauften Kindern vermutete. Erlenbrüche nennt man Feuchtgebiete, in denen vor allem Erlen wachsen.

Die auf moorigen Böden wachsende Schwarz-Erle wurde oft mit Hexen, Geistern und Dämonen in Verbindung gebracht.

Eng verbunden mit der Erle war die Erlenfrau, im Volk auch Else oder Irle genannt. Sie wohnte im Morast und konnte verirrte Wanderer hinterlistig in den Sumpf locken. In der Sage vom Ritter Wolfdietrich aus dem 13. Jahrhundert taucht sie als furchterregende Raue Else auf und fordert von ihm, sie zu lieben. Wild, struppig und mit Moos bewachsen, ist sie alles andere als eine Schönheit. Als er sich ihr entsetzt verweigert, verzaubert sie ihn in ein wildes Tier, bis er schließlich einwilligt. Dadurch bricht er den Fluch, und sie verwandelt sich in die schönste aller Frauen. Wir können erahnen, dass die Erlenfrau ein Zerrbild der alten archaischen Unterweltsgöttin ist.

Auch Goethes Erlkönig (1782) ist in solch düsteren Orten angesiedelt. Obwohl es sich bei Goethes Lyrik nicht wirklich um den Erlkönig handelte. Der große Dichter war lediglich das Opfer eines Übersetzungsfehlers aus dem Dänischen, denn seine Inspirationsquelle (falsch übersetzt von Gottfried Herder im Jahre 1778) war die dänische Volksballade „Herr Oluf". Im Original ging es um einen Elfenkönig (Ellerkonge), der so kurzerhand zum berühmten Erlkönig wurde. Herr Oluf, der zu Hochzeitseinladungen unterwegs war, verweigerte einer Elfe den Tanz und bezahlte dies in derselben Nacht mit seinem Leben.

VERBUNDEN MIT TEUFEL UND HEXEN

Sprüche wie *„Rotes Haar und Erlenloden / wachsen nicht auf gutem Boden"* oder *„Erlenholz und rotes Haar sind aus gutem Grunde rar"* zeigen die Verbindung zum Teuflischen: Die rothaarige Hexe und der rotbärtige Teufel fühlten sich bei den Erlen wohl! Das Erlenholz ist angeblich deshalb rot, weil der Teufel damit im Streit seine Großmutter geprügelt haben soll, bis diese blutete. Die Christenheit sah in dem Baum auch deshalb das Böse, weil aus seinem Holz angeblich das Kreuz Jesu gezimmert wurde. Sein Blut verfärbte das Holz.

Die Hexen sollen mit Erlenzweigen Wetter gemacht haben, wie es auch von Weiden überliefert ist. Im Allgäu habe einst ein altes Weib gelebt, das nur an einem Erlenbusch rütteln musste, um ein Gewitter entstehen zu lassen. Hier finden sich, in entstellter Form, Spuren der jungsteinzeitlichen Dorfschamanin: Zu deren Aufgaben gehörte die Wetterbeschwörung, aber nicht zum Schaden der Gemeinschaft, sondern zu ihrem Nutzen!

In Meran (Tirol) erzählte man sich die Geschichte eines jungen Burschen, der zwei Hexen beim Streit beobachtete. Eine blieb tödlich verletzt liegen, ihr Körper war förmlich zerrissen. Er nahm sich heimlich eine Rippe von ihrem Körper. Als die anderen Hexen ihre zerstückelte Gefährtin nach dem Kampf wieder zusammensetzen wollten, fehlte ihnen besagte Rippe. Sie ersetzten sie durch einen Erlenstock. Die wieder lebendig gewordene Hexe sollte aber des Todes sein, wenn sie jemand mit „Erlenhexe" (örlene Hex) anredete. Als am nächsten Tag der „Rippendieb" das schönste Mädchen des Ortes scherzhaft „Erlenhexe" nannte, fiel diese tot um, denn es war die wiederbelebte Hexe.

Die Verachtung des Hexenbaumes zeigt sich auch in folgendem Brauch: Anrüchigen Mädchen stellte man am 1. Mai keine Birken, sondern geknickte Erlenzweige ans Haus.

SCHUTZ VOR DEM TEUFEL

Der Teufels- und Hexenbaum wurde interessanterweise aber auch eingesetzt, um die gerade beschriebenen „Bösewichter" zu vertreiben. Man wehrte sozusagen Ähnliches mit Ähnlichem ab. Deshalb wurden überall in Haus und Stall Erlenzweige angebracht. In Estland ist folgende alte Geschichte überliefert: Eine Frau gebar ein wunderhübsches Kind, das aber plötzlich abmagerte, weshalb man einen Wechselbalg vermutete. Als Wechselbalg galt ein von Teufel oder Hexen untergeschobenes, also ausgetauschtes Kind. Man glaubte diese armen Kinder an Missbildungen und Krankheiten erkennen zu können. Jedenfalls rieten die Nachbarn der Frau, an einem Donnerstagabend nach Sonnenuntergang Erlenruten zu brechen und sie unter dem linken Arm nach Hause zu tragen. Damit sollte das nackt ausgezogene Kind vor dem Ofen über der Aschegrube tüchtig geschlagen werden. Man glaubte, diese Schläge spürt der Übeltäter und bringt das richtige Kind zurück.

Mit Erlenzweigen konnte man sich auch vor Feuer schützen. Möglicherweise sah man eine Analogie zwischen rotem Holz und roter Flamme. Brände waren früher keine Seltenheit, als noch mit offenen Flammen geheizt und beleuchtet wurde. Man brach deshalb am Karfreitag vor Sonnenaufgang Erlenzweige und machte daraus Kränze. Diese hängte man im Haus auf, um vor Feuergefahr geschützt zu sein. Kam es doch zum Brand, sollte der hineingeworfene Kranz die Glut erlöschen. Ob man so das Feuer nicht noch stärker entfachte?

Die kleinen Fruchtzapfen spielten im Liebes- und Fruchtbarkeitszauber eine Rolle.

MIT ERLENZWEIGEN GEGEN UNGEZIEFER

Besondere Hilfe versprach man sich von der Erle in der Landwirtschaft, als schützende und abwehrende Kraft. Vor allem Schädlinge, die im damaligen Glauben als „angehext" galten, wollte man mit ihr vertreiben. Dazu gibt es viele abergläubische Überlieferungen. Einige davon sollen hier erzählt werden:

Kühe, so glaubte man, brachten ihre Kälber unkompliziert und schnell zur Welt, wenn man ihnen neun grüne Fruchtzäpfchen der Erle unters Futter mischte. Aus dem 19. Jahrhundert stammt folgender Aberglaube: Will man beim Aussäen von Gerste und Weizen die lästigen Spatzen fernhalten, so nehme man während des Säens einen Erlenzweig in den Mund und säe den Samen durch einen aus Erlenzweigen geflochtenen Ring. Solche Ringzauber waren im landwirtschaftlichen Brauchtum sehr verbreitet. Mäuse und Maulwürfe hielt man vom Feld fern, indem man an die vier Ecken des Feldes einen Erlenzweig steckte. Mit drei kräftigen Erlenstöcken in der Hand umkreiste man das Feld, um dessen Fruchtbarkeit zu fördern. Dazu sprach man: *„Mögen die Rüben so groß werden wie diese Stümpfe."* Steckte man am Freitag frühmorgens Erlenzweige zwischen die Pflanzen, dann blieben sie von Mehltau verschont.

In die Bauernstuben gestreutes frisches Erlenlaub vertrieb Flöhe, wenn man das Laub nach draußen fegte. Man glaubte, die lästigen Tierchen würden an den klebrigen Trieben hängen bleiben. Die jungen Zweige der Schwarz-Erle wurden auch als Mückenfänger aufgehängt. Der Artname *glutinosa* nimmt Bezug auf die klebrigen Knospen (gluten = Leim). Selbst gegen Wanzen sollten die klebrigen Blätter wirken. Damit es auch klappte, mussten die Zweige am Karfreitag gebrochen werden. Tagwählerei verstärkte den Zauber.

NICHT NUR UNHEIMLICH

Dass Erlen nicht immer mit dem Bösen und Dunklen in Verbindung standen, zeigen einige weitere Überlieferungen. Die keltischen Iren glaubten, der erste Mann sei aus einer Erle entstanden und die erste Frau aus einer Eberesche. Die Erle zählte deshalb zu den heiligen Bäumen der Kelten; sie galt als Schutzbaum. Das bestätigt auch der römische Schriftsteller Lucanus (39–65), der berichtete, dass die Kelten Eichen, Eiben, Eschen und Erlen verehren würden. Vor 2000 Jahren gab es in Bayern zahlreiche keltische Siedlungen und Heiligtümer. Viele dieser keltischen Kultorte, die oft den Namen der Erle führen (etwa Erlenbach, Irlach, Erlach, Erlenau oder Eldern) wurden zu christlichen Wallfahrtsorten. So auch in folgender Legende: Im Bayerischen Wald fand man auf einem Erlenstumpf das Bildnis des heiligen Hirmon (Hermann). Alle Versuche, die Holzstatue in die Kirche zu bringen, scheiterten, weil das Bild

ERLENMEDIZIN ANWENDEN

In der Heilkunde gehört die Erle zwar nicht zu den bedeutenden Bäumen der Traditionellen Medizin, aber trotzdem hat sie einiges zu bieten. Dioskurides (ca. 40–80) erwähnt die innerliche Anwendung der Rinde bei Magen- und Darmkrämpfen. Hildegard von Bingen verordnet die jungen Blätter als Auflage bei Geschwüren. Ansonsten hielt sie die Erle für nutzlos und untauglich als Heilmittel. Im späteren Mittelalter nahm man die Erlenblätter vor allem zum Blutstillen und zum Gurgeln bei Mundfäule (= Entzündung der Mundschleimhaut) oder bei Zahnschmerzen. Äußerlich legte man den kühlenden und schmerzstillenden Blätterbrei auf Wunden, Schwellungen und Gichtknoten. Gegen müde Füße wurde das grüne Erlenlaub in die Schuhe gelegt; das milderte die Schmerzen und vertrieb die Müdigkeit. Die Rinde nahm man zum Gurgeln bei Halsschmerzen und Zahnfleischentzündungen, aber auch als Badezusatz bei Hauterkrankungen (Ekzeme, Hämorrhoiden). Neuere Untersuchungen zeigen, dass sowohl Blätter als auch Rinde sehr viel Gerbstoffe, Flavonoide, Phenolsäuren und leberschützende Wirkstoffe (Diarylheptanoide) enthalten.

Die Rinde wird im Frühjahr (März/April) von den jungen Zweigen (2–3-jährig) geschält. **Blätter für Heilzwecke** pflückt man im Mai und Juni. Die Rinde zeichnet sich durch einen außergewöhnlich hohen Gerbstoffgehalt von bis zu 20 % aus, so dass sie problemlos als Ersatz für die bekannte Eichenrinde dienen kann. Sie wirkt zusammenziehend, entzündungshemmend und fiebersenkend. Die ebenfalls enthaltenen Anthrachinone haben leicht abführende Wirkung. Für einen Erlentee benötigen Sie 1 TL Rinde oder 2 TL getrocknete Blätter auf 200 ml Wasser. Der Rindentee wird als Abkochung (aufkochen und 5 Minuten ziehen lassen) zubereitet, den Blättertee übergießen Sie mit heißem Wasser und lassen ihn 7 Minuten ziehen.

In der Gemmotherapie nimmt man die immunsystemstärkenden Knospen der Schwarz-Erle bei akuten Atemwegserkrankungen (Husten, Schnupfen, Halsschmerzen) und wegen der krampflösenden und gefäßerweiternden Wirkung als Vorbeugemittel gegen Thrombosen, sowie bei Migräne und Gedächtnisstörungen.

Die Blütenessenz der Erle gehört nicht zu den klassischen Bachblüten. Man sagt ihr nach, sie schärfe die Wahrnehmung und den Verstand.

immer wieder zur Erle zurückkehrte. So baute man schließlich im Jahr 1340 eine Wallfahrtskirche um den Erlenstumpf. Der heilige Hirmon war bei Frauen sehr beliebt. Er wurde bei „Fußgeschwüren, Kopfschmerzen, Leibschäden und verletzten Gliedmaßen“ angerufen. Vermutlich verehrte man an diesem Wallfahrtsort einst eine Erlengottheit, deren Platz der Heilige dann einnahm. In einer anderen Legende aus der Schweiz wird von der Erlenjungfrau berichtet, die im Mondlicht ihr schönes Haar kämmte. Vom jungen Erlenlaub streifte sie den Honig ab und salbte damit ihr Haupt. Tatsächlich sind die jungen Knospen und Blätter der Schwarz-Erle klebrig wie Honig. Erlen galten im Mittelalter ähnlich wie die Hasel als Wünschelrute. Man verwendete sie zum Auffinden unterirdischer Wasseradern.

Die besondere Stellung der Erle in vorchristlicher Zeit spiegelt sich in einer altfränkischen Gesetzessammlung aus dem 6. Jahrhundert (Lex salica). Nach dortiger Überlieferung brach man über dem Kopf eines aus der Gemeinschaft Ausgestoßenen drei Erlenstäbe und warf die Bruchstücke in die vier Himmelsrichtungen. Die roten Bruchstellen des Holzes symbolisierten die Trennung. Daher auch der Spruch: *„Einen Stab über jemanden brechen."*

MAGISCHE HEILKUNDE

Verschiedenste Krankheiten wie Fieber, Zahnschmerzen und Warzen glaubte man auf Erlen übertragen zu können. Auch Geister- und Gespensterbanner luden ihre „gefährliche Fracht" in Erlengehölzen ab, um sie dort zu bannen. Gegen Warzen schnitt man so viele Kerben in eine Erle, wie man Warzen hatte. Sobald die Kerben von der Borke wieder überwachsen waren, verschwanden die Warzen wie von Zauberhand. Meist war ein begleitender Beschwörungsspruch vonnöten, um die Krankheit zu bannen. Zauberer der finnischen Lappen (Samen) kauten Erlenrinde, während sie ihre Beschwörungen sprachen.

Eine wichtige Rolle in der Magie unserer Vorfahren spielte das sogenannte neunerlei Holz. Es bestand aus neun Holzarten, die nicht mit der Silbe -Baum endeten. Die Erle gehörte unbedingt dazu. Das neunerlei Holz fand sehr vielfältigen Einsatz bei Zauber- und Heilritualen, entweder indem man daraus ein Möbelstück fertigte oder einen Kranz flocht oder man ein Feuer damit anfachte. Ein Liebeszauber, den man in der Heiligen Nacht ausübte, ging folgendermaßen: Junge Frauen machten in ihrer Kammer ein Feuer mit neunerlei Holz, warfen ihr Hemd vor die Tür und sprachen: *„Hier sitze ich splitterfasernackig und bloß / wenn doch nur mein Liebster käme / und würfe mir mein Hemd in den Schoß!"* Nun, so glaubte man, würde der Liebhaber erscheinen und vermutlich nicht nur das Hemd in den Schoß werfen. Dieser Brauch wurde nachweislich so exzessiv betrieben, dass sich irgendwann die Obrigkeit zum Einschreiten veranlasst sah.

Auch die Männer nutzten die luststeigernden Kräfte der Erle. Die grünen Fruchtzäpfchen des Baumes galten als Aphrodisiakum. Schon der römische Dichter Vergil (70 v. Chr. – 19 v. Chr.) zog in seinen Hirtengedichten eindeutige Parallelen zwischen Liebe und Erlen: *„... indes Liebe so sehr in mir wächst mit der Stunde, als im erneuten Lenz aufschießt die grünende Erle".*

Die junge Rinde der Schwarz-Erle ist braun mit länglichen Korkwarzen. Im Alter wird sie dunkel und tiefrissig. Für Heilzwecke nutzt man die Rinde zwei- bis dreijähriger Zweige.

ERLEN-TINKTUR

- 20 g frische Erlenrinde mit Knospen
- 30 ml Ethanol 70 %vol.
- 30 ml Glycerin

Zerkleinern Sie Rinde und Knospen mit dem Wiegemesser und lassen Sie sie 2 Wochen in der Alkohol-Glycerin-Mischung ausziehen. Absieben und in einen Pumpzerstäuber füllen. Bei Halsschmerzen, Husten oder Entzündungen im Mundraum mehrmals täglich in den Mund sprühen.

ESCHE

SCHWARZE KNOSPEN UND WEISSE PILZE

Die Gewöhnliche Esche ist ein stattlicher Baum. Vielleicht gab ihr der Botaniker Linné (1707 – 1778) deshalb den Artnamen *excelsior* (= die Erhabene). Sie zählt zu den größten heimischen Laubbäumen. Ihr luftiges Blätterdach mit den charakteristischen großen Fiederblättern hat vermutlich unsere Vorfahren fasziniert, denn in vielen Gegenden war sie ein beliebter Baum in der Nähe von Haus und Hof. Das lag auch daran, dass die Esche früher ein sehr wichtiger Laubfutterbaum war. Das Vieh fraß das Laub sehr gerne und man glaubte, es schütze die Tiere das ganze Jahr vor Krankheiten.

NAME	GEWÖHNLICHE ESCHE *Fraxinus excelsior*
FAMILIE	Ölbaumgewächse
HÄUFIGKEIT	2 % der Waldfläche (Österreich 3 %, Schweiz 3,5 %)
ALTER	250 – 350 Jahre
WUCHSHÖHE	40 – 45 m
STAMMUMFANG	6 – 8 m möglich
RINDE	anfangs glatt, hellgrau, später längsrissig, breit gerippt
BLÄTTER	gefiedert, bis 30 cm lang, 9 – 15 Einzelfiedern, elliptisch und zugespitzt, am Rand fein gesägt, Winterknospen schwarz und samtig behaart
BLÜTEN	März – April, zweihäusig (es gibt aber einhäusige Ausnahmen), männliche Blüten an den Zweigspitzen mit kugeliger Form und hellgelbem Blütenstaub, weibliche Blüten winzig klein, grünlich und unscheinbar
FRÜCHTE	ab September einsamige Nüsschen, mit länglichen, zungenförmigen hellbraunen Flügeln, in hängenden Büscheln
HOLZ	hart, fest und doch biegsam, Splint und Kern meist gleichfarbig (weiß-gelblich), im Alter hellbrauner Kern
VERWENDUNG	Werkzeugstiele, Möbel, Parkett, Sportgeräte (Ruder, Barrenholz), früher: Speere, Lanzen, Rinde zum Gerben

Typisch sind die schwarzen, filzig behaarten Knospen der Esche. Insbesondere die große Knospe an der Zweigspitze sieht aus wie die Kuppel eines Zwiebelturms. Das auffällige Merkmal beschäftigte auch die Menschen früherer Zeiten. Sie suchten eine Erklärung und fanden diese hier: Vor vielen Jahrhunderten herrschte der Teufel über die Bäume, und erwartungsgemäß war er ein böser Herrscher. Sie mussten ihm regelmäßig huldigen und sich bei seinem Erscheinen tief verbeugen. Eines Tages weigerten sich einige Bäume, und er stauchte sie so zusammen, dass Hängebirke und Trauerweide seither ihre Zweige nur noch hängenlassen. Die Esche jedoch blieb standhaft und verweigerte die Huldigung. Zur Strafe packte er sie und drohte ihr, sie im Höllenfeuer zu verbrennen. Dabei verbrannten alle Eschenblätter und zurück blieben nur die verkohlten schwarzen Knospen.

Eine ähnlich dramatische Gefahr droht der Esche heute nicht vom Teufel, sondern von einem Pilz, der aus Ostasien stammend über Osteuropa und den Balkan zu uns einwanderte. Der verhängnisvolle Schlauchpilz mit dem Namen Falsches Weißes Stengelbecherchen sperrt die Wasserzufuhr in den Baumkronen ab. Erst sterben einzelne Äste, dann der ganze Baum. Inzwischen sind fast alle Eschen von dem Pilz befallen, nur sechs von hundert gelten noch als gesund. Der Klimawandel mit den warmen Sommern begünstigt den tödlichen Pilz. Der wunderschöne, majestätische Baum, der in Deutschland immerhin noch 2 % der Waldfläche ausmacht, droht nun auszusterben. Ähnlich wie die Berg-Ulme, die vor einigen Jahrzehnten ebenfalls das Opfer eines asiatischen Pilzes wurde, wird die Esche in Zukunft vermutlich zu einem seltenen Baum werden.

Die schwarzen Eschenknospen sind unverwechselbar. Man machte den Teufel dafür verantwortlich.

DIE ESCHE ALS STAMMVATER DER MENSCHEN

Waldgeschichtlich erscheint die Esche ungefähr 4500 v. Chr. als Bestandteil der Eichenmischwälder. Sie war ein prägender Baum der feuchten Auwälder und spielte deshalb vermutlich schon im Kult der jungsteinzeitlichen Ackerbauern eine bedeutende Rolle. Das zeigt sich auch darin, dass uns von verschiedensten Kulturen Eschenmythen überliefert wurden, die von der Entstehung der Menschheit handeln.

In der nordischen Mythologie, zusammengetragen in der „Edda", ist die Esche ein Teil der menschlichen Schöpfungsgeschichte: Drei Götter aus dem Geschlecht der Asen (Odin/Wodan, Hönir und Lodur) entdeckten am Meeresstrand zwei Holzstämme von verschiedenen Bäumen. Sie nahmen das Treibgut und schufen daraus das erste Menschenpaar, indem sie ihnen Lebenskraft, Wärme, Atem, Sprache, Gehör sowie Verstand und Seele einhauchten. Der Mann hieß Ask (Askr) und die Frau Embla, und aus ihnen ging das Menschengeschlecht hervor. Die Bedeutung des altnordischen Ask ist eindeutig Esche. Bei der Übersetzung von Embla gibt es jedoch unterschiedliche Auffassungen. Man deutet die Urahnin der Frauen als Ulme, aber manchmal auch als Erle oder noch ungenauer als Schlingranke. Zumindest gingen die ersten Menschen des germanischen Mythos aus Bäumen hervor, eine Überlieferung, die weltweit verbreitet ist. Solche Geschichten werden beispielsweise auch in Australien, Amerika, Indien und im Iran erzählt. Wörter wie Stammbaum, Stammhalter oder abstammen weisen ebenfalls auf die enge Verbindung von Mensch und Baum hin. In Nordamerika beim Indianerstamm der Algonkin erzählte man sich, der Weltenerschaffer habe einen Pfeil in eine Esche geschossen, worauf Mann und Frau hervortraten.

ZAHLREICHE ESCHENMYTHEN

Die Forschung sieht in dem germanischen Baummythos von Ask und Embla auch einen Bezug zur Entdeckung des Feuermachens. Die Menschwerdung wurde sozusagen durch den Erwerb des Feuers angestoßen. Das Feuermachen war im Denken der alten Völker ein Akt der sexuellen Vereinigung. Der Feuerquirl (Penis) entfachte im Feuerschoß (Vagina) das Feuerkind. Das Feuermachen mit Holzbohrer und Holzbrett funktioniert allerdings nur, wenn man mit einem harten Holz (Esche) in einem weichen Holz durch Reibung Glut erzeugt. Diese rein technische Voraussetzung spricht gegen die harte Ulme und eher für die weiche Erle. Welchen Baum auch immer Embla repräsentierte, Ask war jedenfalls eine Esche.

Eschenmythen mit dem Thema Menschwerdung gab es auch bei den alten Griechen, die genau wie die Germanen indoeuropäische Wurzeln haben. So soll in einem von Hesiod (700 v. Chr.) überlieferten Mythos das dritte eherne Menschengeschlecht aus der Manna-Esche (melia) erschaffen worden sein. Der griechische Dichter gebrauchte dabei das Wort „melioe“ für Menschen, also die männliche Form von „meliai“, womit wiederum die Eschennymphen bezeichnet wurden. Diese Nymphen, auch Meliaden genannt, lebten in Eschen und waren mit ihnen symbiotisch verbunden. Sie entstanden aus dem Blut, das auf die Erdgöttin Gaia tropfte, als ihr Sohn Kronos seinen Vater Uranus entmannte.

Die Esche galt auch noch in späteren Zeiten als Leben schaffender „Kleinkinderbaum“, aus dem man die Neugeborenen holte. Und in Schweden glaubte man, die Geburt verlaufe leichter, wenn man Eschenblätter ins Feuer warf oder das Geburtszimmer mit ihnen ausräucherte.

Die Weltenesche Yggdrasil steht im Zentrum der Welt und verkörpert die gesamte Schöpfung. An einer der drei Wurzeln nagt die Schlange Nidhöggr.

DIE ESCHE ALS WELTENBAUM

Interessanterweise prägte die Esche nicht nur die Entstehung des Menschen, sondern stellte auch den allumfassenden Weltenbaum Yggdrasil dar. In isländischen Götter- und Heldenliedern aus dem 13. Jahrhundert, enthalten in den „Edda“-Erzählungen, ist dieser Baum beschrieben, der das germanische Universum zusammenhielt und stützte. Er galt als der größte und prächtigste Baum der Welt. Yggdrasil durchdrang und verband mit seiner Größe die verschiedenen Welten, in denen Götter, Riesen, Zwerge, Elben und Menschen lebten. Unter dem Blätterdach hielten die Götter Gericht und unter den Wurzeln saßen die drei Nornen, die als Schicksalsgöttinnen das Los der Menschen bestimmten. An einer der Wurzeln nagte der schlangenartige Drache Nidhöggr. Die Vorstellung eines Weltenbaumes im Zentrum der Welt, der Himmel, Erde und Unterwelt verbindet, ist in den Mythen vieler Völker anzutreffen.

Obwohl in den nordischen Überlieferungen eindeutig der Name Esche fällt, diskutiert man mittlerweile auch, ob der Baum Yggdrasil nicht eher die Eibe war, weil der Weltenbaum als immergrün geschildert wurde Seite 93 *Eibe*.

DER SCHAMANENBAUM

Die Esche war auch der heilige Baum des Gottes Odin (Wodan); seine Kultplätze waren mit Eschen bepflanzt. Der Schamanengott erlangte das Wissen über die Runen, indem er sich neun Tage und Nächte an die Weltenesche Yggdrasil hängte, verwundet von seinem eigenen Speer. Deshalb nannte man ihn auch den Gehängten. Mit dem Runenwissen erlangte er die Kunst der Weissagung. Genau genommen war seine Erleuchtung an den Weltenbaum gekoppelt, so wie auch Buddha unter dem Bodhibaum das „Erwachen“ erlebte. Dieser Mythos beschreibt einen typischen schamanischen Initiationsritus der Männer. Ähnliche Initiationsriten finden wir beim Sonnentanz nordamerikanischer Indianer. Dabei werden an Brust oder Rücken Spieße durch die Haut gestochen („piercing“) und mit Schnüren an einem Baum oder Pfahl fixiert. Danach beginnt der mehrere Tage dauernde Tanz, der die Teilnehmer in Trance versetzt. Wenn sie dann mit ihrem Gewicht an den Seilen hängen, reißen die Spieße aus der Haut. Ursprünglich war der Baum, an dem die Sonnentänzer hingen, der Überbringer oder Vermittler der Vision.

REGENZAUBER WIRD ZUM SCHADZAUBER

Auch bei den irischen Kelten spielte die Esche eine wichtige Rolle im Mythos. Fünf magische Bäume, die den fünf Provinzen Irlands entsprachen, beschützten das Land. Sie markierten als Baumheiligtum das kultische Zentrum der jeweiligen Provinz. Drei davon waren Eschen, die beiden anderen eine Eibe und eine Eiche. Im Jahre 665 wurden sie gefällt, als Zeichen des christlichen Sieges über das Heidentum.

Keltische Druiden gebrauchten die Esche vor allem für Regenzauber, denn man sah in ihr eine besondere Verbindung zum Wasser. Der zauberkräftige Druidenstab bestand aus Eschenholz. Solche Rituale mit dem Zweck, fruchtbarkeitsspendenden Regen herbeizulocken, wurden später den Hexen als Schadzauber untergejubelt. Während der Hexenprozesse gehörte Wetterzauber zu den häufigsten Vorwürfen: Man glaubte, Hexen sitzen an Bächen oder Seen und schlagen mit Eschenzweigen so lange aufs Wasser, bis dunkle Wolken aufsteigen und Hagel und Gewitter bringen. Um den Regen zu verhindern und Trockenheit zu zaubern, sammelten sie Eschenlaub in Männerhemden und hängten es in einen Baum. Sofort kam ein Wind, der alle Wolken davonblies und trockene Luft brachte. Ähnliche Zauberkraft bezüglich Regenmachen vermutete man damals auch in Weiden- oder Bilsenkrautzweigen.

In Tirol wird die Sage erzählt, ein Mädchen habe auf dem Weg zur Alm einen Eschenzweig gefunden. Sie hob ihn auf und gelangte zu einer Grube, in der Salamander und Frösche schwammen. Um sie zu vertreiben, schlug sie mit dem Zweig ins Wasser. Da erhob sich ein heftiges Unwetter mit Hagel und Gewitter. Die Erklärung für das Geschehen: Den Eschenzweig hatte eine Hexe verloren, die ihn zum Wettermachen benutzte. Ein Baum, mit dessen Hilfe man Unwetter hervorrufen konnte, stand natürlich auch mit Gewitter in Verbindung: Man glaubte, die Esche würde Blitze anziehen.

BESTES HOLZ FÜR SPEERE

Bei den Germanen wurde das Wort für Esche „askr“ oder „ask“ sowohl für den Baum als auch für die daraus gefertigten Speere verwendet. Auch bei den alten Griechen gibt es die Namensgleichheit zwischen Baum und Speer, beides nannte man „melia“. Denn das Holz der Esche war schon in der Antike ein wichtiges Waffenholz für Speere und Bögen, da es elastisch und bruchsicher ist. Der wohl berühmteste mythische Eschenspeer wurde von dem Zentauren Chiron gefertigt, eine Sagengestalt, halb Mensch, halb Pferd. Den Speer machte er für seinen Schüler Achilles, der damit im Kampf um Troja den Helden Hektor besiegte. Das Holz stammte von einer südländischen Manna-Esche (*Fraxinus ornus*), die Chiron im heiligen Eschenhain auf dem sagenumwobenen Berg Pelion (heute Pilio) fällte. Auch vom römischen Liebesgott Amor erzählte man sich, er fertige seine liebeserweckenden Pfeile aus Eschenholz.

SCHLANGENABWEHR MIT DER ESCHE

Die Esche galt einst als bestes Mittel, um Schlangen fernzuhalten. Schon der Römer Plinius (23–79) erzählt von ihrer schlangenabweisenden Kraft. Schon ein leichter Schlag mit der Eschenrute sollte für eine Schlange tödlich sein. Plinius hatte sogar selbst beobachtet, dass eine Schlange, die man mit einem Halbkreis von Feuer und einem Halbkreis von Eschenblättern umgab, eher ins Feuer ging als zu den Eschenblättern. Dementsprechend galt der Aufenthalt unter einer Esche als absolut schlangensicher, weshalb sich Wanderer gerne diesen Baum zur Rast und Ruhe aussuchten.

Vom legendären heiligen Patrick (461–493), der die Christianisierung Irlands einleitete, erzählt man sich, er habe alle giftigen Schlangen Irlands mit einem Eschenstab vertrieben. Die Aktion war wohl nicht ganz so schwierig, wie in der Legende beschrieben, denn im nacheiszeitlichen Irland hat es niemals Giftschlangen gegeben. Die Schlangenvertreibung war eher symbolisch zu verstehen, denn damit war die Austreibung des alten Glaubens gemeint. Die Schlange war ein wichtiges Begleittier vieler vorchristlicher Göttinnen. In späteren Zeiten wurde sie zum Sinnbild des Bösen und zur Erscheinungsform des Teufels.

Im Mythos des Baumes Yggdrasil nagte ein schlangenartiges Wesen namens Nidhöggr an den Wurzeln der Weltenesche, aber die Esche widerstand. Kein Wunder, dass dieser schlangenfeste Baum als gutes Mittel gegen Schlangenbisse galt. Man reinigte die Wunde mit einer Abkochung aus seiner Rinde.

Die Esche konnte nicht nur Schlangen abwehren. So trug man in einigen Regionen Osteuropas Eschenstöcke bei Wanderungen bei sich, um Geister, Gespenster und Hexen fernzuhalten.

Aus Eschenästen und jungen Eschenstämmen fertigte man einst bruchsichere Speere und Stöcke zur Abwehr von Schlangen.

ESCHENGEIST

- 20 g Eschensamen
- 20 g Wacholderbeeren
- 10 g Melissenblätter
- 10 g Pfefferminzblätter
- 10 g Dost
- 250 ml Ethanol 70 % vol.

Die frischen (ersatzweise auch getrockneten) Zutaten stark zerkleinern und mit dem Alkohol übergießen. Gut verschlossen 2 Wochen an einem warmen Ort ausziehen lassen. Absieben und als Einreibung bei rheumatischen Beschwerden einsetzen.

MEDIZINBAUM SEIT DER ANTIKE

Die Esche hat seit Urzeiten einen festen Platz in der Volksmedizin. In der griechischen Antike setzten die Ärzte die Blätter der Manna-Esche als Heilmittel gegen Schlangenbisse ein und nutzten auch deren harntreibende Wirkung. Diese Anwendungen übernahmen auch mittelalterliche Ärzte und übertrugen sie auf die heimische Esche. Hildegard von Bingen (1098–1179) verordnete Umschläge mit gekochten Eschenblättern bei Gicht und Gliederschmerzen. Im Mittelalter verrührte man die Asche der Eschenrinde mit Essig, um damit verstauchte und gebrochene Gliedmaßen zu heilen. Die Rinde nahm man dagegen bei Steinleiden und Gelbsucht. Der Eschensamen galt als gutes Diuretikum und fand Einsatz bei rheumatischen Schmerzen. Außerdem sollte er das Liebesleben anfachen. So schrieb der italienische Arzt Mattioli (1501–1577): *„Eschensamen, gestoßen, erregt die unkeuschen Gelüste, vermehrt den natürlichen Samen."* Ähnliches behaupten die Indianer Nordamerikas vom Samen dort heimischer Eschen.

Außerdem wurde die gerbstoffreiche Rinde als blutstillendes Wundmittel (Wundholz) genutzt. Man legte dazu die Schnittflächen von Eschenholz auf die Verletzung. Es gibt zahlreiche Überlieferungen, dass sich zum Beispiel klaffende Wunden sofort nach der Behandlung zusammenzogen. Auch Krebsgeschwüre sollte das „Wundholz" durch Auflegen beseitigen. Oft wurde diese Anwendung mit magischer Medizin gekoppelt. Um das heilkräftige Holz zu gewinnen, musste ein „reiner Knabe" den Ast mit gewaschenen Händen mit drei Hieben abschlagen. Außerdem schnitt man das Holz nur an bestimmten Kulttagen (etwa Johanni, Karfreitag oder Christi Himmelfahrt) und unbedingt vor Sonnenaufgang. Nun genügte es, die Wunde mit dem Holz zu berühren.

MAGIE UND MEDIZIN

In Bayern glaubte man, ein Stückchen Eschenholz, unter die Zunge gelegt, könne Stummheit heilen. Die Gicht wurde man los, wenn man neun Zweigstückchen der Esche bei sich trug, am besten in die Kleidung eingenäht. Diese Zweige mussten am Karfreitag um zwölf Uhr unbeschrien, also von außen ungestört, mit einem Schlag abgehauen werden. Nach einer Überlieferung aus Tirol konnte Eschenrinde auch gegen Schwindsucht helfen. Das „Schwindholz" half allerdings nur, wenn die Zweige drei Tage nach Neumond geschnitten wurden. Der Schneidende musste dabei völlig nackt sein, und der Zweig durfte weder mit der Hand berührt werden, noch durfte er die Erde berühren. Also griff man ihn mit einem Tuch und fing ihn damit auf. Bruchkranke wurden bei Mitternacht durch eine mit Keilen gespaltene Esche gezogen. Der Bruch heilte, sobald die Esche wieder zusammengewachsen war. In Frankreich und

Aus den geflügelten Früchten stellt man auf dem Balkan und in Österreich Eschengeist her, ein traditionsreiches Einreibemittel gegen Rheuma.

England vergrub man bei Fieber Finger- und Fußnägel unter einer Esche, um so die Krankheit auf den Baum zu übertragen.

Auch gegen Impotenz ging man mithilfe der Esche vor: *„Schneide drei Tage vor Neumond ein Büschel Schamhaare ab, umwickle es mit einem Leinenfaden, hierauf bohre ein Loch in einen Eschenbaum, stopfe das Haar hinein und verschließe das Loch mit einem Keil, der von einem Zweig desselben Baumes geschnitten wird.“* Für einen Liebes- oder Nachlaufzauber benötigte man Haare der Angebeteten: *„Nimm drei Haare vom Kopf eines Mädchens, das du begehrst. Klemm diese in den Rindenspalt einer Esche, so dass sie mit der Rinde verwachsen. Dann kann sie nicht mehr von dir lassen.“* Damit dies auch so blieb, hängte man in Schottland einen Eschenzweig über das Bett, so war das Eheglück gesichert.

ESCHENMEDIZIN ANWENDEN

In der Volksmedizin verwendet man die Eschenrinde bis heute als harntreibendes, entzündungshemmendes, fiebersenkendes und leicht schmerzlinderndes Mittel. Lange Zeit galt die Rinde sogar als Ersatzmittel für Chinin bei der Malariabehandlung. Für die Rheumatherapie wurde Eschenrinde mit Pappelrinde kombiniert. Auch ein Tee aus den Blättern oder aus den Samen sollte hilfreich sein bei Gelenkbeschwerden und Harnwegserkrankungen. Für die Teezubereitung übergießt man 2 TL zerkleinerte Blätter mit 1 Tasse heißem Wasser und lässt alles 10 Minuten ziehen. Die harntreibende Wirkung der Blätter kann bei einer Durchspülungstherapie mit Birkenblättern verstärkt werden.

Die schleimstoffhaltige Rinde wird bei 2–3-jährigen Zweigen im Frühjahr (April) vor dem Laubaustrieb abgeschabt, **die jungen Blätter** erntet man von Mai–Juni. Die geflügelten Früchte werden ab September geerntet und mit den Flügeln verwendet. Traditionell stellt man daraus Eschengeist (Tinktur, siehe Kasten) her, ein auf dem Balkan und in Österreich beliebtes Einreibemittel bei Rheuma. Die Esche enthält Flavonoide, Triterpene, Glykoside, Gerbstoffe und Schleimstoffe (vor allem im Bast).

Den süßlichen Saft der südländischen Manna-Esche nutzt man schon seit Jahrhunderten zur Herstellung eines honigartigen Sirups (Manna-Sirup). Der Saft ist reich an Fruchtzucker und dem Zuckeralkohol Mannitol. Zur Produktion des Eschenmannas werden die Bäume mit Spezialmessern angeritzt, worauf ein gelblich weißer Saft austritt, der an der Luft trocknet. Das Mannitol wirkt leicht abführend und findet Einsatz bei Verstopfung. Außerdem dient es Diabetikern als Zuckerersatz, da der Verzehr den Blutzuckerspiegel nicht erhöht und unabhängig von Insulin abgebaut wird.

In der Knospenmedizin (Gemmotherapie) nutzt man vor allem die entwässernde, entzündungshemmende und blutreinigende Wirkung der Esche. Sie gilt als wichtiges Nieren- und Rheumamittel. Außerdem ist das Glycerin-Mazerat hilfreich bei Erkrankungen der Knochengelenke und Bänder.

Die Blütenessenz der Esche bringt Klarheit und Einsicht und sorgt für deren rasche Umsetzung im eigenen Handeln.

ESS-KASTANIE

MIT DEN RÖMERN ÜBER DIE ALPEN

Die Ess-Kastanie (*Castanea sativa*), auch Edelkastanie genannt, wurde während der Eiszeiten bis in die heutige Türkei zurückgedrängt. Etwa ab 1000 v. Chr. begann rund um das Schwarze Meer ihre Kultivierung als Obstbaum. Der Artname *sativa* (angebaut) weist ebenfalls auf die frühe Inkulturnahme hin. Ihren Namen bekam sie angeblich von der legendären pontischen Stadt Kastana, die sich mitten im Anbaugebiet befand. Von hier aus verbreitete sich der Kastanienanbau rasch in den Gebieten des antiken Griechenlands und Roms.

NAME	ESS-KASTANIE *Castanea sativa* Syn. Edelkastanie, Marone, Marroni (Schweiz), Maroni (Österreich)
FAMILIE	Buchengewächse
HÄUFIGKEIT	in Deutschland und Österreich unter 0,1 % der Waldfläche, Schweiz 2,5 %
ALTER	500–700 Jahre
WUCHSHÖHE	25–35 m
STAMMUMFANG	8–10 m möglich
RINDE	im Alter graubraun, stark längsrissig, drehwüchsig
BLÄTTER	elliptisch bis lanzettlich, 15–30 cm lang, zugespitzt, am Blattgrund keilförmig bis rundlich, oberseits glänzend und dunkelgrün, unterseits hellgrün, beidseits kahl, ledrig, Blattrand spitz gezähnt
BLÜTEN	Juni bis Juli, einhäusig und getrenntgeschlechtlich, männliche Kätzchen zahlreich, perlschnurartig aufgereiht, 15–20 cm lang, schwefelgelb, weibliche Blüten in Gruppen zu 2–3 an der Basis der männlichen Kätzchen, Blüten riechen unangenehm
FRÜCHTE	ab Oktober, stacheliger runder Fruchtbecher mit 1–3 Nussfrüchten (Maronen), zugespitzte Frucht, gleichmäßig braun mit hellem Fleck
HOLZ	dicht und hart, Splintholz grauweiß, Kernholz hellbraun bis goldbraun, witterungs- und fäulnisbeständig
VERWENDUNG	Gartenzäune, Rebpfähle, Weinfässer, Fenster, wertvolles Holz für Möbel, Parkett, früher: Rinde zum Ledergerben

Vor allem im südlichen Europa war die Ess-Kastanie bis ins 19. Jahrhundert eine wichtige Nahrungspflanze.

Die Ess-Kastanie genoss wegen ihrer nahrhaften, feinen Früchte hohes Ansehen. Wie die Eiche war auch sie dem Gott Zeus zugeordnet. Kastanienwälder wurden von allen wichtigen Zeitzeugen beschrieben: Theophrast, Herodot, Ovid und Plinius. Aus jener Zeit sind auch zahlreiche Kochrezepte und Verarbeitungshinweise überliefert. Genau wie die Rosskastanie Seite 176 schaffte es die Ess-Kastanie nur mithilfe der Menschen über die Alpen. Sie gelangte mit den römischen Siedlern auf die Alpennordseite und verbreitete sich so im Tessin, in Tirol und entlang des Rheins bis nach Holland und Südengland. Man bezeichnet solche Pflanzen, die vor 1492 (Entdeckung Amerikas) zu uns nach Mitteleuropa gelangten, als Archäophyten.

VOM GRUNDNAHRUNGSMITTEL ZUR ARMENKOST

Im Mittelalter war die Kastanienkultur im südlichen Europa, aber auch in milden Regionen Mitteleuropas sehr verbreitet. Oft standen die Kastanienwälder in der Nähe der Reben, die ebenfalls mit den Römern nach Mitteleuropa gelangten und ein ähnliches Klima bevorzugen. Die Verbindung der beiden Gewächse ging noch weiter, denn das widerstandsfähige Kastanienholz wurde gerne als Rebpfahl und für die Weinfässer eingesetzt. Darauf weist auch der alte Spruch hin: *„Wo's Keschte gibt, gibt's au Win!"*

Auch Karl der Große (742–814) hat die Ausbreitung der Kastanie vorangetrieben, indem er in seiner Landgüterverordnung „Capitulare de Villis" ihren Anbau in Königsgütern und Klöstern anordnete. In manchen Gegenden war die kohlenhydratreiche Ess-Kastanie ein Grundnahrungsmittel, vor allem in Gebieten, die für den Getreideanbau weniger günstig waren. Man veranschlagte einen Baum für die ganzjährige Ernährung einer erwachsenen Person. Ein Baum kann 100–150 kg Maronen abwerfen. Sie wurden frisch, getrocknet, gekocht, geröstet oder als Mehl verspeist. Außerdem dienten sie der Schweinemast. Die wichtigste Konservierungsmethode war damals das Trocknen. Im ausgehenden Mittelalter wurde die Ess-Kastanie immer mehr zur Armenkost. Mit der Verbreitung der Kartoffel verlor sie endgültig ihre wirtschaftliche Bedeutung. Im 19. Jahrhundert fielen dann sehr viele Kastanienwälder der Gerbstoffindustrie zum Opfer, denn die tanninhaltige Rinde eignete sich sehr gut für die Gerberei.

In der neueren Zeit machten der Ess-Kastanie der aus Amerika eingeschleppte Kastanienrindenkrebs (Schlauchpilz) und die aus China stammende Edelkastaniengallwespe zu schaffen. Die von der Gallwespe befallenen Knospen treiben keine Blätter und Blüten aus.

AUS WILDER KASTANIE WIRD MARONI

Die wilden Ess-Kastanien produzieren recht kleine Früchte, weshalb man schon vor Jahrhunderten begann, großfruchtige Sorten zu selektieren und zu züchten. Bei den Wildformen hat der Fruchtbecher einen Durchmesser von etwa 5 cm, während er bei Kulturformen doppelt so groß werden kann.

BACKOFEN-MARONI

- frische Maronen
- Wasser

Die frisch gesammelten Kastanien 1 Stunde in kaltem Wasser einlegen, dann mit einem scharfen Messer kreuzweise einritzen. Den Backofen auf 220 °C vorheizen. Die Kastanien in eine Auflaufform legen und den Boden mit Wasser bedecken. Nun 25–30 Minuten backen. Die Kastanien lassen sich jetzt leicht aus der äußeren Schale lösen. Die darunterliegende braune Haut sollten Sie auch entfernen, denn sie schmeckt etwas bitter.

Die stärkereiche Kastanie reift in einem spitzstacheligen Fruchtbecher. Bevor die Kartoffel kam, galt sie als wertvolles Grundnahrungsmittel.

ESS-KASTANIENMEDIZIN ANWENDEN

Schon die alten Griechen kannten die zusammenziehende Wirkung von Rinde und Früchten. Der griechische Arzt Dioskurides nannte im 1. Jahrhundert die Kastanie „Zeus-Eichel". Vor allem die Rinde ist sehr gerbstoffreich; sie enthält mehr Tannine als Eichenrinde. Hildegard von Bingen hielt große Stücke auf die Ess-Kastanie, die sie der Weisheit zuordnete. Vielleicht empfahl sie deshalb die gekochten Fruchtkerne bei „leerem und schwachem Gehirn" und bei schwachem und traurigem Herzen. Außerdem verordnete sie Kastanienfrüchte bei Leber- und Magenerkrankungen. Als Wanderstock genutzt, sollte das Holz, das man in der Hand trägt, „alle Kräfte des Körpers" stärken.

In der Volksmedizin verwendete man die Blätter bei Husten, Bronchitis, zur Wundbehandlung sowie zum Gurgeln bei Halsentzündungen. Da die Blätter viel Gerbstoffe und Phenolsäuren enthalten, sind die Anwendungen durchaus sinnvoll. Die im Mai gesammelten Kastanienblätter werden getrocknet und vor Gebrauch zerkleinert. Dann übergießt man 1 TL davon mit 150 ml Wasser heißem Wasser. 10 Minuten ziehen lassen.

Die gegarte Kastanienfrucht galt als stopfendes Mittel und wurde bei Durchfall verordnet. Allerdings warnten alle mittelalterlichen Ärzte vor übermäßigem Genuss, denn sie hielten sie für schwer verdaulich und befürchteten, dass sie „zur Unzucht reizt". Roh gegessen, sollte die Kastanie sogar Kopfschmerzen auslösen.

Die Bachblüte „Sweet Chestnut" gibt man bei völliger Verzweiflung, psychischer Überlastung und Ausweglosigkeit. Die „Erlösungsblüte" richtet den Blick auf das „Licht am Ende des Tunnels".

In der Gemmotherapie nutzt man die Knospen der Ess-Kastanie zur Entgiftung und zur Anregung des Lymphflusses. Das gefäßstärkende und entstauende Mazerat hat außerdem eine positive Wirkung bei schweren Beinen, Krampfadern und Wassereinlagerungen.

Solche großfruchtigen Sorten werden seit dem 12. Jahrhundert Maroni (Marroni, Maronen) genannt. Die Maroni sind zudem besonders stärkereich und lassen sich leichter schälen. Es gibt mehrere hundert Kastaniensorten, die meist nur regionale Bedeutung haben. Allein in Frankreich sind 700 Sorten bekannt. Die großen Anbauzentren, die eine tausendjährige Tradition aufweisen, liegen vor allem in Südfrankreich, Norditalien und im Tessin. In Deutschland findet man größere Bestände nur in Baden-Württemberg und Rheinland-Pfalz. Im alemannischen Raum wird die Kastanie oftmals Keschte- oder Kestenbaum genannt. Im 17. Jahrhundert wurde die Ess-Kastanie als „Zahme Kastanie" bezeichnet, in Abgrenzung zur Rosskastanie, die man „Wilde Kastanie" nannte.

NAHRHAFTE MARONEN UND GESUNDER HONIG

Beim Sammeln der Esskastanien ab Oktober macht man zunächst Erfahrung mit dem extrem stacheligen Fruchtbecher, in dem meist 2–3 Kastanien sitzen. Nicht immer fallen die reifen Kastanien von allein aus dem Fruchtbecher. Deshalb lohnt es sich, beim Waldspaziergang Handschuhe einzustecken. Roh schmecken die Maronen recht fad und etwas bitter, aber durch Garen oder Rösten entwickeln sie einen köstlichen zartnussigen und süßlichen Geschmack. Sie besitzen einen hohen Anteil an Kohlehydraten (bis 43 %) und relativ wenig Fett (2–3 %). Außerdem sind sie sehr kaliumreich. In den traditionellen Kastanienanbaugebieten gibt es zahllose regionale Maronengerichte. Sie werden zu Brot, Mehl, Nudeln, Püree, Gebäck und Torten verarbeitet. Es gibt sie als Aufstriche oder in Sirup eingelegt. Und man kann sie fertig zubereitet in Gläsern oder in Plastik vakuumiert kaufen. Esskastanien eignen sich für herzhafte Gerichte wie auch für Süßspeisen. Bei uns werden die leckeren und nahrhaften Früchte meist nur auf Weihnachtsmärkten als „heiße Maroni" angeboten. Von dieser Zubereitungsart auf dem Holzkohleofen kommt übrigens die Redewendung *„Für jemanden die Kastanien aus dem Feuer holen"*. Der Spruch geht auf eine französische Fabel von La Fontaine (1621–1695) zurück. Darin überredet ein Affe die Katze, mit ihren Pfoten Esskastanien aus dem Feuer zu holen, die er dann recht eigennützig selbst verspeist.

Frische Esskastanien lassen sich nicht gut einlagern. Sie verlieren rasch an Qualität und neigen zur Schimmelbildung. Entweder frieren Sie die gerösteten und geschälten Früchte ein, oder Sie bewahren die Kastanie als Trockenfrucht auf.

Eine Nebennutzung des Maronenanbaus ist der Edelkastanienhonig. Die im Juli beginnende Blüte mit ihrem stechend schweren Geruch übt eine starke Anziehungskraft auf Honigbienen aus. Der wertvolle rotbraune Honig hat einen aromatisch-herben Geschmack. Man sagt ihm antibiotische Wirkungen nach und setzt ihn volksmedizinisch auch bei Husten und zur Wundheilung ein.

VORSICHT LÄUSE!

Früher glaubte man, wer rohe Kastanien isst, bekomme Läuse. Solche Warnungen kennen wir auch von anderen Pflanzen. Es gibt für diese „Läuse-Drohung" zwei Erklärungsmodelle. Erstens handelt es sich oft um Pflanzen, die in Notzeiten gegessen wurden. Deshalb nannte man die Kastanienkost auch „Brot der Armen". In Notzeiten trat meist auch Parasitenbefall gehäuft auf (mangelnde Körperpflege). So wurde der Kastaniengenuss mit den Läusen kombiniert. Im zweiten Erklärungsmodell handelt es sich bei den „Läusepflanzen" oft um Gewächse, die als aphrodisierend galten, was in gewissen Kreisen nicht erwünscht war. Das trifft auch auf die Ess-Kastanie zu. So berichtet der italienische Arzt Mattioli (1501–1577), gebratene Kastanien, mit Pfeffer gewürzt, machten „geil und unkeusch". Der englische Arzt Nicholas Culpeper (1514–1541) sagte über die Kastanie, sie würde „die Fleischeslust anstacheln". Man versuchte mit der Läuseangst den exzessiven Genuss der „gefährlichen Frucht" zu verhindern.

Die Bachblüte „Sweet Chestnut" verordnet man in Situationen der Ausweglosigkeit. Es ist die Blüte für Menschen, die die Grenze der emotionalen Belastbarkeit erreicht haben.

KASTANIENSUPPE

- 100 g Zwiebeln
- 2 EL Olivenöl
- 600 ml Gemüsebrühe
- 500 g geschälte Kastanien (Maroni)
- 150 g Sahne
- Salz, Pfeffer, Majoran

Die klein geschnittenen Zwiebeln glasig dünsten. Mit Brühe aufgießen und zum Kochen bringen. Maroni dazugeben und ca. 10 Minuten köcheln lassen, bis sie weich sind. Das Ganze pürieren, mit Gewürzen abschmecken und mit Sahne verfeinern. Um sich das aufwendige Schälen zu sparen, können Sie auch geschälte und fertig gegarte Maronen verwenden.

FICHTE

ZWISCHEN PLANTAGENPFLANZE UND WELTENBAUM

Die Gewöhnliche Fichte, auch Rotfichte oder Rottanne genannt, ist heute in Deutschland der bedeutendste und häufigste Waldbaum. Sie besiedelt 26 % der Waldfläche. Noch vor einigen hundert Jahren kam sie eher selten vor, denn ihr natürlicher Lebensraum liegt im Gebirge. Dort entwickelt sie sich zu prächtigen spitzkronigen Exemplaren. Im 17. Jahrhundert begann man in tieferen Lagen mit der massiven Aufforstung des schnellwachsenden und anspruchslosen Baumes. Nicht umsonst wurde die Fichte zum „Brotbaum des Waldbesitzers“, denn sie liefert einen hohen Holzertrag und kommt auch mit schlechten Böden zurecht.

NAME	GEWÖHNLICHE FICHTE *Picea abies* (Syn. Rotfichte, Rottanne)
FAMILIE	Kieferngewächse
HÄUFIGKEIT	26 % der Waldfläche (Österreich 60 %, Schweiz 40 %)
ALTER	300–400 Jahre, selten 600 Jahre
WUCHSHÖHE	50–60 m
STAMMUMFANG	4–6 m möglich
RINDE	anfangs glatt, rötlich braun, später graubraun mit rundlichen Schuppen (feinschuppig)
NADELN	steif, stachelspitz, stechend, im Querschnitt vierkantig, allseitig dunkelgrün, sitzen auf stark vorspringenden Nadelkissen (Höcker), sind bürstenartig rund um den Zweig angeordnet, 1–3 cm lang
BLÜTEN	April–Juni, einhäusig und getrenntgeschlechtlich, männliche Blüten walzenförmig, erst rötlich, dann nach gelb verfärbend (Pollen), weibliche Blüten bilden kleine rötliche Zäpfchen
FRÜCHTE	brauner, zylindrischer Zapfen, 10–16 cm lang, geflügelte Samen, Zapfen hängen nach unten und fallen als Ganzes ab
HOLZ	leicht und weich, viel weniger Harz als bei der Kiefer, sehr helles Holz (weißlich bis gelblich), Splintholz und Kernholz kaum abgegrenzt
VERWENDUNG	beliebtes Bauholz, Möbel, Treppen, Böden, Zellstoff, Papier, früher: Geigenbau

Der plantagenartige Anbau ließ große, düstere Fichten-Monokulturen entstehen, mit allen daraus erwachsenden Nachteilen, wie Bodenversauerung, Schädlingsdruck, Krankheitsanfälligkeit und Windbruch. Als das ökologische Bewusstsein Einzug hielt, prägte sich der Spruch: *„Willst du den Wald vernichten, so pflanze nichts als Fichten."* Und so bekam die Fichte aufgrund der Baumplantagen ein Negativimage. Inzwischen setzt man glücklicherweise wieder vermehrt auf Mischkulturen, und die Fichteninvasion ebbt ab – vermutlich dauerhaft, denn der Klimawandel macht dem flachwurzelnden Baum zu schaffen. Er kommt mit Hitze- und Trockenperioden nicht so gut zurecht.

Waldgeschichtlich gehört die Fichte, im Gegensatz zur Tanne, zu den frühen Rückkehrern nach der Eiszeit. Sie war schon 6000 v. Chr. in den Bergwäldern vertreten und galt unseren Vorfahren wegen ihres kerzengeraden, hohen Wuchses als etwas Besonderes. Hinzu kommt, dass Fichten an manchen Standorten sehr alt werden können. Vor einigen Jahren entdeckten Wissenschaftler in Mittelschweden den ältesten Klon-Baum der Welt. Sein Wurzelstock hat es auf ganze 9550 Jahre gebracht ➳ Seite 14.

Wo sie einzeln steht, ist die Fichte eine majestätische Erscheinung. Die alten Völker sahen in ihr die Verbindung zwischen Erde und Himmel.

Auch wenn es nur wenige Hinweise darauf gibt, scheint die Fichte im Baumkult der alten Völker eine ganz besondere Rolle gespielt zu haben. In der Mythologie der nordasiatischen Ureinwohner (Sibirien, Mongolei) wird sie als Weltenbaum angesehen, der von der Erde bis in die höchsten Regionen des Himmels reicht. So verbindet er die Welt der Himmelsgeister mit jener der Menschen sowie mit der Unterwelt. Über den Weltenbaum nahmen die Schamanen bei ihrer Trancereise Verbindung zu den Welten der Geister und Götter auf. In diesem Zusammenhang ist auch interessant, dass der psychoaktiv wirksame Fliegenpilz mit den Fichten in Symbiose lebt. Er spielte im sibirischen Schamanismus eine wichtige Rolle. In manchen Mythen heißt es, die Schamanen würden auf Fichten geboren. Auch die Irmensul, ein Baumheiligtum der Sachsen, war möglicherweise ein Fichtenstamm, von dem man glaubte, er trage den Himmel. Sie wurde 772 auf Veranlassung Karls des Großen zerstört.

In Bayern dient die Fichte auch heute häufig noch als Maibaum.

GRÜNE KRAFT BRINGT FRUCHTBARKEIT

Die einstige Bedeutung der Fichte im Kultus zeigt sich deutlich im Brauchtum rund um Weihnachten und den 1. Mai. In vorchristlicher Zeit war es üblich, zur Wintersonnwende immergrüne Zweige ins Haus zu holen. Sie symbolisierten in der dunkelsten Zeit des Jahres die Hoffnung auf den Frühling und den Sieg des Lichtes über den Winter. Man glaubte zudem, damit gute Geister anzulocken und dämonische Winterwesen zu verscheuchen. Aus diesem Brauch, das Haus mit grünen Zweigen zu schmücken, entwickelte sich dann ab dem 16. Jahrhundert der Weihnachtsbaum Seite 193. Die grünen Zweige, meist Fichte und Tanne, galten auch als Fruchtbarkeitssymbol. Man schlug mit diesen immergrünen Lebensruten Frauen und weiblichen Tieren auf „die verborgenen Körperteile“, um ihre Fruchtbarkeit anzuregen. Dieser uralte glückbringende Brauch wurde nach der Christianisierung zur Bestrafung umgedeutet: Im Auftrag des Nikolaus drohten Knecht Ruprecht oder Krampus „ungehorsamen“ Kindern mit der Rute.

Auch der Maibaum war in der Regel eine Fichte oder Tanne. Er war das Symbol des erwachenden Frühlings und der Fruchtbarkeit. Die Fichte wurde bis auf den Wipfel geschält und auf dem Dorfplatz aufgerichtet. Der daran angebrachte Kranz und der ihn durchstoßende Baum symbolisierten deutlich, worum es bei diesem ausgelassenen Fest ging. Kein Wunder, dass die Geistlichkeit von den frivolen Maifesten gar nicht angetan war. Trotzdem hat sich der uralte Brauch bis heute gehalten.

HEXEN UND GEISTER AUF DISTANZ HALTEN

Die Fichte hatte auch eine wichtige Schutzfunktion inne. Man glaubte damit das Vieh vor Behexung zu schützen, indem man die Zweige an die Stallwand nagelte. Außerdem garantierten die immergrünen Zweige Fruchtbarkeit und Gesundheit im Stall. Zu Walpurgis (30. April), wo im damaligen Glauben die Hexen besonders aktiv waren, steckte man Fichtenzweige in den Misthaufen, um ihnen Zutritt zu Hof und Stall zu verwehren. Schutzzwecke verfolgte man auch mit dem Brauch, bei Hochzeiten Fichtengrün als Girlande oder Türschmuck anzubringen. Das Fichtenharz nutzte man für Schutzräucherungen, vor allem in den winterlichen Raunächten. Mit dem Spruch *„Glück ins Haus / Unglück hinaus"* wurden böse Geister vertrieben und gute Geister angelockt.

Ursprünglich stand die Fichte im Mittelpunkt der Baumkulte, aber immer häufiger kam auch die Tanne hinzu. Überhaupt ist es nicht leicht, beim Entschlüsseln des Brauchtums Fichte und Tanne voneinander abzugrenzen, denn sie wurden oft nicht unterschieden oder einfach nur verwechselt. In manchen Regionen bezeichnete man die Fichte als Tanne, Dannebaum oder Fichtentanne. Noch heute fällt es vielen schwer, die beiden Nadelbäume auseinanderzuhalten. Der Weihnachtsbaum wird Tannenbaum genannt, auch wenn sich dahinter oftmals eine Fichte verbirgt. Die Unterscheidungsmerkmale der wichtigsten ähnlich aussehenden Nadelbäume sind auf Seite 76 in einer Tabelle zusammengefasst.

WOHNORT DER GEISTER UND FEEN

Gelegentlich kommt die Fichte in Sagen als Aufenthaltsort von Geistern vor. Nicht immer sind es Teufel oder Hexen, vielmehr tauchen auch freundliche Feen auf, die gute Menschen beschenken und böse bestrafen. So geschah es in einer Burgruine in Unterfranken. Drei wandernde Handwerksburschen trafen dort eine schöne Frau und baten mit ihren Hüten um eine Gabe: *„Wir sind unser zwanzig, reisen von Mainz nach Danzig. Ach seid so gut und schmeißt uns was in den Hut!"* Die geheimnisvolle schöne Frau warf in jeden Hut einen Fichtenzweig und sagte, dies sei ein Glückszweig, den sie gut aufheben sollten. Dann verschwand sie. Zwei Burschen warfen den Zweig verächtlich weg, aber der dritte steckte ihn an seinen Hut. Und siehe da, er wurde zu purem Gold!

Gelegentlich wollten Feen und Naturgeister den Charakter der Menschen erforschen: In einer österreichischen Sage setzte sich die „Gute Frau Fichte" in Gestalt eines alten Weibes unter ihren Baum, um zu betteln. Ein geiziger und böser Bauer kam mit seiner Magd vorbei, die es bei ihm alles andere als gut hatte. Der Bauer hatte außer Schimpfwörtern nichts für die Alte übrig, während seine arme und geschundene Dienstmagd mit Frau Fichte ihr karges Brot teilte. Abends kam der Bauer wieder an der Fichte vorbei und sah, dass dahinter ein großes Fest mit allerhand leckeren Speisen stattfand. Er mischte sich unter die Gäste und stopfte sich heimlich die Taschen mit Leckereien voll. Zu Hause angekommen, wollte er bei seiner Familie damit prahlen, aber als er seine Taschen leerte, war es nur Pferdedung. Seine Dienstmagd musste mitten in der Nacht alles wegräumen. Als sie es auf den Misthaufen leerte, war der Pferdedung zu Golddukaten geworden. Doch damit nicht genug: Ein schöner reicher Jüngling kam vorbeigeritten und verliebte sich unsterblich in die Magd!

MAGISCHE FICHTENMEDIZIN

In der magischen Medizin des Mittelalters finden sich noch sehr viele Spuren aus archaischen Zeiten. So scheint es, man habe die Fichte bis in christliche Zeit hinein mit einem weiblichen Baumgeist oder einer weiblichen Gottheit verbunden. Das zeigt sich sehr schön bei den Beschwörungsreimen, die man für das Ritual der Krankheitsübertragung nutzte. Die Fichte war vor allem beim Übertragen von Gicht und Zahnschmerzen hilfreich. Dazu wurde eine Beschwörung gesprochen, und oft wurden auch Opfer gebracht. So sollte man zum Beispiel am 1. Mai vor Sonnenaufgang drei Tropfen seines Blutes in einer Baumspalte versenken, die Spalte mit Wachs verschließen und laut rufen: *„Guten Morgen, Frau Fichte, da bring ich dir die Gichte / Ich hab sie gehabt dieses Jahr / Du sollst sie haben immerdar."* Der beste magische Zeitpunkt war der frühe Morgen kurz vor Sonnenaufgang. Ein ähnlicher Spruch ist uns aus Sachsen überliefert: *„Guten Morgen, du olle Fichte / Hier bring ich dir meine reißende Gichte / Nimm sie von mir / Und nimm sie zu dir."* Dazu bekreuzigte man sich dreimal. Bei folgendem Spruch wurde ein Fichtenzweig zu einem Kranz gebogen, der die Krankheit aufnahm. Der Ringzauber hat eine uralte Tradition, denn der Kreis ist die älteste Schutzsymbolik. *„Guten Morgen, ihr lieben Fichten / Hier bring ich meine sieben und siebzigerlei Gichten / Ein Kränzchen will ich binden / Darin sollen verschwinden / Alle meine sieben und siebzigerlei Gichten."*

Auch das Verpflocken von Krankheiten war ein wichtiges Übertragungsritual: Mit einem frisch herausgeschnittenen Fichtenholzsplitter stocherte man sich den schmerzenden Zahn blutig und fügte dann den blutigen Splitter wieder in den Baum ein. Dazu sprach man dreimal: *„Im Namen des Vaters, des Sohnes und des Heiligen Geistes."* In Tirol ließ man seine Hühneraugen bei der Fichte zurück. Dazu musste man „arschlings", also rückwärts zum Baum gehen, dann einen Zweig so knicken, dass er gerade noch hängen blieb, und schließlich davongehen, ohne sich umzusehen.

BELIEBT IN DER VOLKSMEDIZIN

Hildegard von Bingen (1098–1179) hielt nicht sehr viel von der Fichte. Lediglich wenn das Vieh eine Seuche hatte, sollte man ihnen Fichtenzweige hinlegen, damit sie den Duft einatmen. Aber keinesfalls Fall durften die Tiere davon fressen, sonst würden sie Schaden nehmen. Ansonsten war die Fichte in der Volksheilkunde hochgeschätzt. Man nutzte Triebe, Nadeln, Harz und auch die Zapfen. Die Anwendungsgebiete waren äußerst vielfältig. Man nahm beispielsweise eine Abkochung aus den harzhaltigen Zapfen als Warzenmittel und zum Gurgeln bei entzündeten Mandeln. Außerdem erhitzte man die Zapfen in Fett, um daraus Salben herzustellen. Die vitamin-C-haltigen Frühlingstriebe sollten den Scharbock lindern, gemeint war

Fichtenharz ist von alters her Bestandteil der Volksmedizin und wird auch gerne zum Räuchern verwendet.

HUSTENTINKTUR

- 30 g frische Fichtenspitzen (Maitriebe)
- 70 ml Wodka oder Korn

Die Fichtenspitzen zusammen mit dem Alkohol im Mörser zu einem flüssigen Pflanzenbrei verarbeiten. In ein Glas füllen und 2 Wochen ziehen lassen. Abfiltern und in Tropffläschchen abfüllen. Nehmen Sie davon 3-mal täglich 15 Tropfen in warmem Tee ein.

FICHTENMEDIZIN ANWENDEN

Die Fichte hat, wie auch die Kiefer Seite 140 f., Aufnahme in die wissenschaftlich anerkannte **Phytomedizin** gefunden. Aufgrund des ätherischen Öls wirkt sie schleimlösend, durchblutungsfördernd und antiseptisch. Man verordnet deshalb frische Fichtenspitzen und das ätherische Fichtennadelöl bei Atemwegserkrankungen, rheumatischen Beschwerden sowie bei Muskel- und Nervenschmerzen.

Bei festsitzendem Husten sind **frische Fichtenspitzen**, als Tee zubereitet, ein wirksames Hausmittel. Übergießen Sie 3 TL der frischen Triebe (Mai/Juni) mit 200 ml Wasser und lassen Sie den Tee 10 Minuten zugedeckt ziehen. Für Konservierungszwecke können Sie die Fichtenspitzen auch trocknen. Bei Husten verordnet man auch sehr gerne Fichtenspitzen-Sirup Seite 197 zum Einnehmen oder Fichtennadelöl zum Inhalieren. Der festsitzende Schleim löst sich dadurch und kann abgehustet werden. Das harzig-würzig duftende ätherische Öl aus den Nadeln wird auch in der Kosmetikindustrie verwendet.

Für die äußerliche Anwendung bei Muskel- und Nervenschmerzen stehen Salben, Badezusätze oder alkoholische Einreibungen, wie etwa Franzbranntwein, zur Verfügung. Aus dem Harz der Fichte stellt man, wie bei der Kiefer Seite 144 beschrieben, Terpentinöl her. Das gereinigte Fichtenharz wurde früher Burgunderharz genannt und galt als preisgünstiger Ersatz für den orientalischen Weihrauch. Das Räuchern hat eine uralte Tradition, die in den letzten Jahren wieder an Aufmerksamkeit gewann. Nutzen Sie den kräftig-grünen Duft des „Waldweihrauchs" zum Beispiel, um Altes zu beseitigen und Platz für Neues zu schaffen oder um ein Krankenzimmer zu „reinigen".

In der Gemmotherapie werden die knochenstärkenden Triebknospen bei Arthrose und Osteoporose eingesetzt. Außerdem stärkt man damit die körpereigene Abwehr und fördert das Abhusten von festsitzendem Schleim.

Die Blütenessenz der Fichte bringt Ruhe und Gelassenheit ins Leben. Auch wenn sie nicht zu den klassischen Bachblüten gehört, lohnt sich ein Experiment, denn wer will das Leben nicht genießen?

damit die Vitamin-C-Mangelerkrankung Skorbut. Das Harz nahm man bei Nierenkrankheiten, Husten und Schwindsucht. Außerdem verarbeitete man es in Salben gegen Rheuma, Gicht, Gliederschmerzen, Hexenschuss und Hautleiden.

Es gab auch einige Indikationen, die Bezug auf das Liebesleben hatten: Mit einem Absud aus Fichtenzweigen, so berichtet der italienische Arzt Mattioli (1501–1577), wuschen Frauen *„das heimlich Gemach (...), um es enger und zur Wollust empfindlicher zu machen."* Auch die Liebeslust selbst konnte die Fichte anfachen: Man sollte an drei Tagen hintereinander Fichtensamen essen, bevor man zu Bett ging, „um dem Venuswerk zu frönen". Die Verbindung zur Sexualität finden wir auch beim phallusförmigen Fichtenzapfen, der interessanterweise zum Symbol der heiligen Afra wurde. Sie war einer Legende zufolge Prostituierte im von Römern besiedelten Augsburg. Damals begann die Christenverfolgung. Als der Bischof Narcissus sich vor seinen Verfolgern im Bordell versteckte, machte er Afra mit dem christlichen Glauben

Die zitronig schmeckenden Fichtenspitzen sind eine gesunde Delikatesse. Sie werden im Mai gesammelt.

vertraut. Daraufhin bekehrte sich die Dirne zum Christentum und schloss das Etablissement. Sie wurde von ihren ehemaligen Freiern verraten und starb im Jahre 304 den Märtyrertod. Seither gilt sie als Patronin der reuigen Dirnen und trägt als Attribut ihrer einstigen Tätigkeit den Fichtenzapfen bei sich.

DAS AROMA DES WALDES GENIESSEN

Die Fichte ist nicht nur für die Medizin, sondern auch für die Küche geeignet, denn die jungen, hellgrünen Maitriebe haben einen angenehm säuerlichen Geschmack. Außerdem besitzen die Triebspitzen neben der harzigen Note auch ein sehr frisches zitroniges Aroma. Die Triebe gibt man fein gehackt in Salate oder stellt daraus Likör, Gelee und Sirup her. Eine Delikatesse ist das Eintunken der frischen Triebspitzen in geschmolzene Schokolade. Man lässt sie im Kühlschrank fest werden und dekoriert damit Desserts.

FICHTENGELEE

- 1-Liter-Messbecher, gefüllt mit frischen Fichtenspitzen (etwa 250 g)
- 0,75 Liter Wasser
- 0,25 Liter Apfelsaft
- 1 kg Gelierzucker
- 1 Zitrone, in Scheiben geschnitten

Geben Sie die jungen Fichtenspitzen in einen Topf und gießen Sie Wasser und Apfelsaft darüber. Zwei Stunden ziehen lassen, anschließend mit den Zitronenscheiben aufkochen und nochmals 4–5 Minuten ziehen lassen. Abfiltern, mit dem Gelierzucker nach Packungsanleitung aufkochen und in Gläser abfüllen. Das Gelee eignet sich vorzüglich als Brotaufstrich, wird aber auch zu Wildgerichten serviert.

HAIN-
BUCHE

KEINE BUCHE

Obwohl fast namensgleich, sind Hainbuche (*Carpinus betulus*) und Rot-Buche (*Fagus sylvatica*) nicht miteinander verwandt. Die Hainbuche gehört als Kätzchenblüher zur Familie der Birkengewächse, während die Rot-Buche mit den Eichen verwandt ist. Vermutlich hat die glatte Rinde unsere Vorfahren bei der Namenszuordnung aufs Glatteis geführt. Beim genauen Hinsehen sind die Unterschiede jedoch deutlich: Zwar hat auch die Hainbuche eine graue, glatte Rinde, aber der Stamm ist wegen seiner „Spannrückigkeit" unverwechselbar. Man kann die wellenförmigen Ein- und Ausbuchtungen fühlen und sehen. Ein bisschen sieht es aus, als zögen sich die Wurzeln bis in die Krone hinauf. Daher kommen die alten Namen Hornbaum oder Hornbuche.

NAME	HAINBUCHE *Carpinus betulus* (Syn. Hagebuche, Weißbuche, Hornbaum)
FAMILIE	Birkengewächse
HÄUFIGKEIT	1 % der Waldfläche (Österreich 2,5 %, Schweiz 0,6 %)
ALTER	100 – 200 Jahre, selten 300 Jahre
WUCHSHÖHE	20 – 30 m
STAMMUMFANG	3 – 5 m möglich
RINDE	dunkelgrau bis silbrig grau, glatt, im Alter helles Netzmuster, spiralig herablaufende Wülste, Stamm gewunden (Drehwuchs)
BLÄTTER	eiförmig, zugespitzt, am Rand deutlich gesägt, oberseits kahl, unterseits in den Nervenwinkeln behaart, Blattnerven treten stark hervor, an den Rippen wie gefaltet
BLÜTEN	Mai – Juni, einhäusig und getrenntgeschlechtlich, männliche Kätzchen gelbgrün, 4 – 7 cm lang, schlaff hängend, weibliche Blüten in lockerblütigen Kätzchen
FRÜCHTE	ab September Flügelfrüchte mit Nüsschen, mehrere Paare übereinander angeordnet (meist zu acht), dreiflügelig
HOLZ	sehr hart, zäh und schwer, weiß bis gelblich weiß, keine Farbunterscheide zwischen Splint- und Kernholz
VERWENDUNG	bestes Brennholz, Parkett, Werkzeugstiele, Klaviermechanik, früher: Webstühle, Zahnräder, landwirtschaftliche Geräte, Hackklötze

Hainbuchenblätter sind im Gegensatz zu den glattrandigen Buchenblättern am Rand deutlich gesägt. Zudem sehen sie so aus, als hätten sie sich an den Rippen nicht richtig entfaltet.

VERTRÄGT FAST JEDEN SCHNITT

Waldgeschichtlich gehört die Hainbuche zu den letzten Rückkehrern nach der Eiszeit; erst seit 3000 Jahren ist sie wieder bei uns heimisch. Deshalb gibt es um die Hainbuche im Vergleich zu anderen Bäumen wenig Brauchtum und Sagen.

Dass sie ein hohes Ausschlagvermögen besitzt und Verschnitt gut verkraftet, hat die menschliche Nutzung inspiriert. Zum einen wurden Hainbuchen deshalb früher regelmäßig geschneitelt (also geschnitten), um Futter und Einstreu für das Vieh zu gewinnen. Die Bauern hatten bis etwa 1200 v. Chr. kaum Futterwiesen und waren deshalb gezwungen, ihr Vieh mit Baumblättern zu füttern. Das Vieh schätzte das saftige Laub der Hainbuchen, das einen hohen Futterwert besitzt. Man schnitt regelmäßig junge Zweige und Äste vom Stamm und trocknete sie als Laubfutter. Oftmals wurden die Bäume dabei radikal „auf den Stock gesetzt", das heißt, man schnitt sie kurz über dem Boden ab. So entstanden die bizarren, knorrigen Baumgestalten, die man noch heute in sogenannten Schneitelwäldern antrifft.

Außerdem nutzte man das vitale Austriebsvermögen, um aus Hainbuchen dichte Hecken und lebendige Zäune entstehen zu lassen. Solche meterdicken verwachsenen Hecken wurden zum Einzäunen von Viehweiden, aber auch zu Verteidigungszwecken genutzt. Man nannte die Hainbuche deshalb Hagebuche. Weitere ähnlich genutzte „Hagehölzer" waren der Hagedorn (Weißdorn) und die Hagerose (Hundsrose). Das germanische Wort „hag" bedeutet Umzäunung, und der gleiche Wortstamm findet sich auch in „Hecke".

Lebendige Wehrhecken und Grenzzäune anzulegen war bis zum Dreißigjährigen Krieg üblich. Dazu wurden die Hainbuchen mit Äxten angehauen und umgeknickt. So wuchsen sie ineinander verflochten und gemischt mit Dornensträuchern zu einem undurchdringlichen Gebilde, das je nach Region „Knickicht", „Wehrholz" oder „Gebück" genannt wurde. Diese Landwehren waren manchmal bis zu 100 Schritt (ca. 70 Meter) breit und nur an wenigen Stellen mit Durchlässen versehen. Eine alte Sage geht auf diese Nutzung ein: Ein Bauer namens Hage wurde immer wieder von Räubern überfallen. Da fragte er eine heilige Eiche um Rat. Diese schickte ihn zur Hainbuche. Die Hainbuche schenkte ihm über hundert ihrer Kinder und sagte, er solle sie rund um seinen Hof pflanzen. Die jungen Bäumchen wuchsen in Windeseile heran und verflochten ihre Äste miteinander zu einem undurchdringlichen Dickicht. Das Holz war so hart, dass die Räuber selbst mit Sägen nicht hindurchdringen konnten. Wegen dieses Triumphs des Bauern Hage bekam die Hainbuche den Namen Hagebuche. Eine schöne Legende, auch wenn der Name Hagebuche mit Sicherheit nichts mit einem Bauern namens Hage zu tun hat.

Weil die Hainbuche das Zurechtschneiden toleriert, nutzte man sie seit dem 18. Jahrhundert als Gestaltungselement von Gärten und Parks. Kein Baum lässt sich besser zu schnurgeraden Hecken und zu Laubengängen trimmen.

SPEKULATIONEN ZU HAIN UND HAG

Hagehölzer wurden nicht nur zum Schutz vor Eindringlingen und wilden Tieren genutzt, sie besaßen in vorchristlicher Zeit auch religiöse Bedeutung. Denn Hag und Hain stehen sprachgeschichtlich in Verbindung mit eingehegten Heiligtümern und heiligen Hainen. Die Einhegung trennte kultischen und profanen Bereich. Die Hainbuche (Hagebuche) kam allerdings erst sehr spät nach Mitteleuropa und war deshalb vermutlich nicht die sakrale Heckenpflanze der keltischen und germanischen Haine. Diese Aufgabe erfüllten ältere Gehölze, wie zum Beispiel Hasel, Eberesche und Weißdorn.

Auch die Hexe besitzt eine Wortverwandtschaft zum Hag. Das Wort entwickelte sich aus „Hagse", was wiederum die Verkürzung des alten Ausdrucks „Hagezusse" (Weib im Hag) darstellt. Möglicherweise wurde so einstmals die Schamanin oder Priesterin bezeichnet, die als Hüterin des Hags, also der umhegten Kultstätte, galt.

Alte Hainbuchenstämme zeigen sehr deutlich die typischen Ein- und Ausbuchtungen.

Die Schneitelwälder weisen auf die alte Nutzung als Laubfutter hin. Es wird deutlich, welch starkes Austriebsvermögen der Baum besitzt.

HART UND HANEBÜCHEN

Die Hainbuche besitzt das schwerste und härteste Holz aller Baumarten Mitteleuropas. Deshalb nannte man sie früher auch „Eisenbaum" oder „Steinbuche". 800 kg wiegt ein Kubikmeter Holz dieses Baumes. Das leichte Pappelholz ist mit 400 kg nur halb so schwer. Das harte und zähe Holz war deshalb früher sehr begehrt für stark beanspruchte Werkzeuge und Maschinenteile. Man nutzte es für Zahnräder, Speichen,

Radachsen sowie als Hackklotz und als Dreschflegel. Noch heute werden Klavierhämmer aus Hainbuchen hergestellt. Das alte Wort „hanebüchen" leitete sich von der harten, widerstandsfähigen „Hagebuche" ab. Es bedeutete einst „grob, derb, widerspenstig", wird aber heute eher im Sinne von „absurd" genutzt.

Sowohl Blätter als auch Flügelfrüchte eignen sich hervorragend für einen gerbstoffhaltigen Tee.

HAINBUCHENMEDIZIN ANWENDEN

Als Heilpflanze hat die Hainbuche, genau wie die Buche, keine große Karriere hingelegt. **Hildegard von Bingen** empfahl den Frauen Hainbuchenblätter zur Förderung der Fruchtbarkeit und für eine komplikationslose Schwangerschaft. Dazu wurden die Blätter in Kuh- oder Schafsmilch gekocht und aus dieser Milch mit Mehl und Eiern ein Gebäck gemacht. „Verrückten" und „Hirnwütigen" verordnete sie ein Bad mit Hainbuchenblättern, so dass „sie ihrer Sinne wieder mächtig werden". Nach dem Bad wurden dem Patienten die gekochten Flügelfrüchte der Hainbuche auf den Kopf gebunden. Außerdem glaubte sie, das Verbrennen des Holzes im Feuer werde dafür sorgen, dass „sich Luftgeister und teuflische Täuschungen zurückziehen und fliehen". Aus diesem Grund empfahl sie auch den Schlaf unter Hainbuchen.

Anscheinend schlummert aber noch so manche medizinische Überraschung in der Hainbuche. **Neuere Forschungen** schreiben den Blättern starke antioxidative und antikanzerogene Wirkungen zu. Kein Wunder, denn sie enthalten große Mengen Gerbstoffe und Phenolsäuren. Sie können die Blätter von Mai bis Juni für einen Tee ernten. Dazu benötigen Sie 2 TL getrocknete Blätter auf 150 ml Wasser. Der Tee ist hilfreich bei Durchfall, Erkältungen und Entzündungen im Mund- und Rachenraum.

Dass in den Blättern ein hohes Gesundheitspotential schlummert, zeigen auch die Erfolge der Knospenmazerate bei Atemwegserkrankungen. **In der Gemmotherapie** nimmt man die entzündungshemmenden und immunstärkenden Blattknospen der Hainbuche bei Schleimhautentzündungen der oberen Atemwege sowie bei Schnupfen, Bronchitis und Husten.

Die Bachblüte „Hornbeam" ist die „Kräftigungsblüte" bei seelischer und mentaler Erschöpfung. Sie hilft, Antriebskraft und Motivation zu entwickeln. Eine ideale Unterstützung für Menschen, die glauben, den täglichen Pflichten und Aufgaben nicht gewachsen zu sein.

KIEFER

MAL HÄUFIG, MAL SELTEN

Die Wald-Kiefer (*Pinus sylvestris*) ist, wenn sie sich frei entwickeln darf, einer der schönsten Nadelbäume. Mit ihren schuppigen Borkenplatten im unteren Stammbereich und ihrem harzigen Holzgeruch erinnert sie an mediterrane Pinienwälder. Die fuchsrote Rinde am oberen Stamm, die variablen Baumkronen sowie die langen Nadeln vermitteln die Exotik japanischer Gärten. Der Wind lässt in den Kiefernkronen ein außergewöhnlich helles Rauschen ertönen. Unter frei stehenden Kiefern lohnt es sich, Rast zu machen und mit allen Sinnen den „Kieferngeist" aufzunehmen.

NAME	**WALD-KIEFER** *Pinus sylvestris* (Syn. Föhre, Fohre)
FAMILIE	Kieferngewächse
HÄUFIGKEIT	23 % der Waldfläche (Österreich 4 %, Schweiz 3 %)
ALTER	200–400 Jahre, selten 600 Jahre
WUCHSHÖHE	30–40 m
STAMMUMFANG	3–5 m möglich
RINDE	stark gefurcht, grau- oder rotbraune Schuppen (plattenartig) im unteren Stammbereich, oben am Stamm glatte rotgelbe bis fuchsrote Rinde, die sich in papierdünnen Schuppen ablöst
NADELN	in einer Nadelscheide sitzen paarweise zwei steife spitze, halbrunde, blaugrüne Nadeln, 4–8 cm lang
BLÜTEN	Mai–Juni, einhäusig und getrenntgeschlechtlich, männliche Blüten ährenförmig mit gelbem Blütenstaub, weibliche Blütenzäpfchen kugelig und dunkelrot, meist zu zweit an der Spitze der Maitriebe
FRÜCHTE	dunkelbrauner Zapfen, eiförmig, kurz gestielt, darin sitzen die geflügelten Samen, Zapfen fällt als Ganzes ab
HOLZ	leicht und weich (aber härter als Fichte und Tanne), Splintholz gelblich weiß, Kernholz leicht rotbraun, harzreich
VERWENDUNG	beliebtes Holz für Innenausbau, Möbel, Holzdielen, Fenster, früher: Kienspäne, Harz, Pech

Die Wald-Kiefer gehört der größten Nadelbaumfamilie der Erde an, den Kieferngewächsen. Sie wird meist einfach nur Kiefer und manchmal auch Föhre oder Fohre genannt. Wegen ihrer Schnellwüchsigkeit und ihrer geringen Ansprüche spielt sie schon seit einigen Jahrhunderten eine große Rolle in der Forst- und Holzwirtschaft. Ihren Siegeszug begann sie im Mittelalter, als man anfing, sie großflächig auf Brachen zu pflanzen. Seit 1790 stieg der Anteil der Kiefern am deutschen Wald von 5 % auf heute 23 %. Sie ist nach der Fichte der am zweithäufigsten gepflanzte Baum in Deutschland. Von Natur aus wäre die konkurrenzschwache Kiefer allerdings eher eine Seltenheit, die sich als genügsamer Überlebenskünstler sowohl auf nährstoffarme, trockene als auch auf nasse, moorige Extremstandorte begrenzen würde.

Waldgeschichtlich betrachtet war die Kiefer jedoch nach dem Ende der letzten Eiszeit der dominierende Baum. Zusammen mit der Birke

In der griechischen Mythologie stieß der Gott Boreas die schöne Nymphe Pitys, Namensgeberin der Kiefer, wütend von einer Klippe. Diese Kiefer steht im Harz und beugt sich wagemutig über den Abgrund.

besiedelte sie als Pionierpflanze die eisfreien Gebiete Mitteleuropas. Beide Arten konnten sich durch ihre leichten Flugsamen schnell ausbreiten und bedeckten vor 14000 Jahren große Flächen. Ihre „Herrschaft" dauerte 6000 Jahre, bevor sie von den konkurrenzstarken Eichen, Erlen und Haseln verdrängt wurden. Einige tausend Jahre später, als immer mehr schattenverträgliche Baumarten aus ihren „Rückzugsgebieten" nachrückten, war die Lichtbaumart Kiefer in Mitteleuropa nur noch selten anzutreffen.

Das ist auch der Grund, warum sie in Mythos und Brauchtum, im Vergleich zu anderen Bäumen, kaum eine Rolle spielt. Denn die Ursprünge vieler Baummythen, die sich im alten Europa entwickelten, liegen in einer Zeit, die waldgeschichtlich „Eichenzeit" genannt wird. Damals, zwischen 5500 und 2000 v. Chr., wurden die Menschen in Europa im Zuge der neolithischen Revolution zu sesshaften Bauern.

ZAHLREICHE PINUS-SAGEN AUS DEM MITTELMEERRAUM

Ganz anders war es im Mittelmeerbecken, wo sich zahlreiche Legenden um die dort seit Urzeiten heimischen *Pinus*-Arten ranken. Meist handelte sich um die Aleppo-Kiefer (*Pinus halepensis*), die See-Kiefer (*Pinus pinaster*) sowie die Mittelmeer-Kiefer, besser bekannt als Pinie (*Pinus pinea*). Der lateinische Name *Pinus* bezieht sich auf die spitzen Nadeln.

Die schöne Nymphe Pitys (*Pinus*) wurde gleichzeitig von zwei Göttern begehrt und umworben: dem Hirten- und Waldgott Pan und dem Gott des winterlichen Nordwindes, Boreas. Als Boreas merkte, dass Pitys sich stärker zu Pan hingezogen fühlte, wurde er eifersüchtig und wütend. Er stieß sie von einem hohen Felsen. Als Pan die zerschmetterte Nymphe fand, bat er die Erdmutter und Urgöttin Gaia, sie in einen Baum zu verwandeln, der fortan ihren Namen trug. Immer wenn der Nordwind an den Ästen der Kiefer Pitys riss und zerrte, dann weinte sie harzige Tränen um ihre verlorene Liebe. Mit diesen Tränen dichteten die Griechen ihre Weinschläuche ab, und so entstand der berühmte harzhaltige Retsina.

In einem anderen Mythos trieb die eifersüchtige Göttin Kybele ihren Sohngeliebten Attis in den Tod, weil sie es nicht ertragen konnte, dass er eine andere Frau heiraten wollte. Sie drang in den Festsaal ein und ließ die Hochzeitsgesellschaft wahnsinnig werden. Auch Attis verlor den Verstand. Er entmannte sich unter einer Pinie und verblutete. Aus seinem Blut entstanden die duftenden Veilchen, und sein Leben entwich in den Pinienbaum. Die von Reue geplagte und trauernde Große Muttergöttin Kybele stiftete ein Fest, das jährlich zur Frühlingstagundnachtgleiche in ihrem Tempel gefeiert wurde. Dabei gedachte man Attis in Form einer frisch gefällten und mit Veilchen geschmückten Pinie. Als Priester waren im Kybele-Tempel nur Eunuchen zugelassen, um das Gedenken an Attis' Entmannung aufrechtzuerhalten.

Auch im keltischen Mythos des Zauberers Merlin taucht eine der genannten Kiefernarten als heiliger Baum auf. Merlin zog sich am Ende seines Lebens in einen sagenumwobenen heiligen Wald in der Bretagne zurück. Hier war das Reich der Fee Viviane, der das Quellheiligtum von Bareton unterstand. Unweit der Quelle stand ein Orakelbaum: Eine alte Kiefer, die Merlin nach Art der Schamanen bestieg, um dort die höchste Erkenntnis zu erlangen.

DUFTENDES HARZ

Zurück aus der südlichen Sagenwelt zu unserer heimischen Wald-Kiefer: Sie gehört zu den harzreichsten Nadelgehölzen. Dieses Harz ist eine Art Notfallapotheke. Bei Verletzungen der Rinde schützt sich der Baum damit gegen eindringende Schädlinge und Pilzinfektionen. Es ist gewissermaßen ein antiseptischer Wundverschluss. Das rötliche Harz wurde schon von unseren steinzeitlichen Vorfahren gesammelt und genutzt. Vermutlich bemerkte man bald, dass die wohlduftenden Harze im Feuer einen alles durchdringenden warmen Duft verbreiten, denn das gut anbrennende Kiefernholz war ein beliebtes Feuerholz. Deshalb ist das Räuchern mit Baumharzen so alt wie das Feuer selbst. Räuchern und Feuer waren unverzichtbare Bestandteile kultischer Rituale. Der Rauch diente sowohl sakralen Zwecken als auch dem Abwehrzauber, um dämonische Einflüsse fernzuhalten. Die Harze wurden aber auch für heilerische Zwecke eingesetzt.

Die zufälligen Harzquellen an verletzten Kiefern reichten irgendwann nicht mehr aus, und so ging man dazu über, die Bäume am unteren Stammteil zu verletzen. Dazu schnitt man senkrechte rinnenartige Kerben in die Rinde, um dort das austretende Harz aufzufangen. Im Mittelalter wurde die Harznutzung zu einem eigenen Industriezweig. Im 19. Jahrhundert gab es noch den Beruf des „Baumritzers" oder „Harzsammlers". Diese professionellen „Harzer" entfernten auf einer Baumseite großflächig die Rinde und ritzten den Stamm fischgrätartig ein. Am tiefsten Punkt der Zapfstelle wurde das Harz in Gefäßen aufgefangen. Je Baum kamen im Jahr 1–4 Kilogramm Harz zusammen.

Das frisch austretende, zähflüssige Harz wird Rohbalsam oder Terpentin genannt. Es ist eine Mischung aus Harz und ätherischen Ölen. Durch Destillation trennt sich das Terpentin in zwei Fraktionen: Die festen Harzbestandteile nennt man Kolophonium und die flüchtigen Bestandteile Terpentinöl. Terpentinöl wurde früher vor allem als Verdünner und Lösungsmittel für Lacke und Farben eingesetzt; in Apotheken handelte man es aber auch als Arzneimittel (gereinigtes Terpentinöl).

Das harzreiche Kolophonium hat seinen Namen von der antiken griechischen Handelsstadt Kolophon (heute Türkei). Es wird auch Geigenharz genannt, weil man damit den aus Pferdehaaren bestehenden Geigenbogen bestreicht, um ihm den erforderlichen Griff zu geben. Handballer nutzen in Alkohol gelöstes Kolophonium als Haftstoff, damit der Ball griffig bleibt, und früher war es zudem ein wichtiger Bestandteil der Linoleumböden. Kolophonium wird bis heute noch als edles Räucherwerk gehandelt.

Der goldgelbe Bernstein, den man häufig an der Ostseeküste findet, ist übrigens versteinertes Harz. Vor etwa 50 Millionen Jahren tropfte es aus den Wunden von Vorfahren der Kiefer. Unter Luftabschluss und Druck verwandelte sich das Harz schließlich zu Bernstein.

PECH, RUSS UND SCHWEFELREGEN

Im Mittelalter stellte man aus Kiefernholz durch starkes Erhitzen Pech (Teer) her. In speziellen Pechöfen oder Pechgruben wurde das harzhaltige Holz trocken destilliert. Den dabei entstehenden dunklen Holzteer fing man auf und verarbeitete ihn weiter. Die Pechsiederei war vor allem wichtig, um

Im Mittelalter wurden die Kiefern intensiv genutzt, um Harz zu gewinnen und Pech zu sieden.

damit Holzfässer, Schiffe und Dächer abzudichten und Bauhölzer zu imprägnieren.

Wer hätte gedacht, dass der Ruß, den der Schornsteinfeger jährlich aus dem Kamin entfernt, einstmals ein wichtiger Rohstoff war? In Rußbrennereien wurde unter gedrosselter Sauerstoffzufuhr Kiefernholz verbrannt, das aufgrund des Harzes besonders ausgiebig rußt. Den schwarzen Ruß fing man in speziellen Rauchfängen auf. Er war ein begehrtes Material zur Herstellung von Tusche, Druckerschwärze und schwarzer Schuhcreme.

Magier früherer Zeiten sollen den gelben Kiefernpollen, ähnlich wie den Sporenstaub des Bärlapp (*Lycopodium clavatum*), als Blitzpulver und Feuerzauber eingesetzt haben. Wirft man den Staub ins Feuer, gibt es eine explosionsartige Stichflamme. Die männlichen Blüten produzieren Unmengen an Pollen, der kilometerweit fliegen kann. Wegen des starken Pollenflugs kommt es zur Hauptblüte im Mai oftmals zum Phänomen des „Schwefelregens“. Selbst in „baumlosen“ Städten kann man dann große Flächen des staubartigen gelben Niederschlags finden, besonders auf Teichen oder Regenpfützen. Fälschlicherweise wird dieser Niederschlag manchmal als Saharastaub gedeutet. Nicht immer ist die Kiefer allein für den gelben Staub verantwortlich. Auch die Fichte trägt in Jahren intensiver Blüte fleißig dazu bei.

KIENSPÄNE UND WALDWOLLE

Die Kiefer hat geschichtlich eine enge Verbindung zum Feuer, das deuten auch alte Namen wie Feuerbaum, Fackelbaum oder Kienbaum an. Sie war nicht nur Feuerholz, sondern vermutlich das älteste Beleuchtungsmittel, das den Namen Kienspan trug. Schon in der Jungsteinzeit vor über 3000 Jahren hatten die keltischen Bergmänner beim Salzabbau in Hallstatt während ihrer Arbeit dünne Kienspäne als eine Art „Taschenlampe“ im Mund. Den Verstorbenen wurde ein Kienspan als Grabbeigabe in die Hand gelegt, damit sie bei der Reise ins Totenreich den Weg ausleuchten konnten. Der heutige Name Kiefer hat sich übrigens aus dem altdeutschen „kien-fohren“ entwickelt, was so viel heißt wie „Kien liefernde Fohre“. Der Kienspan war die bedeutendste Lichtquelle des Mittel-

Der gelbe Pollen der männlichen Blüten sorgt in der Nähe von Kiefernwäldern für den „Schwefelregen“.

alters und fand bei der ärmeren Bevölkerung noch im 19. Jahrhundert Verwendung.

Kien ist ein altes Wort für harzreiches Holz. In der Natur entsteht ein stark verharztes Kiefernholz durch eine verhängnisvolle Pilzkrankheit namens Kieferrindenblasenrost. Der Pilz dringt in den Stamm ein und sorgt dafür, dass sich die Kiefer mit einer außergewöhnlichen Harzproduktion zur Wehr setzt. Das Holz verharzt, und das Harz härtet nach einiger Zeit aus („verkient“), was die Leitungsbahnen des Baumes verstopft und oberhalb des befallenen Bereichs zu seinem Absterben führt. Diese Verkienung konnte man auch künstlich herbeiführen, indem man der Kiefer einige Jahre vor dem Fällen die Rinde abschälte. Das harzgetränkte Holz wurde dann in fingerdicke Späne gespalten und geschnitten. Der Vorteil des Kiefernholzes war auch die gute Spaltbarkeit in Späne.

Die Kienspäne wurden zum Gebrauch in spezielle Halterungen gesteckt, um das Haus für kurze Zeit zu erleuchten. Ein Kienspan brannte je nach Dicke und Harzgehalt 10–30 Minuten, sorgte allerdings dafür, dass Decken und Wände der Häuser recht stark geschwärzt waren. Größere Kienholzstücke wurden als Fackel genutzt und zur Steigerung der Brennleistung in Pech getaucht.

Eine außergewöhnliche Verwendung erfuhren im 19. Jahrhundert die Nadeln der Kiefer. Man stellt daraus die sogenannte „Waldwolle“ her. Zu diesem Zweck kochte man die frischen Nadeln mehrere Stunden in Wasser, bis die harte Haut aufsprang und eine wollähnliche Faser zum Vorschein kam. Durch eine mechanische Bearbeitung wurde die Faser herausgearbeitet, und es entstand daraus ein Polstermaterial für Möbel, Kissen, Matratzen und Bettdecken. Kaum zu glauben,

KIEFERNMEDIZIN ANWENDEN

Für Tee sammelt man im Mai die harzigen Kiefernsprossen. Sie können sie frisch verwenden oder als Vorrat trocknen. Da die Kiefernnadeln wunderbar schleimlösend wirken, eignen sie sich sehr gut für einen Hustentee aus 2 Teilen Kiefernsprossen und 1 Teil Thymian. Übergießen Sie davon 2 TL mit 250 ml Wasser und lassen Sie den Tee 6–8 Minuten ziehen.

Zu einem sehr beliebten Heilmittel hat sich das ätherische Kiefernnadelöl entwickelt, das durch Destillation aus den frischen Nadeln und Zweigspitzen gewonnen wird. Man nutzt es vor allem zur Inhalation und als Einreibung bei Bronchitis. Es wirkt schleimlösend, auswurffördernd, durchblutungsfördernd und antiseptisch. Das ätherische Öl unterstützt die Sekretlösung in den Bronchien und erleichtert das Abhusten des Schleims. Deshalb gibt man es zur Inhalation tropfenweise (2–3 Tropfen) in heißes Wasser. Das Öl eignet sich auch als Zusatz zu Erkältungsbädern. Dazu emulgieren Sie 5–6 Tropfen in etwas Sahne und geben das Ganze ins Badewasser.

Da das **ätherische Öl** auch die Haut reizt und die Durchblutung anregt, nutzt man es äußerlich als Einreibung bei rheumatischen Beschwerden, Muskelschmerzen und Sportverletzungen. Auch in Saunaaufgüssen und Badeölen wird der Kiefernnadelduft eingesetzt. Oft ist Kiefernnadelöl Bestandteil der sogenannten Franzbranntweine, die früher ein unentbehrliches Hausmittel bei Muskelkater waren. Kiefernnadelöl wird oft fälschlicherweise als Fichtennadelöl bezeichnet, ein Sammelbegriff für verschiedene Nadelöle. Das durch Destillation aus dem Harz gewonnene Terpentinöl Seite 144 hat die gleichen Anwendungsgebiete wie das ätherische Öl aus den Nadeln. Es kommt allerdings nur äußerlich zum Einsatz.

Die Bachblüte „Pine“ wird aus den Blüten der Wald-Kiefer hergestellt. Sie ist für Menschen gedacht, die unter übertriebenen Schuldgefühlen, Selbstvorwürfen und schlechtem Gewissen leiden. Deshalb wird sie auch „Blüte der Selbstakzeptanz“ genannt.

In der Gemmotherapie verwendet man das Knospenmazerat der Kiefer bei Atemwegserkrankungen, rheumatischen Gelenkschmerzen und zur Stärkung des Knochengewebes, also auch zur Vorbeugung vor Osteoporose.

dass in den harten, spitzen Nadeln so feine Fasern schlummern, dass man sich damit zudecken kann.

DIE HEILKRAFT DER KIEFER

Die Kiefer wurde schon von unseren Vorfahren als Heilmittel eingesetzt. Man nutzte die im Frühjahr gesammelten Kiefernsprossen und natürlich auch das aus den Stämmen austretende Harz. Im Vordergrund stand früher die äußerliche Behandlung von Geschwüren und Wunden. Vor allem das Harz wurde zu desinfizierenden Salben verarbeitet. Sie können hierzu das Rezept auf Seite 157 nutzen.

Außerdem trank man bei Hals- und Zahnschmerzen Tee aus Kiefernsprossen. Hildegard von Bingen (1098–1179) sah in der Kiefer das Symbol der Trauer und konnte an ihr nichts Fröhliches entdecken. Sie nutzte lediglich den Saft von Kiefernnadeln für Augensalben und glaubte, man könne dadurch besser sehen. Aber im Mittelalter waren auch schon jene Anwendungsgebiete bekannt, die bis heute in der Volksheilkunde Bestand haben und größtenteils auch wissenschaftlich bestätigt sind: Atemwegserkrankungen, rheumatische Beschwerden, Harnwegsentzündungen sowie Muskel- und Nervenschmerzen.

Wettervorhersage mit Kiefernzapfen

Nach der Bestäubung der weiblichen Blüte wächst der Pollenschlauch nur sehr langsam, so dass die Kiefernsamen erst im Herbst des folgenden Jahres ausreifen. Im Frühjahr des dritten Jahres öffnen sich schließlich die Kiefernzapfen, um die Samen zu entlassen. Das Öffnen und Schließen der Zapfen wurde früher zur Wettervorhersage genutzt. In der Tat beruht dieses Phänomen auf der Luftfeuchtigkeit. Bei feuchtem Wetter schließt sich der Zapfen, bei Trockenheit spreizen sich die Samenschuppen und entlassen den geflügelten Samen, der kilometerweit davongetragen werden kann. Man kann das im Heimexperiment nachmachen: Taucht man trockene geöffnete Zapfen in Wasser, so sind sie nach zwei Stunden geschlossen.

Der Samen der Wald-Kiefer ist relativ klein und geschmacklich uninteressant, aber zwei verwandte Kiefernarten enthalten sehr schmackhafte Samen: Die alpine Zirbelkiefer (*Pinus cembra*) und die südländische Pinie (*Pinus pinea*).

Der eiförmige Kiefernzapfen öffnet sich nur bei gutem Wetter.

Verwandtschaft im Gebirge

Zwei Kiefernarten haben sich ins Hochgebirge zurückgezogen und spielen regional eine wichtige Rolle in Brauchtum und Heilkunde. Es handelt sich um die Berg- oder Latschenkiefer (*Pinus mugo*), die recht bekannt geworden ist durch das daraus destillierte Latschenkiefernöl. Aus 1000 kg Latschenkiefer erhält man etwa 3 l Öl. Die Latschenkiefer kommt vor allem in der Schweiz häufig vor.

Ebenfalls im Hochgebirge heimisch ist die Zirbelkiefer (*Pinus cembra*), auch Zirbe oder Arve genannt, die langsam wächst und bis zu 1000 Jahre alt werden kann. Das Besondere an der „Königin der Alpen" ist das angenehm duftende Holz. Dem Duft sagt man nach, er halte Ungeziefer wie zum Beispiel Motten fern und behindere deren Larvenentwicklung. Außerdem sorgt der Duft für einen erholsamen Schlaf.

Erwähnenswert aus der großen Kiefernverwandtschaft von über 100 Arten ist eine amerikanische Langlebige Kiefer (*Pinus longaeva*), die als älteste lebende Pflanze gilt ✂ Seite 14.

FRANZBRANNTWEIN

- 40 g Kiefernsprossen
- 40 g Fichtensprossen
- 30 g Rosmarin
- 40 Tropfen ätherisches Latschenkiefernöl
- 30 Tropfen ätherisches Kiefernnadelöl
- 20 Tropfen ätherisches Fichtennadelöl
- 20 Tropfen ätherisches Rosmarinöl
- 300 ml Ethanol 70 % vol.

Zerkleinern Sie die frischen Kräuter möglichst fein und gießen Sie den Alkohol darüber. In einem Schraubglas 14 Tage ausziehen lassen. Absieben und die ätherischen Öle dazugeben. Das durchblutungsfördernde Einreibemittel eignet sich ganz hervorragend bei Muskel- und Gelenkschmerzen, Muskelkater, Zerrungen, Prellungen sowie für Sportmassagen. Vermeiden Sie dabei den Kontakt mit Schleimhäuten und offenen Wunden.

LÄRCHE

IM WINTER OHNE NADELN

Die Europäische Lärche ist ein in vielerlei Hinsicht beeindruckender Nadelbaum. Ganz früh im Jahr erscheinen die wunderschönen feuerroten weiblichen Zapfenblüten und die schwefelgelben männlichen Blütenkätzchen. Ein Farbenspiel, das man sich unbedingt genauer ansehen sollte. Außerdem wirft die Lärche im Gegensatz zu den anderen heimischen Nadelbäumen im Herbst ihre Nadeln ab.

NAME	EUROPÄISCHE LÄRCHE *Larix decidua*
FAMILIE	Kieferngewächse
HÄUFIGKEIT	3 % der Waldfläche (Österreich 4 %, Schweiz 4 %)
ALTER	300 – 500 Jahre, bis 800 Jahre möglich
WUCHSHÖHE	40 – 50 m
STAMMUMFANG	5 – 8 m möglich
RINDE	anfangs glatt und graubraun, später mit tiefen rotbraunen Furchen (Schuppenborke)
NADELN	sommergrün (Abwurf im Winter), Nadeln schmal, flach, weich und vorne fast stumpf, auf der Unterseite zwei hellere Längsstreifen, 2 – 4 cm lang, stehen zu 20 – 50 Stück in dichten Büscheln an den höckerartigen Kurztrieben
BLÜTEN	März – April, einhäusig und getrenntgeschlechtlich, kleine männliche Blütenkätzchen (1 cm), schwefelgelb, zäpfchenförmige weibliche Blüten (2 – 3 cm), leuchtend dunkelrot, stehen aufrecht am Zweig
FRÜCHTE	eiförmiger kleiner hellbrauner Zapfen, aufrecht stehend, 3 – 4 cm lang, Samenschuppen sind am oberen Rand nicht oder kaum nach außen gebogen (Unterscheidungsmerkmal zur Japanischen Lärche!), Zapfen bleiben 3 – 10 Jahre am Baum
HOLZ	fest und dauerhaft (schwerstes und härtestes Nadelholz), sehr harzreich, Splint schmal und gelblich weiß, Kern braunrot bis orangefarben
VERWENDUNG	hervorragendes Bauholz für Außenbereich, Türen, Fenster, Treppen, Schindeln, Möbel, für Erd- und Wasserarbeiten (wetterfest), früher: Wasserleitungen, Melkeimer, Bottiche, Schiffsbau

Die leuchtend goldgelbe Herbstfärbung der Lärche ist einfach umwerfend. Auf den Nadelabwurf bezieht sich auch der Artname *decidua* (= abfallend). Der lateinische Gattungsname *Larix* hat seinen Ursprung in der Sprache der keltischen Alpenbevölkerung. Man benannte damit auch das Lärchenharz, das in manchen Gegenden Lärchenpech heißt.

Weltweit gibt es zehn *Larix*-Arten. Bei uns wird neben der Europäischen Lärche hin und wieder die Japanische Lärche (*Larix kaempferi*) und die Hybrid-Lärche (*Larix × eurolepis*) gepflanzt. Letztere ist eine Kreuzung der beiden Arten. Bei der japanischen Lärche sind die Zapfenschuppen abstehend und am Rand deutlich nach außen umgebogen, ähnlich wie bei einer Rosenblüte. Die Japanische Lärche wurde ab 1862 vor allem in Parks eingeführt. Ihr Holz ist weniger wertvoll als das der Europäischen Lärche.

DER HEILIGE BAUM DER BERGBEVÖLKERUNG

Nach der letzten Eiszeit zählte die lichtbedürftige und frostharte Lärche zu den Erstbesiedlern der von den Gletschern freigelegten Böden. Sie konnte sich ab 5000 v. Chr. vor allem im Hochgebirge (Alpen, Karpaten, Sudeten) bis in Höhen von 2400 m durchsetzen. Erst seit dem 16. Jahrhundert wird der Gebirgsbaum außerhalb seiner natürlichen Verbreitung in ganz Deutschland angebaut.

Anders als die übrigen heimischen Nadelbäume wirft die Lärche ihre Nadeln vor dem Winter ab. Im Herbst taucht sie die Wälder in ein loderndes Gelb.

Heute besiedelt die Lärche etwa 3 % der Waldfläche. In den Alpen ist sie jedoch schon seit Jahrtausenden ein Charakterbaum. Bei der dortigen Urbevölkerung hat sie sich in vielerlei Hinsicht bemerkbar gemacht: nicht nur weil sie im Winter ihre Nadeln verlor, sondern auch weil sie ein außerordentlich heilkräftiges Harz sowie ein dauerhaftes und wasserfestes Holz lieferte. Die Lärche galt als Eiche unter den Nadelbäumen, da sie das schwerste und härteste Nadelholz besitzt. Ihr Holz war deshalb schon bei den alten Römern sehr begehrt. Der Römer Plinius beschrieb im 1. Jahrhundert, dass Lärchenstämme von den Alpen zum Brückenbau nach Rom geholt wurden. Das harzreiche Holz imprägniert sich sozusagen selbst. Unter Wasser wird es steinhart.

Kein Wunder, dass die Lärche im Alpenraum eine besondere Stellung einnahm. Es gab zahlreiche als heilig verehrte Lärchen, die oft „Betbäume“ genannt wurden, weil die Menschen mit ihren Anliegen dorthin pilgerten. Die Lärche galt bei den Gebirgsbewohnern als Baum, der ähnlich wie die Linde, wohlgesonnene Geister beherbergte und anlockte. Vermutlich war die Baumverehrung ursprünglich mit einer weiblichen Gottheit verknüpft, die im Laufe der Christianisierung durch Maria ersetzt wurde. Denn es gibt im Alpenraum viele Sagen und Wallfahrtsorte, die die Gottesmutter Maria mit der Lärche verbinden. Die frühen Missionare lehnten anfangs eine Verbindung Marias mit Bäumen ab, denn das erinnerte zu sehr an die heidnische Baumverehrung. Allerdings machte man die Rechnung ohne das Volk, das weiterhin heimlich zu den Bäumen pilgerte. So half letztendlich nur, an diesen Plätzen Heiligenbilder aufzustellen oder Kapellen und Kirchen zu errichten. Oft wurde dazu dann das Holz des heiligen Baumes verwendet.

UNZÄHLIGE LÄRCHENLEGENDEN

Im Alpenraum haben sich zahlreiche Sagen und Legenden rund um die Lärche erhalten. An diesen Geschichten kann man die große Bedeutung ablesen, die der einst heilige Baum besaß: Der Wallfahrtsort Maria Larch im Gnadenwald bei

Im Alpenraum gibt es eine starke Verbindung der Lärche mit Maria, der Gottesmutter.

Terfens (Tirol) leitet seinen Namen von der Lärche ab. Dazu kam es folgendermaßen: Eine Bäuerin mit dem Namen Magdalena Bognerin fühlte sich immer beim Vorübergehen an einer Lärche zum Gebet angehalten. Dies teilte sie dem Priester von St. Martin mit, der daraufhin eine Marienstatue aus Lehm anfertigte und sie der Bäuerin gab, damit sie diese an der Lärche befestige. Bald darauf nutzten immer mehr Menschen die Lärche mit dem Bildnis zur Andacht. 1674 wurde neben der Lärche eine Kapelle gebaut. Der Lärchenbaum musste später gefällt werden, aber man ließ einen Stumpf stehen, wovon sich die Pilger Späne abschnitten und als Amulett trugen. Dieser Amulettbrauch lässt erahnen, was das ursprüngliche Heiligtum war: Nicht die Marienstatue oder die Kapelle, sondern der Baum! Der Priester hatte sehr geschickt und wohlwollend die Baumverehrung durch Maria „legalisiert“ und der Bäuerin somit möglicherweise einen Hexenprozess erspart.

Im Gebirge kommt es oft zur Zwieselbildung. Diese Stammgabelungen nutzte man zum Abstreifen von Krankheiten und Sorgen.

In der Nähe von Nauders (Nordtirol) stand einst eine uralte gegabelte Lärche. In Gebirgslagen kommt diese sogenannte Zwieselbildung recht häufig vor. Man nutzte solche Gabelungen dann, um beim Hindurchklettern seine Krankheiten zurückzulassen. Der Ort heißt noch heute „Heiligbaumboden" und ist von zahlreichen Sagen und Legenden umwoben. In heidnischen Zeiten soll darunter ein Steinaltar gestanden haben, den angeblich der heilige Valentin von Rätien (435–475) zerstört hat. Man hielt unter dem Baum Gericht, verbrannte in seiner Nähe die Toten und bestattete dort Asche und Gebeine. Wenn ein Kind geboren wurde, sagte man: *„S' Kindl isch vom heilige Baum"*, und in den Lärchenzapfen vermutete man die künftigen Kinder(seelen). Somit erfüllt das Baumheiligtum die Funktion der großen Muttergöttin, die Leben zu sich nimmt und Leben schenkt. In der Nähe des heiligen Baumes durfte weder geflucht noch gestritten werden. Man erzählte sich, aus dem Stamm fließe Blut, sobald jemand den Baum verletze. Ein Baumfrevler soll sich beim Versuch, den Baum zu fällen, selbst ins Bein gehackt haben, und sogar von den Ästen tropfte Blut auf ihn herab. Seine Wunde verheilte erst, als der Axthieb im Baum verheilt war. Der stattliche Baum wurde dann 1855 von einem Mann namens Alois Prantner gefällt. Es ist nicht überliefert, ob sich der Baum, wie in den Sagen vorhergesagt, an ihm rächte.

Im Jahr 1392 sandte die Gottesmutter einen Engel nach Tirol in die Waldrast auf dem Serlesberg. Dort ließ er in einem hohlen Lärchenbaum das Bildnis der Gottesmutter entstehen. An Ostern im Jahre 1407 entdeckten zwei Hirtenjungen das Bild der Muttergottes im Lärchenstamm. Ihre Väter sägten das Bild heraus und brachten es in die Pfarrkirche. Ein Holzknecht namens Jakob Lusch hörte in den Pfingstnächten dreimal eine Stimme, die ihm befahl, an dem Fundort eine Kirche zu bauen und das heilige Bild dort hinzubringen. Er weigerte sich jedoch, weil er dazu zu arm sei. Kurz darauf erschien ihm eine wunderschöne Frau in weißen Kleidern mit einem Kind auf dem Arm, begleitet von Glockenklängen. Daraufhin holte er beim Bischof die Erlaubnis, Spenden sammeln zu dürfen, um die Wallfahrtskirche zu bauen. So entstand an der Stelle des Baumes die Auffindungskapelle und ganz in der Nähe der Wallfahrtsort Maria Waldrast.

In der Nähe von Steinegg (Südtirol) gibt es einen viel besuchten Wallfahrtsort. Hier stand einst ein Lärchenbaum von riesigem Umfang, in dessen Stamm das Bild der Muttergottes von Pinè gewachsen war. In Pinè (Trient) befindet sich ein berühmter Marienkultort. Viele Menschen pilgerten zur „Kaserermutter", wie man das Bild nannte. Verschiedene Bauern versuchten den Baum zu fällen, aber keine Axt war dazu imstande. Erst als ein Bauer gelobte, aus dem Baum ein Kirchlein zu bauen, war der Bann gebrochen: Die Lärche konnte gefällt werden. Aus ihrem Holz entstand eine Muttergotteskirche.

VON HEXEN, SALIGEN FRÄULEIN UND GÖTTINNEN

Auch auf dem sagenhaften Birchboden oberhalb des Dorfes Lengstein (Südtirol) stand eine heilige Lärche. Doch diesen Platz hat die Kirche nicht durch einen Kapellenbau integriert, sondern er wurde verteufelt. Hier trafen sich angeblich die Hexen zum gemeinsamen Mahl und „um Schwarzkunst zu üben sowie Hexentänze aufzuführen". Für Männer war der Ort tabu, was einem übermütigen Burschen zum Verhängnis wurde. Er hatte sich unter die Hexen gemischt und wurde entdeckt. Die Hexen drückten sein Gesicht in die Erde bis er erstickte und leblos liegen blieb. Der versteinerte Abdruck seines Antlitzes ist noch heute zu erkennen.

Die Hexengeschichten weisen darauf hin, dass, lange bevor Maria Einzug hielt, bei den Lärchen ein heidnischer Verehrungs- und Versammlungsplatz war. Einen ähnlichen Hinweis geben jene Sagen, die die Lärche mit Waldfeen, Waldfräulein, Wildfrauen, Jungfrauen oder Saligen Fräulein in Verbindung bringen. Salige sollen schon lange vor den Menschen in den Bergen gewohnt haben. Zwar wurden sie als menschenscheu beschrieben, in der Regel waren sie aber sehr gütig und hilfsbereit, wenn Not herrschte. Sie halfen den Bergbauern, indem sie ihnen beispielsweise den Gebrauch von Heilkräutern vermittelten, beim

Käsemachen behilflich waren, den Frauen bei der Geburt beistanden oder die leeren Brotkästen füllten. Verirrte Wanderer führten sie wieder auf den richtigen Weg. Lärm, Krach und Naturfrevler konnten sie allerdings nicht ausstehen. Oft traten die Saligen Fräulein oder Wildfräulein in den Sagen als Dreiheit auf. In manchen Regionen werden sie als die „drei Bethen" bezeichnet. Der Dreifrauenkult in den Alpen erinnert sehr an die alte Verehrung einer dreigestaltigen Göttin. Sie repräsentiert als Jungfraugöttin, Muttergöttin und Alte Göttin die Lebenszyklen der Menschen und die Zyklen der Natur. Als Spenderin der Fruchtbarkeit und Hüterin der Seelen wurde sie vor allem bei Kinderwunsch und für eine glückliche Entbindung angerufen.

In der Volksmedizin benutzte man von der Lärche Holz, Harz und Nadeln. Die Rinde wurde oft als Schutzamulett getragen.

SCHUTZ VOR FEUER UND DÄMONEN

Der Lärche traute man zu, dem Feuer widerstehen zu können. Schon Plinius (23–79) schrieb von der Lärche, sie könne wie ein Stein weder verbrennen noch verkohlen. Eine Meinung, die auch der Regensburger Prediger Konrad Megenburg (1309–1374) aufgreift: *„Wer aus des Baums Holz Tafeln macht und hängt die an die Häuser, die wiedertreiben die Flammen von den Häusern."* Von der heiligen Lärche am Kaseracker (Südtirol), die von der Bevölkerung sehr verehrt wurde, erzählt man beispielsweise, sie habe oft im Feuer gestanden und doch nicht gebrannt. Auch das Lärchenheiligtum Maria Waldrast auf dem Serlesberg ➽ Seite 153 wurde gegen die Feuersnot angerufen. Woher dieser Ruf der Feuerfestigkeit kommt, ist schwer zu sagen. Die Lärche ist zwar gegen Witterung und Feuchtigkeit sehr dauerhaft, doch in ihrem Brennwert gleicht sie eher der Kiefer. Vielleicht hat der Feuermythos mit der Funktion der Lärche als Schutzbaum zu tun.

In den Alpen war sie einst ein häufiger Hofbaum. Als solcher hatte sie zahlreiche Schutzfunktionen, vor allem gegen Blitzschlag. Auch Hexen konnten mit ihrer Hilfe abgehalten werden: Am 30. April (Walpurgisnacht) versah man in Schlesien alle Türen und Fenster mit sogenannten „Hexenrütteln", so hießen dort die Lärchenzweige. Lärchenrinde und Lärchenzapfen trug man als Amulette, um sich vor dem „bösen Blick" zu schützen. Ebenfalls Schutzzwecke verfolgte man mit Räucherungen. Dazu nahm man Lärchenharz, -holz oder -nadeln. Aber nicht nur die Abwehr böser Einflüsse war Zweck der Lärchenräucherung, sondern auch das Herbeilocken von Glück und positiven Geistern. Denn die Lärche war schließlich der Lieblingsbaum der Bergelfen und anderer Naturgeister!

Im Allgäu steckten die Burschen in der Nacht auf den Pfingstmontag (in anderen Gegenden in der Nacht zum 1. Mai) den „liderlichen" Mädchen ein Lärchentännchen als sogenannten „Schandmaien" auf das Dach. Von denen hieß es dann, sie wären „gelärcht". In diesem Fall hatte die Lärche ein negatives Image erhalten.

LÄRCHENMEDIZIN ANWENDEN

Lärchenharz hatte einen besonderen Stellenwert **in der Heilkunde**. Die Lärche ist noch wesentlich harzreicher als die Kiefer, und ihr Harz gilt allgemein als hochwertiger. Allerdings war der Baum schon im Mittelalter selten anzutreffen. Deshalb galt Lärchenharz als sehr kostbares Heilmittel, das sich zudem durch einen sehr feinen balsamischen Duft auszeichnete.

Innerlich nahm man das Harz als Lungenmittel und **äußerlich** zur Versorgung von Wunden, Hautentzündungen und Geschwüren. Außerdem trug man das erwärmte Lärchenharz auf die Brust auf, um den Husten zu stillen und den festsitzenden Schleim zu lösen. Die kleinen Harzkügelchen wurden auch bei Erkältungen und Zahnfleischentzündungen gekaut.

Die meisten Anwendungen der alten Volksmedizin haben Sinn, denn die Inhaltsstoffe des Harzes, vor allem das ätherische Öl, wirken wundheilend, schleimlösend, entzündungshemmend, antiseptisch und pilzwidrig! Die Anwendung beschränkt sich heute in der Regel auf die äußerliche Darreichung. Auch vom Inhalieren des Lärchenterpentins wird abgeraten.

Außerhalb der Medizin verwendete man das Harz zum Abdichten von Holzfässern und beim Schiffsbau.

Das gereinigte, honigfarbene Lärchenharz wurde **in Apotheken** unter dem Namen „Venezianisches Terpentin" gehandelt, da der Hauptumschlagplatz die Stadt Venedig war. Noch heute gewinnt man Lärchenharz in den Bergen Südtirols. Im Gegensatz zur Harzgewinnung bei der Kiefer treibt man bei der Lärche keine Flächenschnitte in das Splintholz, sondern bohrt den Stamm schräg abwärts bis zum Stammmittelpunkt tief an. Mit einem speziellen Harzlöffel wird dann das sich im 3 cm breiten Bohrkanal sammelnde Harz regelmäßig herausgeholt und mit einem Holzstopfen verschlossen. Pro Baum können mit der Bohrmethode jährlich etwa 300 g Harz gesammelt werden, ohne dass er dabei Schaden nimmt.

Man nennt das Harz auch **Lärchenbalsam** oder **Lärchenterpentin**. Beim Destillieren trennt sich das Lärchenterpentin in Lärchenterpentinöl und Kolophonium siehe auch Seite 144 *Kiefer*. Das Terpentinöl diente nicht nur als Lösemittel für die Lackindustrie, sondern war, wie auch das Harz, ein sehr beliebtes Heilmittel bei Hauterkrankungen, wie etwa Ekzemen und Geschwüren. Außerdem nutzte man seine durchblutungsfördernde Wirkung bei Nervenschmerzen, Gicht und Rheuma. Das aus den Nadeln destillierte ätherische Lärchenöl ist in der Aromatherapie sehr beliebt.

In der Bachblütentherapie wird das Mittel „Larch" sehr häufig verordnet. Es eignet sich für Menschen mit Minderwertigkeitskomplexen und zu wenig Selbstvertrauen. Die „Selbstvertrauens-Blüte" hilft den Schüchternen und Zaghaften, ihre Selbstsicherheit zu stärken.

In der Gemmotherapie nutzt man die Knospen der Lärche bei Gelenkbeschwerden und Erkrankungen der Atemwege.

Die wunderschönen roten Blüten gehören nicht nur zu den klassischen Bachblüten, sie sind auch in der Wildkräuterküche zu gebrauchen.

HEILKUNDE DES MITTELALTERS

Innerhalb der magischen Medizin der Bergbevölkerung versuchte man die Krankheiten an die Lärche abzutreten. Verbohrte man beispielsweise seinen schmerzenden Zahn (der vorher gezogen werden musste) auf der Schattenseite einer Lärche, dann würde man nie wieder Zahnweh bekommen. Gegen den Kropf (Struma) musste man bei Neumond während der Nacht einer jungen Lärche rundherum die Rinde abbeißen. Sobald das Bäumchen abstarb, was nach dieser Freveltat ziemlich wahrscheinlich war, verschwand angeblich auch der Kropf.

Seit der Antike gibt es Überlieferungen für die medizinische Nutzung der Lärche. Schon der römische Staatsmann Plinius erwähnte eine harzhaltige Lärchensalbe, die angeblich bei Hauterkrankungen hilfreich war. In der mittelalterlichen Medizin nutzte man sowohl Rinde als auch Nadeln und Harz. In erster Linie war die Lärchenmedizin ein Mittel gegen entzündete Wunden und Geschwüre. Die Nadeln, in Essig gekocht, nahm man zum Spülen bei Zahnschmerzen. Über das Harz schrieb der Botaniker und Arzt Leonhart Fuchs (1501–1566): *„Es ist gut und nützlich denen so husten / und den Schwindsüchtigen / säubert die Brust / treibt den Harn / zeitigt und macht einen milden Stuhlgang. Es verhütet auch angestrichen / dass das Haar an den Augenbrauen ausfällt. Es vertreibt allerlei Grind* (= Schorf) */ Rauden* (= Hauterkrankung) */ Geflecht am Leib.“*

EIN URALTES HEILMITTEL – DIE PECHSALBE

Salben auf Lärchenharzbasis haben eine lange Tradition. Das Lärchenharz wird in manchen Gegenden Lärchenpech genannt, obwohl Pech eigentlich ein teerartiges Destillationsprodukt aus harzhaltigen Hölzern bezeichnet. Deshalb ist in alten Rezepten oftmals von Pechsalben und Pechseifen die Rede. Zur Herstellung benötigen wir etwas Lärchenharz, das wir im Frühling an Verletzungsstellen des Stammes und manchmal auch in den Furchen der Rinde finden können. Die Salbe wurde vor allem als Zugsalbe eingesetzt, um bei Furunkeln den Eiter „herauszuziehen". Auch eingedrungene Splitter „zieht" die Salbe heraus und desinfiziert gleichzeitig die Wunde. Darüber hinaus nutzte man sie bei Rheuma, Muskelverspannungen, Hexenschuss und als „Brustsalbe" bei Husten.

In einem traditionellen alten Rezept wurden zu gleichen Gewichtsanteilen frisches Lärchenharz, frische Wurzeln der Bergwurz (= Meisterwurz), Bienenwachs und Ziegenbutter in einen Topf gegeben und unter Rühren aufgekocht. Dann ließ man die Salbe 10 Minuten ziehen, siebte sie anschließend in Tiegel ab und ließ sie einige Stunden auskühlen. Eine moderne Variation der Salbe wird folgendermaßen zubereitet:

LÄRCHENPECHSALBE

- 100 ml Olivenöl oder Johanniskrautöl
- 40 g Lärchenharz
- 15 g Bienenwachs

Erwärmen Sie das Öl in einem Wasserbad auf 60 – 70 °C. Dann wird das von Rindenresten gereinigte Harz dazugeben und mit einem Holzlöffel umgerührt, bis es sich aufgelöst hat. Unlösliche Rückstände werden abgeseiht. Wieder auf den Herd stellen und im Öl-Harz-Gemisch das Wachs unter Rühren schmelzen lassen. Nun füllen Sie die noch flüssige Salbe in Salbentöpfchen. Erst abkühlen lassen, dann verschließen und beschriften.

Das Ganze ist mindestens 18 Monate haltbar. Sie können das Lärchenharz auch durch Harze anderer Nadelbäume ersetzen (etwa Kiefer, Fichte oder Tanne).

AROMATISCHER LÄRCHENGENUSS

Wenn im Frühling (März/April) die zartgrünen Nadeln erscheinen, kann man bei genauerem Hinsehen die purpurroten weiblichen Blüten entdecken. Diese aromatischen Blütenknospen sind gut für Ansatzschnäpse und Likör geeignet. Sie besitzen das typisch harzige Nadelbaumaroma. Die jungen hellgrünen Nadeltriebe erntet man als säuerlich erfrischendes Wildgemüse, das sich sehr gut für Salate eignet.

Frische, junge Lärchennadeln eignen sich als Wildgemüse – oder als Kräuterersatz auf einem deftigen Frischkäsebrot.

LINDEN

ZWEI HEIMISCHE ARTEN

Dass die Linde ein ungeheures Alter erreichen kann, hat unsere Vorfahren in den Bann gezogen. Ein altes Sprichwort sagt: „*Die Linde kommt 300 Jahre, steht 300 Jahre und vergeht 300 Jahre.*" Solche fast tausendjährigen Bäume faszinieren auch deshalb, weil sie innen oft hohl und morsch sind und trotzdem noch voller Lebenskraft grünen. Das Geheimnis liegt in den Innenwurzeln, die sich im hohlen Stammmantel bilden und sich von den baumeigenen Zersetzungsprodukten ernähren. Es bilden sich sozusagen neue Stämme im Stamm.

NAME	WINTER-LINDE *Tilia cordata*	SOMMER-LINDE *Tilia platyphyllos*
FAMILIE	Lindengewächse (Unterfamilie der Malvengewächse)	
HÄUFIGKEIT	0,5 % der Waldfläche (Österreich 0,6 %, Schweiz 0,8 %)	
ALTER	600 – 800 Jahre, bis 1000 Jahre möglich	700 – 1000 Jahre, bis 1200 Jahre möglich
WUCHSHÖHE	30 – 40 m	
STAMMUMFANG	10 – 12 m möglich	
RINDE	schwarzgrau mit flachen Längsfurchen und breiten Rissen	grau- bis schwarzbraun mit feinen längslaufenden Rissen
BLÄTTER	herzförmig und zugespitzt, 5 – 7 cm lang, oberseits kahl, nur unterseits und nur auf den Adern behaart, rostbraune Haarbüschel (= Achselbärtchen) in den Nervenwinkeln (bei Blattentfaltung noch weiß!), Blattstiele kahl	herzförmig und zugespitzt, 10 – 15 cm lang, beidseitig samtig behaart vor allem unterseits, weißliche Achselbärtchen in den Nervenwinkeln (ab Spätsommer bräunlich!), Blattstiele behaart
BLÜTEN	Juni – Juli, weiß-gelblich, einhäusig und zwittrig, 5 – 12 Blüten je Blütenstand, blüht 2 Wochen später als die Sommer-Linde, Blütenstand mit flügelartigem Tragblatt	Juni, weiß-gelblich, einhäusig und zwittrig, 2 – 5 Blüten je Blütenstand, blüht 2 Wochen früher als Winter-Linde, Blütenstand mit flügelartigem Tragblatt
FRÜCHTE	oval-kugelig, zwischen den Fingern zerdrückbar, kaum kantig	birnenförmig, steinhart und nicht zerdrückbar, mit 3 – 5 kantigen Längsrippen
HOLZ	leicht und weich, elastisch, gelblich weiß gefärbt, keine Farbunterschiede zwischen Kern- und Splintholz	
VERWENDUNG	Bildhauerei, Tischlerei, Zeichenkohle, früher: Lindenbast für Matten, Körbe und Seile, Lindenkohle zur Erzeugung von Schießpulver	

In Jungsteinzeit und Bronzezeit, von 5500 bis 2000 v. Chr., waren Linden in den Wäldern noch recht häufig vertreten, heute sind sie im Wald eher selten geworden (0,5 %). Wir finden alte Lindenbäume meist im Siedlungsraum, wo sie als markante Einzelbäume schon seit Jahrhunderten Wegkreuzungen und Ortskerne schmücken. An milden Sommerabenden betören sie uns mit ihrem Blütenduft und laden dazu ein, sich unter ihr Blätterdach zu setzen. Vermutlich könnten sie uns dann so manche Geschichte aus vergangenen Zeiten erzählen.

Meist handelt es sich bei den Baumveteranen um eine der zwei heimischen Lindenarten: Sommer-Linde (*Tilia platyphyllos*) oder Winter-Linde (*Tilia cordata*). Unterscheiden lassen sie sich am besten an den Blättern. Die großen Blätter der Sommer-Linde sind sowohl am Blattstiel als auch an den Blättern feinflaumig behaart, während die kleinblättrige Winter-Linde nur auf der Blattunterseite an den Blattadern Härchen aufweist. Außerdem ist der Blütenstand der Sommer-Linde meist nur mit drei Blüten besetzt, während die Winter-Linde fünf bis zwölf Blüten je Blütenstand trägt. Die Winter-Linde blüht zwei Wochen später. Weltweit gibt es etwa 50 Lindenarten, wovon zwei hin und wieder in unseren Städten als Straßenbäume gepflanzt werden, da sie sehr widerstandsfähig gegenüber Abgasen sind: Die Holländische Linde (*Tilia × vulgaris*) ist eine Kreuzung zwischen Sommer- und Winter-Linde. Die südosteuropäische Silber-Linde (*Tilia tomentosa*) ist auf der Blattunterseite und am Blattstiel dicht weißfilzig behaart, was sich in ihrem Namen niederschlug. Sie blüht erst Ende Juli. Zu Unrecht stand sie lange im Verdacht, für Hummeln giftig zu sein.

Die **Winter-Linde** besitzt kleine Blätter und hat deutlich mehr Blüten am Blütenstand.

Die großblättrige **Sommer-Linde** hat meist nur drei bis vier Blüten am Blütenstand.

LINDENMYTHEN DER ANTIKE

Bei den Römern und Griechen taucht die Linde in verschiedenen Mythen auf. So wurde sie im alten Griechenland mit der Meeresnymphe Philyra (Phylia) in Verbindung gebracht. Sie war eine der 3000 Töchter (Okeaniden) der großen Meeresgöttin Thetis und des Titanen Okeanos. Auf diese schöne Nymphe hatte es der Gott Kronos abgesehen. Als Philyra am Strand Sonne und Brandung genoss, schlich sich der lüsterne Gott an und schwängerte sie gegen ihren Willen. Um von seiner eifersüchtigen Frau Rhea nicht entdeckt zu werden, hatte er vorsorglich die Gestalt eines Pferdes angenommen. So blieb der Ehebruch unentdeckt. Philyra zog sich vor Scham in die Berge zurück und gebar dort den berühmten Zentauren Chiron, halb Mensch, halb Pferd. Sie war jedoch über die „Missgeburt" so betrübt, dass sie Zeus bat, er möge sie in eine Linde verwandeln. Chiron wuchs am Fuß dieser Linde auf und entwickelte sich zu einem weisen Zentaur, der auch die Heilkunde beherrschte. Sein Vater Kronos wurde bei den Römern Saturn genannt. Eine weitere alte Sage, bei der es ebenfalls um die Verwandlung in eine Linde geht, hat uns der römische Dichter Ovid überliefert Seite 41.

DER BAUM DER LIEBE

Die Germanen weihten die Linde der Göttin Freya. Sie stand für Fruchtbarkeit, Liebe und Glück. Kein Wunder, dass der Freitag (Freyas Tag) früher ein Glückstag war, an dem man auch gerne Hochzeit hielt, nicht selten unter der Dorflinde. Früher nutzte man für das Heiraten den Begriff „freien", was sich ebenfalls von der Göttin ableitet. Sie war eine milde und gütige Göttin, Attribute, die man auch mit der Linde verbindet. An ihrem Baum opferten Frauen bei Kinderwunsch. Hier war der Sitz der Ahnengeister. Die Göttin schenkte Leben und nahm die Toten zu sich. Die Wiedergeburt innerhalb der Sippe war gesichert.

Auch die griechische Liebesgöttin Aphrodite stand mit der Linde in Verbindung. Ihr wurde unter Linden geopfert und ihre Priesterinnen trugen Kränze aus Myrte und duftenden Lindenblüten. Vor allem auf Kreta wurde sie als heiliger Baum verehrt.

Bei slawischen Stämmen galt der Lindenbaum als Sitz der Göttin Libussa, von der sich das slawische Wort „liba" für Linde ableitet. Die Lindengöttin war, wie Freya, für alle Liebesdinge zuständig.

Daher wurde unter den Linden so manches Eheversprechen gegeben, denn man erwartete hier den Segen der Liebesgöttinnen. So wurde die Linde zum Baum der Liebe, und das sollte sich auch nach der Christianisierung nicht mehr ändern. Keinen anderen Baum bedachte man so sehr mit Liebeslyrik und Liebesliedern. Ihr Sommerduft und ihre herzförmigen Blätter wurden in zahllosen Liebesgedichten verarbeitet. Im Schatten des Baumes trafen sich unzählige Liebespaare. Der bekannte Minnesänger Walther von der Vogelweide (1170–1230) besang recht offen, was dann unter den Linden wohl auch recht häufig geschah: *„unter der linden, an der heide, da unser zweier bette war, ..."*

BAUMHEILIGTUM IM ROSENGARTEN

Rund um das im 13. Jahrhundert entstandene Nibelungenlied gibt es verschiedene Erzählungen von zauberhaften paradiesischen Rosengärten. Einer davon lag in Worms am Rhein und war im Besitz der Königstochter Kriemhild. Ein goldenes Band trennte ihn von der Welt. In dem Garten blühte eine mächtige Linde, geschmückt mit über 1000 kunstvoll geschmiedeten Vögeln. Die Linde in Kriemhilds Rosengarten war so mächtig, dass unter ihrem Laub 500 Frauen Schatten fanden. Der Garten wurde von zwölf Helden bewacht, unter anderem von Siegfried und seinem späteren Mörder Hagen.

Der mythische Rosengarten wird in den Erzählungen mit dem Paradies verglichen und kann somit als heiliger Ort gedeutet werden. Darauf weist auch die Tabulinie in Form eines Goldbandes hin, die den Sakralbereich von der profanen Welt trennt. Die Linde inmitten des Gartens war das Zentrum eines umhegten Heiligtums. In diesem heiligen Hain wurde eine weibliche Göttin verehrt. Analog zur Großen Göttin begleitete die Linde alle Lebensphasen: Sie war Geburtsbaum, Baum der Liebe, aber auch gleichzeitig Friedhofsbaum. Rosengarten ist eine alte Bezeichnung für Begräbnisstätten.

Auch das Schicksal des Nibelungenhelden Siegfried steht in enger Verbindung zur Linde. Sein Kampf mit dem „Lindwurm" war von einer Linde überschattet, und ein herabfallendes Lindenblatt bescherte ihm beim Bad im Drachenblut die verwundbare Stelle zwischen den Schulterblättern. Schließlich starb er, heimtückisch von Hagen ermordet, wiederum im Schatten einer Linde. Der Speer durchbohrte die einzige verwundbare Stelle, die Kriemhild dem Mörder offenbart hatte.

VON ELFEN UND HEXEN

In manchen Sagen und Legenden, die sich um alte Linden ranken, tauchen noch Spuren aus heidnischer Zeit auf. So wird beispielsweise von einem Bauern in Belgien erzählt, der unter einer alten Linde einschlief. Plötzlich wurde er von lieblicher Musik geweckt. Als er sich umsah, saß der ganze Baum voller Katzen, die sangen, musizierten, tanzten und allerfeinsten Kuchen verspeisten. Auch dem Bauer wurde Kuchen angeboten, doch als er sich nach christlicher Sitte vor dem Essen bekreuzigte, war der Spuk mit einem Mal vorbei. Der arme Bauer, der am dritten Tag nach der Erscheinung verstarb, hielt die Festgesellschaft für Elfen, die sich in Katzengestalt verwandelt hatten. Von da an wurde der Baum „Katzenlinde" genannt. Die Bezüge zu vorchristlichen Kulten sind nicht zu übersehen: Katzen waren die Begleittiere der germanischen Göttin Freya, der einst der Lindenbaum geweiht war, und auch die Elfen stammen aus einer Zeit, als man noch an Naturgeister glaubte.

Manche Sagen schildern Linden als Versammlungsplätze der Hexen. Der Grund dafür liegt in der Dämonisierungsstrategie der ersten Missionare. Die heidnischen Verehrungsorte wurden negativ umgedeutet: Der heilige Baum geriet zum Hexen- oder Geisterbaum, der Kultplatz zum Hexentanzplatz und der heilige Felsen zum Teufelsfelsen. Erst Papst Gregor der Große änderte im Jahr 600 die Vorgehensweise und empfahl, die Orte zu übernehmen und christlich zu überlagern.

EIN BAUM WIRD CHRISTLICH: MARIENLINDEN

Die ehrwürdigen Dorf- und Wegkreuzlinden waren so eng mit der Bevölkerung verbunden, dass sie nicht das Schicksal vieler Eichen teilen mussten, die von eifrigen Missionaren gefällt wurden. Denn bei den Linden fand ein weitgehend harmonischer Bilderwechsel statt: Aus den Freya-Linden wurden Marienlinden. Man zerstörte die alten Statuen und Opfersteine, und im Schatten der Baumheiligtümer entstanden Marienkapellen. Marienbilder wurden in die Zweige gehängt oder in Baumnischen gestellt. Nun segnete Maria die Liebenden und wurde in der Not um Hilfe angerufen. An den Linden entwickelten sich regelrechte Marienwallfahrtsorte, wo man betete und opferte. Die alte Göttin war bald vergessen, denn zahlreiche Marienlegenden und Wundertaten rankten sich schnell um die heiligen Stätten. So wird zum Beispiel folgende Legende (14. Jahrhundert) zur Entstehung des Wallfahrtsortes Heiligelinde erzählt: Im Gefängnis der Stadt Rastenburg (heute Kętrzyn / Polen) saß ein zum Tode Verurteilter im Gefängnis. Am Tag der Hinrichtung erschien ihm die Jungfrau Maria, tröstete ihn und gab ihm ein Stück Lindenholz sowie ein Messer, mit dem Auftrag, etwas Schönes zu schnitzen. Obwohl untalentiert, schnitzte er daraus ein wunderschönes Marienbild. Als die Richter das Bildnis sahen und von der Marienerscheinung hörten, ließen sie den Verurteilten frei. Er trug das Bild zu einer Linde und stellte es dort auf. Von diesem Moment an verlor sie nie mehr ihre Blätter und blieb immer grün. Die Stadtbevölkerung holte das Wunderbild in ihre Kirche, aber am nächsten Tag war es auf wundersame Weise wieder bei der Linde. Dies wiederholte sich so lange, bis man entschied, bei der Linde eine Marienkapelle zu bauen. Viele Wunder geschahen dort, sogar die Tiere sollen sich vor dem Bild in der Linde verneigt haben. In dieser Linde wurde übrigens ursprünglich die baltische Fruchtbarkeitsgöttin Puskaite verehrt.

In einer anderen Legende wird ebenfalls von einer alten Linde mit einem Marienbild berichtet. Als während der Reformation sogenannte Bilderstürmer durchs Land zogen, die eine bildliche

Mit der Christianisierung fand auch im Baumbrauchtum ein Bilderwechsel statt. Heidnische Freya-Linden wurden oftmals zu Marienlinden umbenannt; in ihrem Schatten entstanden Kapellen.

Darstellung der Heiligen ablehnten, wuchs die Rinde schützend über das Marienbild. Viele Jahre später hörte eine Hirtin seltsame Geräusche aus der Linde. Weil sie an Hexen glaubte, bat sie ihren Vater, den Baum zu fällen. Als er gerade mit der Axt zuschlagen wollte, fiel die Rinde ab, und es erschien das Marienbild, noch schöner als je zuvor.

Selbst das Holz der einst heidnischen Linde wurde heilig. Man nannte es „Lignum sanctum", also heiliges Holz, weil unzählige Heiligenstatuen und Altäre daraus geschnitzt waren. Der protestantische Arzt und Botaniker Hieronymus Bock (1498–1554) erwähnt dies etwas spöttisch in seinem Kräuterbuch: *„Aus dem Holz macht man die geschnitzten Bilder, die hat man in Kirchen anstatt der Heiligen verehrt."* Das Holz der Linde ist durch seine Weichheit und gleichmäßige Beschaffenheit ideal für Schnitz- und Bildhauerarbeiten.

TANZBAUM UND MEETING-POINT

Die Linde war eindeutig der Lieblingsbaum unserer Vorfahren. Sie wurde schon vor Jahrtausenden bewusst in den Mittelpunkt des Dorfes oder der Burg gepflanzt. In ihrem Schatten war der Treffpunkt für alle wichtigen Angelegenheiten der Gemeinschaft. Die Menschen suchten ihren Schutz und ihre Nähe. Der Baum vermittelte das Gefühl von Heimat und Geborgenheit. Deshalb ist die Linde und nicht die Eiche der eigentliche Volksbaum der Deutschen.

Hohle Linden eigneten sich bestens, um darin Marienbilder unterzubringen. Bei diesem Exemplar sieht man sehr schön die am Stammmantel anliegenden Innenwurzeln.

Mitten im Dorf war die Linde das Zentrum der Geselligkeit. Der im 13. Jahrhundert lebende Minnesänger Neidhart von Reuental machte deutlich, wo sich das eigentliche Leben im Dorfe abspielte, als er sang: *„Winter, deine Gewalt will uns von der breiten Linde weg in die engen Stuben drängen."* Der Reformator Martin Luther bestätigt, dass die Linde der Mittelpunkt vieler Feste war: *„Unter den Linden pflegen wir zu singen, trinken und tanzen und fröhlich zu sein, denn die Linde ist ein Friede- und Freudebaum."* Es gab regelrechte Tanzlinden, deren Äste durch gärtnerische Eingriffe so geschnitten und geleitet wurden, dass man eine Tanzplattform in die Baumkrone bauen konnte. So wurde auf der Linde und unter der Linde getanzt. Im oberfränkischen Limmersdorf steht noch eine solche Tanzlinde, auf der schon seit über 300 Jahren getanzt wird. Die Bedeutsamkeit der Linde als Dorfbaum und Treffpunkt zeigt sich auch in der Häufigkeit des Gasthausnamens „Zur Linde". Über 1000 Gasthäuser nennen sich so, und 850 Städte verbinden ihren Namen mit der Linde. An den alten Kultplätzen und späteren Wallfahrtsorten entstanden die ersten Gaststätten zur Versorgung der Pilger. Ursprünglich waren die heiligen Bäume das Totemsymbol des Stammes, der sich am „Stammtisch" unter der Linde, Eiche oder Tanne traf.

Die Rechtsprechung unter Bäumen hat eine jahrhundertelange Tradition.

RECHTSPRECHUNG UNTER DER LINDE

Unter Linden ging es aber auch ernst zu: Als heiliger Kultbaum vorchristlicher Zeiten war sie der Gerichtsbaum. In ihrem Schatten wurde Recht gesprochen. Der heilige Baum und die darin verehrte Gottheit sorgten dafür, dass die Wahrheit ans Licht kam und die Schuldigen ihre gerechte Strafe erhielten. Es gibt zahlreiche Sagen, in denen Linden plötzlich alle Blätter verloren, um ein ungerechtes Urteil anzuzeigen.

Auch nach der Christianisierung blieb die Rechtsprechung unter freiem Himmel vielerorts erhalten. Die Gerichtsbarkeit unter Linden ist in vielen alten Urkunden belegt. So schrieb beispielsweise der Nürnberger Dichter Hans Sachs (1494–1576): *„Solch Kunst achten wir Dorfleut nicht, / besitzen doch unser Gericht, / unter dem Himmel bei den Linden, / nach kurzer Zeit Urteil zu finden. / Rat der wahren Gerechtigkeit / womit ihr umgeht alle Zeit."* Der Gerichtsbaum konnte unter Umständen auch gleichzeitig zum Galgenbaum werden, denn das Urteil wurde oftmals direkt vollstreckt. Solche Linden nannte man auch Femelinden. Das Wort „Feme" ist ein alter Begriff für Strafe.

Unter der Gerichtslinde wurden außerdem Bekanntmachungen verlesen, gemeinsame Beschlüsse gefasst, Eide geschworen und Verträge geschlossen. In manchen alten Urkunden heißt es noch: *„Gegeben unter der Linde."*

Als Gerichtsbaum traute man der Linde zu, die Unschuld eines Menschen zu offenbaren. Dementsprechend gibt es viele Sagen zu diesem Thema. Von einer Linde bei Oldenburg (Gertrudenlinde) wird folgende Entstehungsgeschichte erzählt: Ein Waisenmädchen namens Gerlinde wurde von einer Kaufmannsfamilie aufgenommen und gewann durch ihren Fleiß das Herz der Pflegeeltern. Der Sohn allerdings versuchte das unschuldige Mädchen nach einer durchzechten Nacht zu vergewaltigen. Sie drohte zu schreien, so dass er sie in Ruhe ließ. Aus Rache versteckte er in ihrem Schrank einige Silberlöffel und bezichtigte sie des Diebstahls. Trotz ihrer Unschuldsbeteuerungen glaubte man ihr nicht und verurteilte sie zum Tode. Auf dem Weg zur Richtstätte steckte sie bei der Gertrudenkapelle einen dürren Lindenzweig verkehrt herum in die Erde und betete, dass er zum Zeichen ihrer Unschuld zu einem Baum heranwachen solle. Sieben Tage nach ihrem Tode begann der Zweig zu grünen und wuchs zum Zeichen ihrer Unschuld zu einer mächtigen Linde heran. Erst auf dem Sterbebett gestand der Kaufmannssohn seine verwerfliche Tat.

SCHUTZ VOR HEXEN UND GEWITTER

Die Linde war der Schutzbaum der Dörfer, Burgen und Höfe, denn man sprach ihr starke antidämonische Kräfte zu. Deshalb wurde sie auch gerne an Wegkreuzungen gepflanzt, weil man an diesen Plätzen besonders viele Geister vermutete.

Hexen konnte man abwehren, indem man Lindenzweige in einen Misthaufen steckte oder an Haus und Stall nagelte, ein Brauch, der auch mit Birkenzweigen ausgeübt wurde. Schlug man behextes Vieh mit einer Lindenrute, dann trafen diese Schläge mit gleicher Härte die Hexe, die sich dann durch Schreien verriet. Besondere Kräfte vermutete man im Bast der Rinde: Trug man ihn als Talisman bei sich, war man rundum geschützt. Dem Vieh um die Hörner gewickelt, sollte er in der Walpurgisnacht die Hexen fernhalten. Mit Lindenbast konnte man sogar den Teufel fesseln. Auch das Holz galt als zauberkräftig. Deshalb mussten damit jene Wurzeln ausgegraben werden, die für magische Zwecke wie Liebeszauber gebraucht wurden. Mit Eisenwerkzeug ausgegraben, hätten sie keinerlei Wirkung gehabt.

Den Linden traute man sogar zu, Blitzschläge abzuhalten, weshalb die Menschen bei Gewitter unter Linden Schutz suchten. In einer christlichen Legende wird dies dadurch erklärt, dass auch die Heilige Familie bei ihrer Flucht nach Ägypten bei einem Gewitter unter einer Linde Zuflucht fand. In einer anderen Geschichte soll sich Jesus darunter ausgeruht haben, wodurch die Lindenblüten heilkräftig wurden. Das Schutzsuchen unter einer Linde bei Gewitterregen hatte noch einen erstaunlichen Zusatznutzen: Jeder Tropfen, der von den Blättern herabfallend die Haut benetzte, schützte gegen Krankheit und Unfall.

LINDENBAST FÜR STEINZEITTEXTILIEN

Der Römer Pomponius Mela schrieb 44 n. Chr. über die Germanen: *„Die Männer hüllen sich in kurze Mäntel oder in Baumbast.“* Die Tradition, Lindenbast zu nutzen, ist jedoch viel älter: Bei jungsteinzeitlichen Pfahlbauten fand man Kleidungsreste aus Lindenbast. Die 5000 Jahre alte Gletschermumie Ötzi hatte Gleiches als Schuhfutter, und auch die Schnürsenkel waren aus diesem Material. In seinen Umhang war ebenfalls Lindenbast eingearbeitet.

Der Bast wird aus der weichen, faserigen Innenseite der Rinde gewonnen. Die Linde enthält außergewöhnlich viele Bastfasern unter der Rindenborke. Man nutzte sie schon lange bevor die Fasern von Hanf und Lein (Flachs) populär wurden. Vor allem Seile, Schnüre und Netze fertigte man daraus. Die Bastrinde wurde von 5–7-jährigen Ästen geschält und blieb dann einige Monate im Wasser liegen, um die Bastfaserstränge freizulegen („sauberfaulen“). Der botanische Name *Tilia* hat ebenfalls eine Beziehung zum Bast, denn das griechische „tilos“ bedeutet Faser. Die deutsche Bezeichnung Linde kommt vom indogermanischen „lento“ was weich oder biegsam bedeutet. Es bezieht sich auch auf den biegsamen Lindenbast.

MAGISCHE HEILKUNDE

In der magischen Medizin des Mittelalters spielten auch Rituale und Beschwörungen eine große Rolle. Den alten Bäumen traute man zu, Krankheiten aufzunehmen. So gab es auch bei der Linde Übertragungsrituale: Gichtkranke begaben sich zu einer Linde, um die Erkrankung mit folgendem Spruch abzuleiten: *„Gichtfluss, du sollst stehen / Du sollst vergehen / Sollst verschwinden / Wie das Laub an den Linden / Bei den Toten sollst du's*

LINDENBLÜTENMEDIZIN ANWENDEN

Erst ab dem 18. Jahrhundert traten **die heilsamen Lindenblüten** in den Vordergrund. Sie enthalten ätherisches Öl, Schleimstoffe und viele Flavonoide. Auf diesen Wirkstoffen beruht die schweißtreibende, fiebersenkende, abwehrsteigernde und reizlindernde Wirkung der Blüten. Deshalb eignet sich der Tee, am besten mit Honig gesüßt, wunderbar bei grippalen Infekten. Vor allem bei Beginn einer Erkältung kann man durch die schweißtreibende Wirkung die Krankheit förmlich „herausschwitzen". Die enthaltenen Schleime sind ideal zur Linderung des Hustenreizes, und auch bei Halsschmerzen legen sie sich lindernd auf die gereizten Schleimhäute. Der Kräuterpfarrer Kneipp sagte, die Blüten wirken „trefflich bei altem Husten, bei Verschleimung der Lunge und der Luftröhre". In der Volksmedizin empfiehlt man den Blütentee auch als sanft beruhigende Einschlafhilfe.

Die Blüten werden im Juni zusammen mit dem gelbgrünen pergamentartigen Tragblatt geerntet und schonend getrocknet. Die Ernte erfordert volle Konzentration, damit man nicht in eine der unzähligen Bienen greift, die ebenfalls den honigsüßen Duft der Blüten lieben. Während der Blütezeit ist die Luft vom Summen tausender Bienen erfüllt. Vor allem nachmittags ist der Duft besonders intensiv und somit beste Sammelzeit.

Für einen Erkältungs- oder Schlummertee übergießen Sie 1 EL zerkleinerte Blüten mit 250 ml heißem Wasser. 5 Minuten ziehen lassen und so heiß wie möglich trinken, um die schweißtreibende Wirkung zu verstärken. Süßen Sie den Tee mit etwas Honig, der in diesem Fall einen zusätzlich verstärkenden Effekt besitzt.

In der Gemmotherapie schätzt man die Lindenknospen ihrer beruhigenden Wirkung wegen. Man verordnet das Glycerinmazerat vor allem Kindern mit Einschlaf- und Durchschlafproblemen. Auch bei Stress, Nervosität und Unruhe ist das nervenstärkende Knospenheilmittel sehr zu empfehlen.

Die Blütenessenz der Linde wurde von Edward Bach nicht wahrgenommen. Die Wirkung lässt sich am besten mit den Worten Heimatgefühl, Geborgenheit und Sicherheit umschreiben. Sie soll auch das Miteinander und die Partnerschaft fördern.

finden / Im Namen des Vaters, des Sohnes und des Heiligen Geistes."

In Siebenbürgen (Rumänien) stellte man am 1. Mai vor dem Haus des Kranken Lindenzweige auf. Nach drei Tagen kochte man aus deren Rinde mit Zucker, Zwiebeln und Hanfsamen einen Brei. Die Hälfte davon musste der Kranke essen, die andere Hälfte wurde in fließendes Wasser geworfen, damit die Krankheit „wegfließe".

Man glaubte, kleine Kinder bekommen nie Zahnweh, wenn man ihnen ihren ersten Brei mit Lindensprossen anrührt. Die Sprossen mussten allerdings am Karfreitag während des Zwölfuhrläutens geschnitten werden. Wie so oft bei magischen Handlungen spielen hier ganz bestimmte Tage oder Tageszeiten eine zauberverstärkende Rolle. Manchmal konnte man aber von der Linde eine Krankheit bekommen. So ist überliefert, dass derjenige, der *„an einen Lindenstamm pisst, zur Strafe eine Warre* (= Gerstenkorn) *ans Auge bekommt"*. Diese konnte er allerdings wieder loswerden, indem er sie mit drei Lindenblättern bestrich.

Ein Tee aus Lindenblüten hilft bei Erkältungskrankheiten.

BELIEBTE VOLKSMEDIZIN

Erstaunlicherweise waren die heutigen Anwendungen der Lindenblüte den mittelalterlichen Heilkundigen unbekannt. In der damaligen Volksmedizin standen ganz andere Verwendungen im Vordergrund. Die Äbtissin Hildegard von Bingen empfahl zum Beispiel, über Nacht frische Lindenblätter auf die Augen zu legen, damit diese „klar und rein" werden. Gegen Herzbeschwerden verordnete sie pulverisierte Lindenwurzel. Wer Gicht hatte, sollte die Erde rund um die Wurzel sammeln, sie glühend erhitzen und daraus ein Dampfbad bereiten. Nach neun Badetagen war er geheilt.

Die mittelalterlichen Ärzte wie Fuchs, Bock, Mattioli oder Tabernaemontanus empfahlen Blätterauflagen gegen Kopfschmerzen und zur Wundversorgung. Außerdem verordnete man sie bei „Bauchgrimmen", „Mundfäule" und „um den Harn zu treiben". Ein Absud aus Lindenbast half als Auflage bei Brandwunden, Geschwüren und Wunden. Der Absud entwickelt sehr viel Schleim, was aus heutiger Sicht durchaus lindernd wirkt. Den Samen nutzte man als blutstillendes Mittel. Die Blüten galten als hilfreich gegen den Schlag und die Fallsucht (Epilepsie). Das Wasser von Lindenblüten (gemeint war das Destillationsprodukt) galt als Schönheitsmittel, denn es sollte Flecken (gemeint sind Sommersprossen) im Gesicht verschwinden lassen. Dem Saft aus der Rinde traute man zu, das Haar wachsen zu lassen, den Harn zu treiben und den Frauen ihre Zeit (die Menstruation) zu bringen. In der Volksmedizin war außerdem Lindenholzkohle sehr beliebt: Man streute sie auf Geschwüre und verabreichte sie messerspitzenweise durch Schwindsucht ausgezehrten Menschen. Auch bei Lungenleiden, Magenübersäuerung und Durchfall wurde die Kohle verordnet. Als Zahnpulver war sie sehr verbreitet und wurde für diesen Zweck mit fein pulverisierten Salbeiblättern gemischt. Es desinfiziert und festigt das Zahnfleisch.

WILDE BAUMGENÜSSE

Die jungen, zarten Lindenblätter eignen sich wunderbar für Salat und Suppen. Es gibt nur wenige Blätter, die so mild und zart schmecken. Fein geschnitten, kann man sie direkt aufs Butterbrot legen. Ältere Blätter werden jedoch zäh. Die wohlduftenden Blüten eignen sich für Liköre, Limonaden und Blütengelee. Aus den Samen bereitete man früher ein Öl. Zunächst müssen die kleinen braunen Lindennüsschen im Mörser aufgestoßen werden, was ziemlich aufwendig ist. Der darin liegende Samen enthält zu über 20 % ein zitronengelbes Öl, das sich für Salate eignet. Die Samen können Sie auch pur genießen, sie erinnern im Aroma an Mandeln. Besonders fein schmecken sie, wenn Sie sie in einer trockenen Pfanne leicht anrösten.

LINDENBLÜTENGELEE

- 250 g frische Lindenblüten
- 1 Liter Apfelsaft
- 1 Vanilleschote
- 1 Zitrone
- 500 g Gelierzucker 2:1

Zitrone in Scheiben schneiden und zusammen mit den Lindenblüten über Nacht im Apfelsaft ziehen lassen. Dann absieben und die Blüten gut ausdrücken. Gelierzucker daruntermischen, Vanilleschote auskratzen und zugeben. 5 Minuten aufkochen und heiß in Gläser abfüllen. Sofort verschließen.

PAPPELN

Pappelvielfalt

Weltweit gibt es etwa 25 Pappelarten und zahlreiche Hybriden. In Mitteleuropa sind drei Arten heimisch. Am häufigsten ist die Zitter-Pappel (*Populus tremula*), auch Espe oder Aspe genannt. Sie besitzt im Gegensatz zu den anderen Pappeln fast rundliche Blätter. Daneben gibt es noch die Silber-Pappel (*Populus alba*), die sich durch ihre ahornartigen Blätter deutlich von den anderen Arten unterscheidet. Selten geworden ist die Schwarz-Pappel (*Populus nigra*), ein typischer Flussbegleiter. In Deutschland wird sie inzwischen als gefährdet eingestuft, denn es gibt nur noch etwa 3000 Altbäume. Die Zerstörung der natürlichen Flussauen und der Konkurrenzdruck der kanadischen Hybrid-Pappel (*Populus × canadensis*) haben ihr sehr zugesetzt.

NAME	SCHWARZ-PAPPEL *Populus nigra*	SILBER-PAPPEL *Populus alba* (Syn. Weißpappel)	ZITTER-PAPPEL *Populus tremula* (Syn. Espe, Aspe)
FAMILIE	Weidengewächse		
HÄUFIGKEIT	1 % der Waldfläche (Österreich 0,5 %, Schweiz 0,3 %)		
ALTER	100 – 250 Jahre	200 – 400 Jahre	bis 100 Jahre
WUCHSHÖHE	25 – 35 m	30 – 40 m	25 – 30 m
STAMMUMFANG	6 – 7 m möglich	7 – 8 m möglich	3 – 4 m möglich
RINDE	dunkelgrau bis schwarz, mit tiefen Längsrillen	glatt und weißlich grau, im Alter rautenförmig aufreißend	glatt und graugrün, im Alter längsrissig und schwärzlich
BLÄTTER	dreieckig bis rautenförmig, lang zugespitzt, beidseitig grün und unbehaart, fein kerbig gesägter Rand, Blattstiel abgeflacht, klebrig-harzige Knospen	3- bis 5-lappig, beim Austrieb beidseits dicht weißfilzig, später nur noch unterseits wollig behaart	nahezu kreisrund, anfangs etwas behaart, später kahl, oberseits mattgrün, unterseits heller, Blattstiel lang und seitlich zusammengedrückt
BLÜTEN	April – Mai, zweihäusig, männliche Kätzchen dickwalzig und rötlich, weibliche Kätzchen gelbgrün	März – April, blüht vor dem Laubaustrieb, zweihäusig, Kätzchen beiderlei Geschlechts gelblich grün	März – April, zweihäusig, männliche Kätzchen bräunlich, weibliche Kätzchen rötlich
FRÜCHTE	Kapselfrucht mit wollig behaarten Samen (Pappelflaum)	Kapselfrucht mit zart behaarten Flugsamen	Kapselfrucht mit zahlreichen weiß behaarten Samen
HOLZ	sehr weich und leicht, gelblich weißes Splintholz und hellgraues Kernholz, raschwüchsig		
VERWENDUNG	Streichhölzer, Zahnstocher, Paletten, früher: Holz für Schnitzereien, Holzschuhe, Pappelwolle als Füllung für Kissen		

Schwarz-Pappel Das Blatt ist rautenförmig und deutlich zugespitzt.
Silber-Pappel Gelapptes Blatt, das unterseits weißfilzig behaart ist.
Zitter-Pappel Rundliche Blätter mit abgeflachtem Blattstiel.

Neben den heimischen Pappeln finden wir auch sehr häufig die aus Italien stammende Pyramiden-Pappel (*Populus nigra* ‚Italica'), die mit ihrem säulenartigen Wuchs an Zypressen erinnert. Sie wurde im 18. Jahrhundert als Straßen- und Alleebaum eingeführt. Die Pyramiden-Pappel gilt als sehr krankheitsanfällig und ist deshalb auch nicht besonders langlebig.

Waldgeschichtlich kehrte nach der Eiszeit die Zitter-Pappel als Erste zurück. Zusammen mit Haseln, Birken, Kiefern und Weiden besiedelte sie schon 7000 v. Chr. die vom Gletscher befreiten Flächen. Schwarz-Pappel und Silber-Pappel wanderten erst 2000 Jahre später ein.

BLÄTTERRAUSCHEN UND WOLLKNÄUEL

Typisch für alle Pappeln, nicht nur für die Zitter-Pappel, ist das Rascheln und Rauschen der Blätter bei dem geringsten Windhauch. Das schlug sich auch in der Namensgebung nieder: Pappel vom griechischen „pappalein" für „sich bewegen" und vom lateinischen „populus" für „das Volk", weil die Blätter wie ein Menschenauflauf in ständiger Bewegung sind. Da sich die Espe (Zitter-Pappel) dabei besonders hervortut, entwickelte sich das Sprichwort *„Zittern wie Espenlaub"*. Das Zittern der Pappelblätter wird übrigens durch die langen, seitlich abgeflachten Blattstiele hervorgerufen. Die ständige Bewegung bewirkt eine verbesserte Fotosynthese und einen stärkeren Transpirationssog, da es die Verdunstung fördert.

Die Besonderheit der Pappelblätter erklärten unsere Vorfahren in einer Legende: Vor langer Zeit trafen sich alle Pflanzen, um wichtige Dinge zu besprechen. Der Ältestenrat bat um Ruhe, aber die Pappel konnte ihre zappeligen Blätter nicht im Zaum halten und tuschelte die ganze Zeit mit ihren Nachbarn. Sie hörte auf keine Ermahnung, bis die anderen Bäume sie an den Blättern packten und diese wie mit einem Schraubstock festhielten. Da wurde es endlich ruhiger. Seither kann man an den Blattstielen die Spuren des festen Griffs erkennen: Sie sehen aus wie zusammengedrückt. Das Tuscheln ist dadurch aber nicht verstummt!

Ein weiteres Pappelphänomen sind die Pappelsamen, die im Frühsommer ganze Flächen mit weißen, wollartigen Flocken bedecken. Schon der Römer Plinius beschrieb die Pappelwolle: *„Von den Pappelblättern fliegt eine sehr reichliche, weiße und schimmernde Wolle davon, wenn die Blätter zahlreicher sind, ist sie weiß und sieht aus wie zerzaustes Haarbüschel."* Diese baumwollartigen Samenhaare wurden früher als Füllmaterial für Kissen verwendet.

SCHWELLENBAUM ZUR UNTERWELT

Pappeln zittern und rascheln im leisesten Windhauch. Alles was mit dem Wind zusammenhing, galt unseren Vorfahren als heilig. Im Flüstern des Baumes vermuteten sie Geistwesen, die eng mit dem Baum verbunden waren.

In der ältesten abendländischen Dichtung, den von Homer geschriebenen Epen „Ilias“ und „Odyssee“ (9. Jahrhundert v. Chr.), wird die Pappel mehrfach erwähnt. Sie ist dort als Baum beschrieben, der an Quellen und Quellheiligtümern wächst, zum Beispiel nahe der Höhle der Zauberin Circe. Quellen und Höhlen galten als Eingang in die Unterwelt, deshalb finden wir die feuchtigkeitsliebenden Schwarz- und Silber-Pappeln zusammen mit Weiden am Eingang zu Persephones Reich. Ein Mythos erzählt, die Nymphe Leuke sei von Hades sexuell bedrängt worden. Leuke war eine der 3000 Töchter des Gottes Okeanos. Persephone, die Gattin des untreuen Hades, verwandelte die Nymphe vorbeugend in eine Pappel, in manchen Mythenversionen tat Leuke dies selbst. Seither steht sie an der Schwelle zur Unterwelt, am Ufer des „Flusses der Erinnerung“. Die Pappel ist nicht nur mit Persephone, sondern auch mit Hekate verbunden, die ebenfalls einen engen Bezug zum Totenreich besaß. Deshalb pflanzten die Griechen Pappeln gerne als Trauerbaum auf die Friedhöfe. Sie symbolisierten das Sterben und die Wiedergeburt.

Der Held Herkules trug angeblich einen Kranz aus dem Laub der Silber-Pappel, als er den Höllenwachhund Kerberos aus der Unterwelt schleppte. Auf der gefährlichen Reise wurden die Blätter außen von der Hitze dunkel versengt, während sein Schweiß die Rückseite hell bleichte. Die Spuren davon kann man noch heute sehen – die Blattoberseite präsentiert sich glänzend dunkelgrün, während die Rückseite weißsilbrig erscheint. Der Lieblingsbaum des Herkules wurde zum Symbol

Bei seiner zwölften Aufgabe, den Wachhund der Unterwelt zu besiegen, trug Herkules einen Kranz aus Silber-Pappellaub.

Die Nähe zum Wasser bedeutete einst eine Verbindung zur Unterwelt.

dafür, dass eine Rückkehr aus der Unterwelt möglich ist. Die olympischen Götter flochten fortan ihre Siegeskränze aus den Zweigen der Silber-Pappel.

Die Unterwelt der Antike hatte mit der christlichen Hölle genauso wenig gemeinsam wie Hades und Persephone mit Teufel und Hexe. Das Totenreich war ein notwendiger Teil des Lebens und des ewigen Kreislaufes. Im Rahmen der Christianisierung wurden die antiken Religionen und Götter jedoch dämonisiert.

TRÄNEN DER HELIADEN

Nach einem anderen griechischen Mythos entstanden die Pappeln aus den Töchtern des Sonnengottes Helios. Phaethon, der Sohn des Helios, verlangte von seinem Vater eine Art „Vaterschaftstest", da diese von anderen in Zweifel gezogen wurde. Als Beweis forderte er, einen Tag lang den berühmten Sonnenwagen lenken zu dürfen. In seinem jugendlichen Leichtsinn (oder mangels Fahrpraxis?) verlor er die Kontrolle über das Fahrzeug. Der Sonnenwagen stürzte ab und löste auf der Erde beinahe eine Katastrophe aus. Der erzürnte Zeus rettete die Situation mit einem Blitzwurf, aber dabei landete der Wagenlenker tot im Fluss Eridanos. Seine drei Schwestern, die Heliaden, weinten um ihren Bruder und wurden schließlich in Schwarz-Pappeln verwandelt. Ihre leuchtenden Tränen flossen zu Boden und wurden an der Sonne hart. Man glaubte, im Sonnenlicht würden sie zu Bernstein. Tatsächlich harzen die Knospen der Schwarz-Pappel stark. Dieses balsamische Harz nutzen die Bienen für die Produktion des antibiotisch wirksamen Kittharzes (Propolis). Der Gott Helios hielt von nun an seine schützende Hand über seine Töchter. In einem alten griechischen Gedicht von Antipatros von Thessalonike (1. Jahrhundert) werden Wanderer gewarnt, die Rinde der Pappel zu beschädigen: *„Wenn du mich hier am Wege zerkratzt, dann wirst du bald selber weinen, da sich Helios um mich sorgt."*

In einem anderen Mythos spielte das Mädchen Dryope mit Hamadryaden (Eichennymphen). Da näherte sich Apollon, um das Mädchen zu verführen. Die Nymphen vertrieb er, indem er sich in eine Schlange verwandelte. Jahre später entführten die Dryaden ihre einstige Freundin aus dem Apollontempel und verwandelten sie in eine Nymphe. An ihrer Stelle ließen sie eine Pappel und eine Quelle zurück. Die Pappel war ein Lieblingsbaum der wasserliebenden Nymphen.

Die römischen Schriftsteller Vitruv (1. Jahrhundert) und Plinius (23–79) erzählen, das leichte Pappelholz sei für die Herstellung von Schilden verwendet worden. Weil es am Wasser wachse, würde es sich an den Hiebstellen gleich zusammenziehen und Eisen recht widerwillig durchlassen.

SCHWERER STAND IM CHRISTENTUM

Ein Baum, der so eng mit heidnischen Kulten verflochten war, hatte es schwer im aufstrebenden Christentum. Nach einer christlichen Legende soll die Zitterpappel deshalb so zittern, weil sie sich, als Christus am Kreuz hing, nicht wie die anderen Bäume in tiefer Trauer verneigte. Sie blieb hartherzig und unbeeindruckt. Nach einer anderen Version wurde das Kreuz aus Pappelholz gefertigt, und seither zittern die Blätter. Es wird auch erzählt, die Pappel müsse zittern, weil sich Judas an ihr erhängte. Oder weil sie unbeweglich blieb, als Jesus und Maria durch den Wald gingen. Oder weil Jesus in seiner Leidensnacht unter einer Pappel gezittert habe.

Eine ähnlich negative Bewertung des Baumes offenbart sich beim Maibaumstellen. Die Pappel wurde am 1. Mai den Mädchen mit schlechtem Ruf als „Schandmaien" ans Haus gestellt.

MIT MAGIE GESUNDEN

Litt jemand unter Fieber, dann ging er vor Sonnenaufgang zu einer Pappel, umarmte sie und sagte: *„Pappel, du Alte, mich schüttelt das Kalte* (kaltes Fieber = Schüttelfrost)*, ich bring das Kalte nicht allein, 77erlei Kalte sollen es sein."* Man unterschied damals viele verschiedene Fieberarten. Im Sinne der Zahlenmagie war dann meist von 77 oder 99 Fiebern die Rede. Gegen Fieber half auch, wenn man von neun Zitterpappeln neun Blätter holte und sie pulverisiert in Branntwein einnahm. Auch ließ sich das Haarwachstum steigern, wenn man in eine Pappel ein Loch bohrte, einige Haare hineinstopfte und das Loch wieder mit Pappelholz verschloss. Möglicherweise sah man dabei eine Analogie zur schnell wachsenden Pappel.

Nach einer schlesischen Legende brachte eine Mutter ihr Kind, das an „doppelten Gliedern" (alte Bezeichnung für Rachitis) litt, zu Jesus und bat um Hilfe. Er ging zu einer Pappel, pflückte eine Handvoll Blätter und sagte, sie solle damit ein Bad für das Kind bereiten. Das Kind wurde geheilt.

Mithilfe von Espenholz (Holz der Zitterpappel) konnte man sogar flüchtige Diebe bestrafen: Man legte einen Teil des geretteten Diebesgutes unter die Herdziegel und verbrannte an einem Donnerstag Espenholz darauf. Im selben Moment erlitt der Dieb furchtbare Verbrennungen. Der Donnerstag war in vorchristlicher Zeit der Tag eines besonders heißblütigen Gottes: des Gewittergottes Donar.

PAPPELMEDIZIN ANWENDEN

Heute werden **Zubereitungen aus Pappelknospen** nur noch äußerlich bei Hautverletzungen, Hautentzündungen, Hämorrhoiden, Verbrennungen und Sonnenbrand verordnet. Aufgrund der enthaltenen Salizylderivate (etwa Salicin), die in der Leber zur wirksamen Salizylsäure oxidiert werden, ist auch eine innerliche Anwendung bei Schmerzen und rheumatischen Beschwerden sinnvoll › Seite 214 *Weide*. Die Pappelknospen enthalten zudem ätherische Öle, Flavonoide und Gerbstoffe, was ihre entzündungshemmende Wirkung erklärt.

Für einen Knospentee übergießen Sie 1 TL mit einer Tasse heißem Wasser (200 ml) und lassen alles 5 Minuten ziehen. Der harntreibende, entzündungshemmende und antibakteriell wirkende Tee wird bei Prostata- und Harnwegsbeschwerden zu gleichen Teilen mit Goldrute (*Solidago virgaurea*) gemischt. Bei rheumatischen Beschwerden hat sich eine Mischung mit Kriechendem Günsel (*Ajuga reptans*) bewährt.

Die harzigen, angenehm duftenden Knospen (aller Pappelarten!) werden von Februar bis März gepflückt und getrocknet (Tee) oder frisch weiterverarbeitet (Gemmomazerat, Tinktur, Salbe). Sie können aber auch Blätter (Mai) und Rinde (April) ernten. Davon je 1 TL in eine große Tasse geben, mit 200 ml heißem Wasser übergießen und 7 Minuten ziehen lassen. Blätter und Rinde werden in der modernen Phytotherapie leider nicht mehr genutzt.

Traditionelle Pappelsalben, wie das berühmte „Unguentum populeum", wurden früher aus Schweinefett hergestellt. Neben den frischen Pappelknospen verarbeitete man auch bedenkliche Zutaten wie Bilsenkraut und Schwarzen Nachtschatten. Diese schmerzstillende und wundheilende Salbe wurde jahrhundertelang verschrieben, probieren Sie aber stattdessen besser das Rezept › auf Seite 175.

Die Bachblüte „Aspen" wird aus den Blüten der Espe oder Zitterpappel hergestellt. Man verordnet die „Ahnungs-Blüte" gegen unbestimmte Ängste und Vorahnungen sowie für mehr Urvertrauen und Lebensmut.

In der Gemmotherapie nutzt man die Knospen wegen ihrer entzündungshemmenden Wirkung bei rheumatischen Gelenkbeschwerden. Außerdem hilft das antibakteriell wirksame Mazerat bei Atemwegserkrankungen.

PAPPELSALBE

- 50 g frische Pappelknospen (notfalls getrocknet)
- 250 ml Olivenöl
- 30 g Bienenwachs

Quetschen Sie die Pappelknospen im Mörser an. Mit dem Öl übergießen und über Nacht ausziehen lassen. Am nächsten Tag im Wasserbad auf 60 °C erwärmen und 30 Minuten lang auf Temperatur halten. Nun die Knospen abgießen und auspressen. Erwärmen Sie das Öl erneut, um das Wachs darin aufzulösen. In Salbendöschen füllen, abkühlen lassen und verschließen.

In der Antike interpretierte man das Harz der Knospen als Tränen der Heliaden. In der Volksmedizin nutzt man die entzündungshemmende Wirkung der Knospen bei Rheuma.

PAPPELN IN DER ALTEN HEILKUNDE

Der römische Militärarzt Dioskurides beschreibt im 1. Jahrhundert die Silber- und die Schwarz-Pappel. Er verordnete die Blätter als Auflage bei Gicht und den Rindentee bei Ischias. Der lauwarme Saft der Blätter wurde bei Ohrenschmerzen ins Ohr geträufelt. Die harzigen Knospen der Schwarzpappel nahm man, um daraus Salben gegen Hautkrankheiten herzustellen. Die Äbtissin Hildegard von Bingen (1098–1179) empfahl äußerlich Auflagen mit jungen Pappelblättern bei Hauterkrankungen und die Rinde als Badezusatz bei Gicht. Den Rindensaft sah sie als Allheilmittel *„gegen alle Krankheiten, die den Menschen plagen, im Kopf, im Rücken, in den Lenden, im Magen und in sein übrigen Gliedern"*.

Ansonsten nutzten die mittelalterlichen Autoren (Hieronymus Bock, Pietro Mattioli) vor allem Salben aus Pappelknospen bei Wunden sowie bei Entzündungen und Verbrennungen der Haut. Den Tee aus Pappelknospen (aber auch Blätter und Rinde) gab man bei Nierenerkrankungen, Fieber, Gicht und Rheuma. Ab dem 18. Jahrhundert wurden Pappelknospen auch bei Lungenentzündung und „Brustbeschwerden" eingesetzt.

PAPPEL-SCHMERZTINKTUR

- 20 g frische Pappelknospen
- 10 g frische Pappelrinde
- 70 ml Ethanol 70 % vol.

Geben Sie Knospen und Rindenstücke zusammen mit dem Alkohol in einen Mörser und zerreiben Sie alles gut. Den Brei in ein Glas füllen, dicht verschließen und 1 Woche stehen lassen. Absieben und in Tropffläschchen füllen. Täglich 3-mal 30 Tropfen einnehmen.

Auch in einer alten Sage kommt die Pappel als Heilpflanze zum Einsatz: Der Diener Hans heilte die blinde Tochter des Königs mit Pappelblättern, die er auf ihre Augen legte. Zum Lohn bekam er die Prinzessin zur Frau und wurde nach dem Tod ihres Vaters König.

ROSS-KASTANIE

KEINE VERWANDTSCHAFT ZWISCHEN DEN KASTANIEN

Zwei Bäume werden bei uns als Kastanie bezeichnet, die Rosskastanie (*Aesculus hippocastanum*) und die Ess-Kastanie (*Castanea sativa*) Seite 120 f.. Beide Arten bilden „Igelfrüchte" – die Ess-Kastanie mit feinen scharfspitzen Stacheln und die Rosskastanie mit dicken weichen Stacheln. Auch wenn es viele optische Ähnlichkeiten gibt: Die Rosskastanie ist botanisch nicht mit der Ess-Kastanie verwandt. Erstere gehört zur Familie der Seifenbaumgewächse, wozu auch die Ahorne zählen. Letztere hingegen zählt zur Familie der Buchengewächse und steht somit Eiche und Buche wesentlich näher. Beide wurden durch den Menschen bei uns eingebürgert.

NAME	ROSSKASTANIE *Aesculus hippocastanum*
FAMILIE	Seifenbaumgewächse
HÄUFIGKEIT	Siedlungsbaum, unter 0,1 % der Waldfläche
ALTER	150 – 250 Jahre
WUCHSHÖHE	25 – 30 m
STAMMUMFANG	4 – 6 m möglich
RINDE	graubraun, grobrissig, schuppig, drehwüchsig
BLÄTTER	handförmig gefingert mit 5 – 7 länglichen Fiederblättchen (bis 25 cm), die mittleren erheblich größer als die randständigen, vorne mit aufgesetzter Spitze, kahl, Blattränder doppelt gesägt, Winterknospen sehr groß und klebrig
BLÜTEN	April – Mai, einhäusig, zahlreiche Blüten in aufgerichteten, rispenartigen Blütenständen (bis 30 cm hoch), Einzelblüten teils zwittrig, männlich oder weiblich, cremeweiß, mit hellgelbem, später tiefrotem Farbfleck (Saftmal)
FRÜCHTE	September – Oktober, eine im Durchmesser 5 – 7 cm große, kugelige und stachelige Fruchthülle mit 1 – 2 rundlich abgeflachten Samen (Kastanie), diese glänzend, rötlich braun mit einem hellen Nabelfleck
HOLZ	weich und leicht, wenig dauerhaft, gelblich weiß, ohne Farbkern, die häufige Drehwüchsigkeit erschwert die Holzverarbeitung
VERWENDUNG	Schnitzarbeiten, Früchte für medizinische Zwecke, früher: für Waschmittel, Leim

Der Name Rosskastanie wird darauf zurückgeführt, dass die Kastanien früher als Heilmittel für Pferde (Rösser) galten. Litten sie an Husten, mischte man ihnen zerkleinerte Früchte unters Futter. Der aus dem Griechischen stammende Artname *hippocastanum* heißt übersetzt Pferde-Kastanie. Es gibt aber auch andere Erklärungsversuche: Die Namenszusätze „Ross-“ oder „Hunds-“ wurden früher oft verwendet, um eine „falsche“, „unechte“ oder „ungenießbare“ Pflanze zu benennen. In diesem Fall wäre es die Abgrenzung gegenüber der Ess-Kastanie. Diese ist schon wesentlich länger bei uns heimisch und war in manchen Gegenden eine wichtige Nahrungspflanze.

EIN BEGEHRTER NEUBÜRGER

Der Kastanienbaum war vor den Eiszeiten bei uns heimisch. Als die Gletscher nach Mitteleuropa vordrangen, zog sich die Rosskastanie auf den südlichen Balkan und nach Kleinasien zurück und überlebte dort. Die Rückwanderung schaffte sie dann aber nicht mehr aus eigener Kraft. Das lag an den sehr großen, schweren Samen, die weder Wind noch Tiere über größere Distanzen zu verbreiten vermochten. Erst der Mensch hat sie wieder bei uns eingeführt. Der Spätheimkehrer kam erst im 16. Jahrhundert nach Mitteleuropa zurück, weshalb er als Neophyt bezeichnet wird. So nennt man Pflanzen, die nach dem Jahr 1492 (Entdeckung Amerikas) zu uns gelangten.

1561 kam der erste Samen von Konstantinopel nach Prag. Erfolgreich gepflanzt wurde die Kastanie jedoch erst im Jahre 1576 in Wien, durch den Botaniker Carolus Clusius (1526–1609). Er war einige Jahre lang Hofbotaniker von Kaiser Maximilian II. und verfasste die erste wissenschaftliche Beschreibung des „neuen“ Baumes. Clusius wurde auch dadurch bekannt, dass er 1589 in Frankfurt als Erster in Deutschland die aus Südamerika eingeführte Kartoffel kultivierte.

Dann entstand sehr schnell ein reger Kastanienhandel zwischen den Fürstenhäusern. Die Rosskastanie kam immer mehr als Park- und Alleebaum in Mode. Gefördert wurde der Neuling vor allem durch den Sonnenkönig Ludwig XIV. (1638–1715), der den majestätischen Baum als Zierde in seinen Gärten pflanzen ließ. Der Superstar des damaligen Adels wurde gerne von anderen Fürsten kopiert, so dass einer erfolgreichen Ausbreitung des neuen Modebaums nichts mehr im Wege stand. 1672 pflanzte man die erste Kastanie in Berlin.

Neben der weißblühenden Rosskastanie wird hin und wieder auch eine rotblühende Art gepflanzt (*Aesculus × carnea*). Die Eltern der Kreuzung sind die weißblühende Rosskastanie und die nordamerikanische rotblühende Pavie (*Aesculus pavia*). Die Pavie ist ein kleiner Baum, der höchstens acht Meter Höhe erreicht.

Seit Ende der 1980er Jahre wird die Rosskastanie in Mitteleuropa von einer kleinen Mottenart bedroht. Die Rosskastanien-Miniermotte schädigt seit 1993 auch die deutschen Baumbestände. Sie ist dafür verantwortlich, dass die fraßgeschädigten Blätter bereits im Sommer welken und die Bäume ihr Laub verlieren. Gefährdet ist vor allem die weißblühende Art, während die Rote Rosskastanie verschont bleibt!

BLÜTENPRACHT UND RIESIGE SAMEN

Die Rosskastanie war für die Forstwirtschaft uninteressant, weshalb wir sie nicht im Wald, sondern nur im Siedlungsbereich als Stadt-, Dorf-, Park- oder Hausbaum finden. Der dominante Baum eignet sich für den Einzelstand, wo er seine breite Krone entfalten kann. Mit der einzigartigen Blütenpracht, die Ende April/Anfang Mai beginnt, ist die Rosskastanie eine exotische Besonderheit. Die vielblütigen Blütenstände mit bis zu 100 Einzelblüten erinnern an Kerzenschmuck. Die cremefarbenen Einzelblüten besitzen ein gelbes Saftmal, das den Bienen und Hummeln anzeigt: Hier gibt es reichlich Nektar. Sobald die Bestäubung abgeschlossen ist, wird die Nektarproduktion eingestellt und das Saftmal färbt sich rot. Dies ist für die Bienen das Signal, dass sich der Besuch der Blüte nicht mehr lohnt. Die Rosskastanie lenkt mit diesem Ampelsystem die Insekten dorthin, wo noch bestäubt werden muss, und erspart ihnen vergebliche Besuche an leergesaugten Blüten. Eine wunderbare Anpassung zwischen Bäumen und Insekten!

Das gelbe Saftmal der Blüte färbt sich nach dem Bestäuben rot. So wissen die nachfolgenden Bienen, dass ein Besuch hier zwecklos ist.

Im September reifen in einer stacheligen Fruchthülle die großen, mahagonibraunen Samen. Sie sind bis zu 6 cm dick und wiegen bis zu 20 g. Wenn die dreiklappigen Stachelkapseln aufplatzen, lassen sich die wunderbar glänzenden Samen leicht aufsammeln. Generationen von Kindern haben sie zum Basteln von Ketten und Streichholzmännchen gesammelt. Im Gegensatz zur Esskastanie sind die bitteren Früchte der Rosskastanie für Menschen ungenießbar und aufgrund des hohen Saponingehalts sogar schwach giftig. Für viele Tiere gilt die Giftwirkung jedoch nicht, weshalb die gesammelten Kastanien früher häufig als Futter für Schweine, Schafe und Wild genutzt wurden.

DER BIERGARTENBAUM

Eine Besonderheit der Rosskastanie ist die starke, dunkle Beschattung, die der weit ausladenden Krone und den großen gefingerten Blättern zu verdanken ist. Hier liegt der Grund, warum sie vor allem in Bayern zum Biergartenbaum wurde. Die Bierbrauer brauchten kalte Keller, um das gelagerte Bier über den Sommer frisch zu halten. Deshalb pflanzten sie über den Bierkellern Kastanienbäume, die wegen der guten Beschattung dafür sorgten, dass die unterirdischen Keller von der Sonne nicht erwärmt wurden. Die Brauer durften direkt bei den Kellern Bier ausschenken und so entstanden unter den Kastanien die typischen Biergärten. Die Gastwirte ärgerten sich natürlich über die neue Konkurrenz. Deshalb verordnete König Maximilian 1812 zum Schutz der Gastronomie, dass in den Biergärten keine Speise außer Brot serviert werden dürfe. Die eigene Mahlzeit durfte jedoch jeder mitbringen – und das gilt bis heute.

Schatten garantiert – mit ihrer weit ausladenden Krone und dem dichten Blätterdach ist die Rosskastanie auch heute noch der ideale Biergartenbaum.

KASTANIENMEDIZIN ANWENDEN

In der antiken Medizinliteratur bleibt die Rosskastanie im Gegensatz zur Ess-Kastanie unerwähnt. Vermutlich war der Baum zur Zeit des Römischen Reiches sehr selten. In ihrem natürlichen Verbreitungsgebiet (Albanien, Mazedonien, Bulgarien, Türkei) war die Kastanie Bestandteil der Volksmedizin. In der mitteleuropäischen Volksheilkunde tauchte der „neue Baum" erst im 18. Jahrhundert auf. Alle Bestandteile, also Blätter, Blüten, Rinde und Samen, wurden medizinisch eingesetzt.

Die Blätter nutzte man als Tee, innerlich bei Husten und äußerlich bei Schwellungen und Geschwüren. **Der Blütentee** war als schleimlösender Hustentee und als harntreibender Stoffwechseltee sehr beliebt. Außerdem verarbeitete man die Blüten in alkoholischen Einreibemitteln, um Gicht und Rheuma zu lindern. **Präparate aus der Rinde** nahm man bei Hauterkrankungen und als preiswerten Ersatz für die fiebersenkende Chinarinde. In der Rinde findet sich das Cumarin Aesculin. Da es UV-B-Strahlung absorbiert, wird es in Sonnenschutzmitteln eingesetzt. **Tinkturen aus Rosskastaniensamen** verordnete man äußerlich bei Verletzungen, Prellungen, Verstauchungen sowie bei Hämorrhoiden.

Die Blätter und Blüten werden im April und Mai gesammelt und entweder frisch verarbeitet (Tinktur) oder schonend getrocknet. Zur Teebereitung übergießt man 2 TL mit 200 ml heißem Wasser und lässt den Tee 6 Minuten ziehen. Die Rinde wird im März von 3–5-jährigen Zweigen abgezogen und getrocknet. **Die Samen** sammelt man von September bis Oktober.

Die moderne Phytomedizin nutzt nur noch die Samen, deren Wirkung offiziell anerkannt ist. Sie werden zu venenstärkenden Heilmitteln verarbeitet. Die Wirkung beruht vor allem auf einem Gemisch aus Triterpen-Saponinen (Aescin), das gefäßabdichtende, gefäßschützende, entzündungshemmende und antiödematöse Wirkungen besitzt. Das Hauptanwendungsgebiet sind Erkrankungen der Beinvenen (chronische Venenschwäche), wie etwa Schwellungen, Schmerzen, Wadenkrämpfe, Schweregefühl und Krampfadern. Die standardisierten Fertigpräparate werden sowohl innerlich als auch äußerlich (Salben, Cremes) angewendet.

In der Bachblütentherapie werden die Blüten beider in Mitteleuropa anzutreffenden Kastanien verwendet: **Die Bachblüte „White Chestnut"** (Rosskastanie) ist angesagt, wenn bestimmte Gedanken und Probleme einen nicht loslassen und alles nur darum kreist. Die „Gedanken-Blüte" bringt dann die geistige Ruhe und Klarheit.

Die Bachblüte „Red Chestnut" (Rote Rosskastanie) ist die „Abnabelungs-Blüte" für Menschen, die ihre eigene Persönlichkeit jemand anderem unterordnen oder übertriebene Fürsorge an den Tag legen. Red Chestnut verhilft zu mehr Eigenständigkeit. Bach nutzte jedoch nicht nur die Blüten, sondern auch die Knospen der Rosskastanie: Das Mittel „Chestnud Bud" soll Menschen helfen, die nur sehr schwer aus ihren Erfahrungen lernen.

In der Gemmotherapie nutzt man die großen, klebrigen Knospen zur Verbesserung der venösen Durchblutung und lindert so Beschwerden von Krampfadern, geschwollenen Beinen und Hämorrhoiden.

NAHRUNG IN NOTZEITEN

Die Früchte der Rosskastanie enthalten sehr viel Stärke (30 %), sind aber für den Menschen ungenießbar und sogar schwach giftig. Durch das Entfernen der unverträglichen Stoffe (Saponine, Gerbstoffe) mittels Kochen und Wässern können sie aber auch uns als Nahrung dienen. Die Ureinwohner Nordamerikas und Japans haben die Samen von dort heimischen verwandten Arten entsprechend verarbeitet und für Pfannkuchen und Breie verwendet: Zuerst garte man die Samen in einem Erdloch auf heißen Steinen, dann wurden sie geschält, zerkleinert und vier Tage lang in einem Korb in fließendes Wasser gelegt. Anschließend zerstieß man sie zu einem Brei, den man in der Sonne trocknen ließ.

Auch in Mitteleuropa besann man sich in Kriegs- und Notzeiten auf die Rosskastanie. Die geschälten Früchte wurden entbittert, indem man sie in Wasser aufkochte und diesen Vorgang mit frischem Wasser mehrmals wiederholte. Danach wurden sie getrocknet und gemahlen.

Nach dem Zweiten Weltkrieg gab es in manchen Regionen große Sammelaktionen, um Kastanienmehl zu produzieren. Ähnlich wie die Eicheln wurden sie zudem geröstet und als Kaffeeersatz genutzt. Selbst als Hopfenersatz beim Bierbrauen kamen die Früchte zum Einsatz. Doch damit nicht genug: Man nahm die saponinhaltigen Kastanien auch zur Waschmittel- und Leimherstellung. Somit wären die Kastanien eine heimische Alternative zu den indischen Waschnüssen.

MAGISCHE HEILKUNDE

Kastanien galten als vorzügliches Mittel gegen Rheuma und Gicht. Es genügte, drei Kastanien in der linken Hosentasche bei sich zu tragen. Weit verbreitet war dieser Brauch auch gegen den „Wolf", wie man das Wundscheuern zwischen den Beinen nannte. Diese magische Anwendung hat sich bei Wanderern, Radfahrern und Reitern vereinzelt bis heute gehalten. Die „aufrecht stehenden" Kastanienblüten galten als wirksames Potenzmittel. Das Einreiben des Penis mit einem Blütenabsud sollte die Manneskraft stärken.

Die Kastanienknospe gilt in der Gemmotherapie als venenstärkendes Mittel. Man nutzt sie etwa bei Krampfadern und müden, schweren Beinen.

ROSSKASTANIEN-TINKTUR

- 150 g frische Kastanien
- 500 ml Ethanol 70 % vol.

Die frischen Rosskastanien schälen und mit einem guten Messer oder einer Gartenschere in kleine Stücke schneiden. Das Ergebnis wird noch besser, wenn Sie die Kastanienstückchen im Mörser zerstoßen. Auch ein Mixer kann beim Zerkleinern gute Dienste leisten. Füllen Sie die Kastanien nun in ein Schraubglas und übergießen Sie sie mit dem Alkohol, bis sie vollständig bedeckt sind. Das Glas verschließen und 2 Wochen an einem warmen Ort ziehen lassen. Die Tinktur durch einen Kaffeefilter abgießen. Anschließend in dunkle Tropffläschchen füllen.

Für Umschläge und Kompressen gibt man davon 2 TL auf 200 ml Wasser. Man kann die Tinktur auch unverdünnt einmassieren. Die Einreibung eignet sich nicht nur bei Venenschwäche, sondern auch bei Verstauchungen, Blutergüssen, Durchblutungsstörungen und rheumatischen Schmerzen.

Bei innerlicher Einnahme dosiert man die Tinktur mit 3-mal täglich 5–10 Tropfen.

ULMEN

DREI HEIMISCHE ULMEN

In der Gattung *Ulmus* gibt es 13 Arten, von denen drei in Deutschland heimisch sind. Die Berg-Ulme (*Ulmus glabra*) ist die häufigste Art und wächst bevorzugt in Bergregionen, während Feld-Ulme (*Ulmus minor*) und Flatter-Ulme (*Ulmus laevis*) in den Auwäldern der Ebene vorkommen.

NAME	FELD-ULME *Ulmus minor*	BERG-ULME *Ulmus glabra*	FLATTER-ULME *Ulmus laevis*
FAMILIE	Ulmengewächse		
HÄUFIGKEIT	weniger als 0,5 % der Waldfläche (Österreich 0,3 %, Schweiz 0,5 %)		
ALTER	300–500 Jahre	300–400 Jahre	200–250 Jahre
WUCHSHÖHE	25–35 m	30–40 m	30 m
STAMMUMFANG	5–6 m möglich	5–7 m möglich	5 m möglich
RINDE	graubraun, eichenähnlich, grob längsrissig	graubraun, glatt, später längsrissig	graubraun, längsrissig und flach geschuppt
BLÄTTER	Blattspreite am Grund stark asymmetrisch, vorne zugespitzt, nie dreizipfelig, mit bis 1 cm langem Blattstiel, oberseits dunkelgrün und kahl, unterseits mit bräunlichen Haarbüscheln in den Nervenachseln	Blattspreite am Grund stark asymmetrisch, mit schlanker, aufgesetzter Spitze, oft dreizipfelig, sehr kurz gestielt, oberseits mattgrün, unterseits heller, beidseitig rau behaart, doppelt gesägter Blattrand	Blattspreite am Grund stark asymmetrisch, ausgezogene Spitze, nicht dreizipfelig, die Zähne des Blattrandes sind nach vorne zur Blattspitze gekrümmt, beidseitig weich behaart
BLÜTEN	März–April, lange vor dem Laubaustrieb, einhäusig und zwittrig, sitzen zahlreich in kugeligen Scheindolden, rötliche Staubbeutel	März–April, lange vor dem Laubaustrieb, einhäusig und zwittrig, kugelig angeordnet in kleinen Scheindolden, rotviolette Staubbeutel	März–Mai, lange vor dem Laubaustrieb, einhäusig und zwittrig, lockere, lang gestielte Blütenbüschel, rotviolette Staubbeutel
FRÜCHTE	geflügelte Nussfrüchte, fast ungestielt, an der Vorderkante eingeschnitten, Nüsschen liegt nahe der Einkerbung am oberen Flügelrand	geflügelte Nussfrüchte, breit-eiförmig bis rund, Nüsschen im Zentrum des Flügels	geflügelte kleine Nussfrüchte, lang gestielt (2–3 cm), am Rand silbrig bewimpert, Nüsschen liegt in der Mitte des Flügels
HOLZ	zäh, hart, schwer spaltbar, gelblich weiße Splintschicht und brauner Kern		
VERWENDUNG	Furniere, Möbel, Parkett, früher: Bauholz, Wagenräder, Felgen, Wasserräder sowie Ulmenbast für Schnüre und Seile		

Berg-Ulme und Feld-Ulme können über 400 Jahre alt werden, die etwas kleinere Flatter-Ulme wird höchstens 250 Jahre alt. Für alle drei Ulmenarten nutzt man in manchen Gegenden die althochdeutsche Bezeichnung „Rüster“. Der Name wird damit erklärt, dass man einst die schlanken Ulmenstämme zum Gerüstbau verwendete. Das harte und zähe Holz diente oft als Bauholz, wurde aber auch für Flaschenzüge, für Wagen- und Wasserräder eingesetzt. Die Asche der Bergulme hatte ähnlich wie Buchenasche große Bedeutung für die Pottascheherstellung. Außerdem war die Ulme früher ein wichtiger Bastlieferant. Die Fasern sind feiner und besser zu verarbeiten als Lindenbast. Vor allem Gärtnereien schätzten Ulmenbast als Bindematerial sehr. In Japan webte der Volksstamm der Ainu noch vor 100 Jahren Kleiderstoffe aus dem Bast der Gewebe-Ulme (*Ulmus laciniata*).

Die Feld-Ulme erkennt man leicht am zugespitzten Blatt.

Die Berg-Ulme hat oft dreizipfelige Blätter.

Die Flatter-Ulme besitzt eine deutlich asymmetrische Blattbasis.

VOM AUSSTERBEN BEDROHT

Unsere Vorfahren sahen in der Ulme einen sehr robusten und widerstandfähigen Baum, was heute leider nicht mehr gelten kann. Denn die Ulme wurde Opfer einer tödlichen Krankheit, der „Holländischen Ulmenkrankheit“. So heißt sie, weil sie 1918 erstmals in Holland bemerkt wurde. Verantwortlich für das Ulmensterben ist ein eingeschleppter asiatischer Blaufäulepilz, der durch zwei Splintkäferarten übertragen wird. Der Pilz verstopft die Leitungsbahnen des Baumes und bewirkt so dessen Absterben. Seither ist die Ulme in ihrem Bestand kontinuierlich zurückgegangen und inzwischen bedeutungslos geworden. Über 90 % aller europäischen Ulmen sind der Krankheit zum Opfer gefallen. Vor allem Berg- und Feld-Ulme sind weitgehend aus unserer Landschaft verschwunden.

Zahlreiche ehrwürdige Bäume gingen ein, als in den 1970er Jahren eine besonders aggressive Form des Pilzes auftauchte, die auch bis dahin resistente Ulmen befiel. Flatter-Ulmen sind weniger betroffen, da sie von den Splintkäfern nicht so häufig heimgesucht werden. Glücklicherweise ist es Forschern gelungen, resistente Sorten zu züchten, so dass die Ulme in Zukunft wieder an Bedeutung gewinnen kann. Neuere Forschungen legen nahe, dass sie vor einigen tausend Jahren schon einmal von Pilzen befallen wurde und nahezu ausstarb.

BERÜHMTE ULMEN

Sämtliche kulturgeschichtlich bedeutsamen alten Ulmen sind dem Ulmensterben zum Opfer gefallen, aber ihre Entstehungssagen sind uns heute noch bekannt: Die Lutherulme von Pfifflingheim bei Worms soll aus einem dürren Ulmenstab entstanden sein, den ein altes Weib in die Erde gesteckt hatte. Sie hatte Martin Luther (1483–1546) in Worms predigen gehört. Daraufhin sagte sie, sie werde die neue Lehre des Reformators so lange bezweifeln, bis der dürre Stab ergrüne. In der Tat geschah dann dieses Wunder über Nacht, und es wuchs eine mächtige Ulme heran. Sie erreichte einen Stammumfang von elf Metern.

Die Feld-Ulme kann über 400 Jahre alt werden. Im 16. Jahrhundert galt sie als Symbol der Reformation.

Eine andere Lutherulme entstand folgendermaßen: Als Luther auf dem Weg zum Reichstag nach Worms war, traf er einen Adeligen, der ihn fragte, ob seine Lehre wohl Bestand haben werde, wenn er sie vor dem Reichstag vertreten müsse. Daraufhin sagte Luther: *„Selbst wenn so viele Teufel in Worms wären als Ziegel auf den Dächern, so wollte ich hinein, so wahr aus diesem Reislein ein Baum wird.“* Aus dem kleinen Reisig wuchs tatsächlich ein mächtiger Ulmenbaum. Die Ulme wurde somit zum Symbol der Reformation.

Ebenfalls aus einem dürren Stab, den der heilige Bonifatius (672–754) im thüringischen Dorf Vargula neben der Kirche in die Erde steckte, erwuchs eine kräftige Ulme. Der Ulmenbaum war auch dem heiligen Zenobius (337–407), Bischof von Florenz, geweiht, denn angeblich begann eine trockene Ulme zu grünen und zu blühen, als man seinen Sarg an ihr vorbeitrug. Zur Erinnerung an dieses Wunder legte man einen der ergrünten Zweige in seinen Sarg. Dieser soll sich noch nach 1000 Jahren frisch und grün erhalten haben. Vom

Eine große Ulme bestimmte jahrhundertelang die Kulisse der Schlossruine in Hirsau. Das Schloss entstand 1590 an der Stelle des Abtshauses im Klostergelände.

heiligen Martin von Tours erzählt man, er habe eine heilige Ulme fällen wollen, um der heidnischen Bevölkerung die Macht des christlichen Gottes zu demonstrieren. Die Heiden verlangten ein besonderes Zeichen: *„Bist du ein Mann Gottes, dann halte den fallenden Baum auf.“* Mit Gottes Hilfe erschlug der Baum nicht Martin, sondern fiel in die entgegensetzte Richtung und traf fast die zweifelnde Heidenschar. Ausgerechnet ihm wurden später die Ulmen geweiht. In manchen Überlieferungsquellen soll der heilige Baum eine Kiefer gewesen sein.

Die Tatsache, dass so viele historische Ulmen mit Heiligen verbunden wurden, weist darauf hin, dass dieser Baum in vorchristlicher Zeit heilig gewesen sein muss. Gemäß der von Papst Gregor dem Großen im Jahre 600 verordneten Strategie wurden die heidnischen Verehrungsplätze christlich überlagert. Auch die bekannteste Ulme Deutschlands, die Uhlandulme, die in der Ruine des Schwarzwaldklosters Hirsau stand, musste 1991 wegen des Pilzbefalls gefällt werden. Der Dichter Ludwig Uhland hatte ihr mit einem Gedicht ein Denkmal gesetzt: *„Zu Hirsau in den Trümmern, / da wiegt ein Ulmenbaum. / Frischgrünend seine Krone / hoch überm Giebelsaum. / Er wurzelt tief im Grunde / vom alten Klosterbau. / Er wölbt sich statt des Daches / hinaus ins Himmelsblau …“*

KULTBAUM DER KELTISCHEN VÖLKER

Die Ulmen hatten waldgeschichtlich ihre bedeutendste Zeit zwischen 5500 v. Chr. und 2000 v. Chr., was sich aus Pollendiagrammen ablesen lässt. Vegetationsgeschichtlich spricht man von der Eichenmischwaldzeit. Gegen Ende dieser Periode war Europa von keltischen Stämmen besiedelt, weshalb die damals dominierenden Bäume Eiche und Ulme eine wichtige Funktion im Baumkult innehatten. Bei den Kelten Galliens zählten diese beiden Arten zu den am meisten verehrten Bäumen. Die keltischen Bezeichnungen für Ulme waren Elm, Elme, Ilme, Effe oder Iffe. Sind diese Silben in Ortsnamen vertreten, kann man davon ausgehen, dass hier einst eine heilige Ulme stand. In manchen Gegenden hat sich der Ulmenkult noch lange erhalten. In Südfrankreich war sie genauso angesehen wie bei uns die Linde. Sie war dort der Dorfbaum, unter dem man Feste feierte und Recht sprach. Man bezeichnete sie als „Baum der Gerechtigkeit“.

Aber auch entlang des Rheins gab es viele Dörfer, in denen die Ulme den Platz der Linde einnahm. Unter ihr wurde das Bauerngericht gehalten, wurden Nachtwächter und Viehhirten gewählt. Auch das Recht des Schnutgangs wurde unter der Ulme ausgeübt. Der Schnutgang ist ein alter Brauch, bei dem es für die jungen Männer des Dorfes darum ging, ihre Liebste des Nachts am offenen Fenster zu besuchen und möglichst auch einzusteigen. Es gab klare Regeln, die einzuhalten waren: So durfte nur dem Liebsten das Fenster geöffnet werden, aber nie vor Mitternacht und nicht länger als bis zum ersten Hahnenschrei. Auch durfte kein Unbefugter aus den Nachbarorten beim Fensterln erwischt werden. Die Burschen des Dorfes achteten darauf, dass die Regeln eingehalten wurden, und trafen sich im Sommer allabendlich unter der Ulme zum Singen der Schnutlieder.

In Britannien brachte man die Ulmen mit den Elfen in Verbindung. Auch bei den Slawen war die Ulme hochgeachtet. In Estland standen zwei Ulmen, die die Bevölkerung sehr verehrte. Sie sollen einer Sage nach aus Samen entstanden sein, die die Sintflut angeschwemmt hatte. An diese Bäume wurden Krankheiten angehängt, und es war streng verboten, sie zu schädigen.

Nach germanischem Mythos entstand das erste Menschenpaar aus dem Holz der Esche (Ask) und der Ulme (Embla), wobei die kulturgeschichtliche Deutung von Embla eher auf die Erle weist Seite 115. Die drei Götter Odin (Wodan), Hönir und Lodur hauchten den vom Meer angeschwemmten Stämmen Sinn, Seele und Lebenswärme ein. Die Esche wurde zum Mann und die Ulme zur Frau.

TRAUERBAUM DES ALTERTUMS

Die Ulme galt in der Antike als Symbol des Todes und der Trauer. Im alten Griechenland war der Schwellenbaum dem Götterboten Hermes geweiht, den man als Totenführer und als Hüter des Schlafes und der Träume verehrte. Er führte die Seelen der Verstorbenen in die Unterwelt. Die geflügelten, im Wind tanzenden Früchte der

Ulme galten dabei als Begleiter der Seelen. Am Eingang zur Unterwelt stand eine Ulme, auf der die Träume wuchsen. Deshalb waren sie nicht nur Hermes, sondern auch Morpheus, dem Gott des Schlafes heilig. Mit den Träumen übermittelte er die Botschaften der Götter.

Auch in den griechischen Epen von Vergil (70 v. Chr. – 19 v. Chr.) und Homer (ca. 800 v. Chr.) taucht die Ulme als Trauerbaum auf. Der thrakische Sänger Orpheus beweinte seine geliebte Nymphe Eurydike unter einer Ulme. Ulmen wurden damals an die Grabhügel gepflanzt. Um das Grab des Königs Eetion pflanzten die trauernden Bergnymphen (Oreaden) Ulmen. Der Held Achilles hatte den König und seine Söhne getötet und Eetions Asche auf einem Berg bestattet.

Als der sagenhafte Herakles die goldenen Äpfel aus dem Garten der Hesperiden raubte, grämten sich die Nymphen, die die Goldapfelbäume bewachen sollten, zu Tode. Sie verwandelten sich daraufhin in trauernde Bäume: Erytheia wurde zur Ulme, während Hespere und Aegle sich in Schwarz-Erle und Weide verwandelten. Auch in anderen antiken Quellen werden Ulmennymphen erwähnt, die untrennbar mit dem Baum verbunden waren.

DIE ULME STÜTZT DIE REBE

Die Römer nutzten Ulmen im Weinbau als Rebpfähle. Den Ulmenbast nahmen sie zum Anbinden der Reben. Ulmenbast war ähnlich wie Lindenbast ein beliebtes Bindematerial. Neben dem Weinbau selbst brachten die Römer damit auch die Tradition nach Mitteleuropa, Ulmen als Rebstützen zu nutzen. In mittelalterlichen Gedichten wird darauf Bezug genommen: *„Die Reben umfangen / In süßem Verlangen / Die Ulmen mit Lust“* (1656). Die Ulmen sah man dabei als männliches Prinzip, und die Weinrebe galt als weiblich. In einem anderen Gedicht heißt es: *„Die Ulme sieht die Rebe: / Reich mir die Hand und hebe / Mich auf zu Luft und Licht. / Was ich empor auch strebe / Gedörn so mich umflicht / Lässt mich gedeihen nicht …“*

NAHRUNG FÜR MENSCH UND TIER

Die Ulmenblätter galten schon im Mittelalter als gesundes Futter für das Vieh. Man nannte die Technik „Schneiteln“. Dazu wurden die Ulmenstämme über dem Boden abgeschnitten, worauf sie neue Ruten austrieben. Diese wurden als Laubheu getrocknet, oder sie dienten als Flechtwerk. Besonders wenn die Tiere krank waren, machte man davon Gebrauch. Noch heute werden Zubereitungen aus der Ulmenrinde in der Tierheilkunde genutzt. Aber auch für die menschliche Ernährung hat die Ulme einiges zu bieten: Die jungen Blätter und auch die jungen grünen Früchte eignen sich als Gemüse oder Salatbeigabe. Die im Mai bis Juni reifenden rundlichen Flügelfrüchte sind außerdem eine leckere Knabberei. Rösten Sie sie dazu im Backofen bei 200 °C kurz an.

KRANKHEITEN ÜBERTRAGEN

In der magischen Medizin des Mittelalters nutzte man die Ulme für Krankheitsübertragungen. Aus Brandenburg ist folgendes Ritual überliefert: *„Geh früh morgens vor Sonnenaufgang zu einer Rüster* (= Ulme), *bohre ein Loch in ihren Stamm und sprich dreimal leise folgenden Spruch: Rüster*

In der Antike galten die geflügelten Früchte der Ulme als Begleiter der Seelen auf ihrem Weg in die Unterwelt. In der Wildkräuterküche werden sie geröstet und wie Chips geknabbert.

Wer noch Ulmenstandorte kennt, kann natürlich auch die heimischen Arten zur Bachblütentherapie nutzen. Edward Bach verordnete die Englische Ulme.

Atowe / Ich bring dir das Fieber Kalowe / Ich bringe es dir nicht auf einerlei Art / sondern auf 77igerlei Art. / Nimm sie von mir im Namen des Vaters, des Sohnes und des Heiligen Geistes. Darauf nimm einen Pflock, der gerade in das Loch passt, verkeile es damit und entferne dich stillschweigend.“ In Frankreich trug man Kinder mit Keuchhusten zu verehrten Ulmen, um die Krankheit dort zurückzulassen. Mit Ulmenbast glaubte man böse Geister fesseln zu können, und man nähte ihn auch in die Kleider ein, um sich vor bösem Zauber zu schützen.

ULMENMEDIZIN ANWENDEN

Bereits der antike **Arzt Dioskurides** (ca. 40–80) erwähnt die Nutzung von Blättern und Rinde der Ulme für **medizinische Zwecke**. Sie wurden zur Wundversorgung, bei Hauterkrankungen sowie bei Knochenbrüchen empfohlen. **Hildegard von Bingen** sah in der Ulme ein großes Gichtheilmittel. Der Kranke sollte sich an einem Feuer aus Ulmenholz wärmen, und die Gicht würde zur gleichen Stunde weichen. Gegen Schlaganfälle empfahl sie einen Tee aus frischen Ulmenblättern. Wer in durch Ulmenfeuer erhitztem Wasser badete, wurde von Bosheit befreit und von Fröhlichkeit erfüllt. Leider ist die Ulme inzwischen so selten geworden, dass ein Ulmenholzfeuer heute schwieriger zu entfachen ist als zu Hildegards Zeiten.

In der Volksmedizin galt die Rinde als harntreibend, stopfend und reizlindernd. Man nutzte sie bei Übelkeit, Magenübersäuerung, Mundschleimhautentzündungen, Hämorrhoiden, Husten und Durchfallerkrankungen. Eine besondere Rolle spielte dabei die Bastrinde. Zur Anwendung wurde die innere Rinde zerkleinert und mit heißem Wasser aufgegossen. Dadurch lösten sich die zahlreichen Schleimstoffe, die man zur Wundversorgung (vor allem bei Brandwunden) und bei Hautekzemen nutzte. Da in der Rinde auch zahlreiche Gerbstoffe enthalten sind, hat die volksmedizinische Anwendung bei Durchfall ebenfalls Sinn. Den Saft der frischen Blattknospen nutzte man als Augenheilmittel und bei unreiner Haut. All diese Anwendungen sind in Vergessenheit geraten. Heute ist die entzündungshemmende und reizlindernde Ulmenrinde nur noch in der Tierheilkunde bekannt. Sie wird Hunden und Katzen bei Magenproblemen unter das Futter gemischt.

Ulmenrinde selbst zu sammeln ist angesichts der Seltenheit des Baumes nicht überall sinnvoll. Man nimmt die Rinde von jungen Ästen und trocknet sie schonend im Schatten. 2 TL zerkleinerte Ulmenrinde werden mit 200 ml Wasser aufgekocht und 10 Minuten ziehen gelassen. Dieser Tee ist sehr hilfreich bei Durchfall und zum Gurgeln bei Entzündungen in Mund und Rachen. Es hat sich bewährt, ihn 1:1 mit Blutwurz zu mischen. Auch die Ulmenblätter lassen sich als Tee verwenden.

In der Bachblütentherapie gilt die Ulme als „Verantwortungsblüte“. **Das Mittel „Elm“** hilft Menschen, die sich überfordert fühlen und glauben, einer Aufgabe nicht mehr gewachsen zu sein. Sie finden dadurch den Weg zu innerer Ruhe und Ausgeglichenheit. Bach nutzte für seine Blütenauszüge die Englische Ulme (*Ulmus procera*).

In der Gemmotherapie gilt das Mazerat aus den antientzündlichen Ulmenknospen als hilfreich bei Erkrankungen der Haut (Wunden, Akne). Dank der entgiftenden Wirkung werden die Harnsäuren im Organismus reduziert.

TANNE

GUTE AUSSICHTEN FÜR DIE TANNE

Die Weiß-Tanne (*Abies alba*), die ihren Namen von der hellen Rinde hat, gehört zu den mächtigsten Bäumen Mitteleuropas. Auf geeigneten Standorten kann dieser Gebirgsbaum 60 Meter Höhe erreichen. Unseren Vorfahren vermittelte der Baumriese Robustheit und Stärke.

NAME	WEISS-TANNE *Abies alba* (Syn. Silbertanne, Edeltanne)
FAMILIE	Kieferngewächse
HÄUFIGKEIT	2 % der Waldfläche (Österreich 2,5 %, Schweiz 12 %)
ALTER	400–500 Jahre, selten 600 Jahre
WUCHSHÖHE	50–60 m
STAMMUMFANG	6–7 m möglich
RINDE	dünn, silber- oder weißgrau, mit eckigen, feinrissigen Schuppen
NADELN	vorne stumpf und eingekerbt, flach, biegsam, oberseits dunkelgrün und unterseits 2 längliche weiße Wachsstreifen, 1–3 cm lang, sitzen meist gescheitelt am Zweig (Zweige erscheinen dadurch flach)
BLÜTEN	April – Juni, einhäusig und getrenntgeschlechtlich, männliche Blüten walzenförmig und gelblich, weibliche Blüten bilden aufrecht stehende hellgrüne Zäpfchen
FRÜCHTE	rötlich brauner zylindrischer Zapfen, 10–16 cm lang, geflügelter Samen, Zapfen sitzen aufrecht am Baum, fallen nicht als Ganzes ab (Schuppen fallen einzeln ab, Spindel bleibt stehen)
HOLZ	leicht und weich, gelblich weiß bis grauweiß, keine Kernfärbung, wenig Harz (nur in der Rinde)
VERWENDUNG	wertvolles Bauholz, Möbel, Böden, Papier, Resonanzholz für Musikinstrumente, früher: Schiffsbau (Mastbäume)

Der modernen Industriegesellschaft konnte die Tanne jedoch nicht standhalten. In den 1970er Jahren litt sie als erster Baum sichtbar unter der Luftverschmutzung, wobei sich die Begriffe „Waldsterben“, „Tannensterben“ und „Saurer Regen“ etablierten. Durch strengere Abgaskontrollen hat sich der Zustand inzwischen etwas entschärft. Die Zukunftsaussichten für die Tanne haben sich sogar verbessert: Sie bekommt durch den Klimawandel wieder eine größere Bedeutung, da sie weniger trockenheitsanfällig und sehr viel sturmfester als die Fichte ist.

BAUM DES DIONYSOS

Die Tanne spielte als heiliger Baum im Dionysos- oder Bacchuskult eine bedeutsame Rolle. Wie dies zustande kam, berichtet eine korinthische Sage: Der Herrscher von Theben, Pentheus, bekämpfte vehement das Eindringen des neuen Mysterienkultes in sein Reich. Aber immer mehr Menschen folgten dem Gott des Weines, unter anderem auch seine Mutter Agaue. Vor allem Frauen waren begeistert von den ausgelassenen, wilden Festen, an denen sie als Bacchantinnen (Mäanden) teilnahmen. Dionysos selbst brachte seinen Widersacher Pentheus als Frau verkleidet zu einer dieser geheimen Feiern und ließ ihn das ekstatische Fest von einer Tanne aus beobachten. Dann offenbarte der rachsüchtige Gott den Frauen ihren heimlichen Belauscher. Die rasende Meute, unter der sich auch Pentheus' Mutter und seine Tanten befanden, fällte daraufhin die Tanne und zerriss Pentheus schäumend vor Wut in Stücke. Seine Mutter selbst riss ihm den rechten Arm vom Rumpf, obwohl er sich zu erkennen gab: „*Mutter, kennst du deinen Sohn nicht mehr!*“ Ein Orakelspruch der berühmten Pythia von Delphi wies die Frauen an, den gefällten Baum so zu verehren wie den Gott Dionysos. Es ging dabei also gar nicht um die Sühne des Mordes an Pentheus, sondern um den Baumfrevel. Vermutlich war diese Tanne ein heiliger Baum.

Allerdings handelte es sich bei besagter Tanne nicht um die bei uns bekannte Weiß-Tanne, sondern um die Griechische Tanne (*Abies cephalonica*). Solche Verwechslungen findet man häufiger in der Literatur, denn die mitteleuropäischen Übersetzer griechischer und römischer Mythen kannten selten die mediterrane Flora und setzten oft ähnliche Pflanzen aus ihrer Heimat an deren Stelle. Sehr häufig wurde beispielsweise der im mediterranen Raum wichtige Kultbaum Pinie durch die bei uns bekannten Fichte, Kiefer oder Tanne ausgetauscht Seite 143 *Kiefer*.

Interessant ist auch die Parallele des Dionysoskultes zum Christentum: Am 6. Januar ehrte man im alten Griechenland den wiederauferstehenden Gott Dionysos und seine Verwandlung von Wasser zu Wein. Am gleichen Tag feierte die frühe Christenheit Geburt und Taufe Jesus.

VON DER GÖTTIN ZUR JUNGFRAU MARIA

Nach Mitteleuropa kehrte die Tanne nach der Eiszeit sehr spät zurück. Sie erreichte Deutschland erst kurz vor Christi Geburt. Trotzdem nahm sie im Kult der damaligen Völker bald schon eine wichtige Rolle ein. Offenbar übertrug man älteres Fichtenbrauchtum auf die ähnlich aussehende Tanne, denn die beiden Bäume werden in der Überlieferung selten voneinander unterschieden. Beide Nadelbäume wurden häufig unter dem Namen Tanne zusammengefasst. Die Fichte war bereits viele tausend Jahre früher zurückgekehrt und somit schon reichlich mit Brauchtum ausgestattet.

In manchen Gegenden galt die Tanne als Schwellenbaum zwischen Tod und Leben. In solchen Bäumen vermutete man in Zeiten des Ahnenkultes die Seelen der Verstorbenen, die hier unter dem Schutz einer Göttin auf die Wiedergeburt in der Sippe warteten. Deshalb verehrte man die Tanne als Kinderbaum, aus dem die kleinen Kinder geschüttelt wurden. In der Nähe des Feldbergs (Schwarzwald) wurde eine Tititanne verehrt, die innen hohl war und aus der man die Kinder(-Seelen) holte. Man sagte zu den Kindern auf die Frage, woher sie kämen: „*Die Hebamme hat dich aus der Tanne geschüttelt.*“ Auch der Titisee im Schwarzwald galt einst als Kindersee, in dem die ungeborenen Kinderseelen auf ihre Geburt warteten. Das Wort „Titi“ bedeutete „Kindlein“. Die Spuren der weiblichen Baumgöttin findet man auch in Feensagen oder Geschichten von schönen Jungfrauen, die in der Nähe von Tannen den Menschen erscheinen.

Zu Beginn der Christianisierung wurden einige Baumheiligtümer das Opfer eifriger Missionare. In einer der Sagenversionen zu seinem Tod fällte der heilige Landolin, ein irischer Mönch, in Ettenheimmünster eine heilige Tanne und zimmerte daraus ein Kreuz. Für diesen Frevel wurde er im Jahr 604 von den heidnischen Alemannen erschlagen. Im Laufe der Jahrhunderte wurden die heidnischen Tannen schließlich „geheiligt", indem man sie mit entsprechenden Legenden versah: Aus ihrem Holz fertigte man beispielsweise das Kreuz für den Erlöser. In einer anderen Legende suchte Jesus unter verschiedenen Bäumen Schutz vor dem Regen, aber alle ließen das Wasser auf ihn niedertropfen. Nur die Tanne breitete schützend ihre Zweige aus. Zum Lohn ist sie seither immergrün, ein Symbol der Hoffnung und der Unsterblichkeit. Viele der einst von Heiden verehrten Tannen wurden zu Marientannen, in deren Schatten eine Wallfahrtskirche entstand. Noch heute gibt es einige Klöster und Wallfahrtsorte mit dem Namen Maria Tann.

Die Jungfrau Maria übernahm viele Funktionen und Attribute der vorchristlichen Göttinnen. In Triberg (Schwarzwald) wird die Legende erzählt, an einer mächtigen Tanne, neben der aus einem Fels eine Quelle entsprang, habe im Jahre 1630 ein auf Pergament gemaltes Marienbild geheftet. Ein Mädchen nahm das Bildnis mit nach Hause, worauf es nach drei Tagen erblindete. Eine Traumstimme versprach Heilung, wenn das Bild wieder zur Tanne zurückgebracht würde, und so geschah es auch. An der Tanne gab es dann zahlreiche Wunderheilungen, so dass sich der Wallfahrtsort Maria in der Tanne entwickelte.

WIE ES ZUM TANNENBAUM KAM

„O Tannenbaum, o Tannenbaum", heißt es in dem bekannten alten Weihnachtslied. Der Tannenbaum gilt bei uns als Weihnachtsbaum schlechthin! Dabei täuscht der Name darüber hinweg, dass die Fichte früher wesentlich häufiger für diesen Zweck Verwendung fand. Heute wird das einträgliche Weihnachtsgeschäft hauptsächlich mit ausländischen Baumarten abgewickelt. Sehr beliebt sind dabei die Nordmann-Tanne (*Abies nordmanniana*) aus dem Kaukasus und die amerikanische blaugrün benadelte Stech-Fichte (*Picea pungens*). Die Tanne selbst findet man im deutschen Wald sehr selten, nur 2 % der Waldfläche beansprucht sie dort für sich (in Baden-Württemberg sind es 8 %).

Egal ob Tanne oder Fichte, der Brauch des Weihnachtsbaumes ist noch gar nicht so alt. Er entwickelte sich aus der wesentlich älteren Tradition, immergrüne Zweige von Nadelhölzern in die Stuben zu legen Seite 129 *Fichte*. Das Wintergrün schenkte den Menschen die Hoffnung, der Winter könne besiegt werden, denn ihr Grün überdauert Dunkelheit und Kälte. Außerdem hatten die grünen Zweige von Tanne und Fichte eine Schutzfunktion, die Unheil vom Haus abwendete.

Weihnachtsbaum und Tannenbaum entwickelten sich zu Synonymen, obwohl meist eine Fichte die Stuben zierte.

Sowohl in dem erfolgreichen Buch „Narrenschiff" aus dem Jahre 1494 als auch in den Predigten des Straßburger Dompredigers Johann Geiler von Kaysersberg (1508) erfahren wir, dass das Tannengrün und das „Verteilen von Gaben" einst heidnische Bräuche waren, die den Jahreswechsel begleiteten: *„Weihnachten in der Weise zu feiern, wie die Heiden Neujahr begingen, nämlich etlich mit Tanzen und Springen, andere mit Stechen, andere mit Tannreiß in die Stube legen, andere mit Bechern, andere dass sie einander Gaben schicken, Lebkuchen, Wein!"* Johann Geiler war berühmt für seine Predigten gegen das Hexenwesen, aber sein Schimpfen über die Tannenreißer schien seine Schäfchen nicht nachhaltig zu beeindrucken. Denn aus den „Weihnachtsmaien", wie man die Nadelzweige nannte, wurde recht bald ein ganzer Baum: der Weihnachtsbaum. 1521 ist er erstmals für Straßburg erwähnt. Er wurde damals übrigens nicht wie heute aufgestellt, sondern verkehrt herum an die Zimmerdecke gehängt. Dann schmückte man ihn mit gefärbtem Papier, mit Äpfeln, Oblaten und Süßigkeiten. Die Kirche sah das zunächst gar nicht gerne, denn es war ja eine Fortführung der abergläubischen Baumkulte. Der lutherische Theologe Johann Konrad Dannhauser wetterte 1654 in Straßburg gegen diese heidnische Unsitte, die er „Abgötterei" nannte: *„Unter anderen Lappalien, damit man die alte Weihnachtszeit oft mehr als mit Gottes Wort begeht, ist auch der Weihnachts- oder Tannenbaum, den man zu Hause aufrichtet, denselben mit Zucker und Puppen behängt und ihn hernach abschüttelt und abblümen lässt. Wo die Gewohnheit herkommt, weiß ich nicht."* Abgeblümt, das heißt geplündert, wurde das Bäumchen damals erst zum Jahreswechsel.

Das Schimpfen der Geistlichkeit nützte nichts, der mit Gaben und Lichtern geschmückte Weihnachtsbaum breitete sich in ganz Deutschland aus und wurde schließlich zum Christbaum, das Symbol für Christi, das Licht der Welt. Seit Ende des 19. Jahrhunderts gehört er unverzichtbar zum Weihnachtsfest. Der Brauch des Weihnachtsbaumes verbreitete sich auf der ganzen Erde.

SCHUTZZAUBER GEGEN HEXEN UND BLITZE

Auch bei den ausgelassenen Maifesten spielte die Tanne eine Rolle. In manchen Regionen wurde sie statt der Fichte als Dorfmaien verwendet ➻ Seite 129 *Fichte*. Ähnlich wie die Fichte sollte sie außerdem die Hexen davon abhalten, den Stall zu betreten. Man glaubte, sie würden in einen „Zählzwang" verfallen und müssten erst alle Nadeln zählen. Weil sie sich ständig verhaspelten, wurden sie bis zum Morgengrauen nicht fertig und zogen schließlich erfolglos davon.

Das Tannengrün galt als Symbol für die Erneuerung und wurde zudem für Schutzzwecke ins Haus geholt.

Der sogenannte Richtmaien war eine Tanne, die man wie einen Maibaum schmückte. Die Zimmerleute befestigten sie auf dem Giebel des neu errichteten Hauses. Es war ein Schutzsegen für das Haus, der Blitz, Sturm und Unheil fernhalten sollte. In eine ähnliche Richtung weist folgender Brauch: Wenn man aus einer vom Blitz getroffenen Tanne einen Keil herausschlägt und diesen in einem Balken seines Hauses einsetzt, ist das Haus vor Blitzeinschlägen geschützt.

MAGISCHES HEILEN UND ZAUBERN

Auch Krankheitsübertragungen wurden von der Tanne überliefert. Gegen den Ziegenpeter (so nannte man früher die Kinderkrankheit Mumps) half folgende Beschwörungsformel: *„Weich zur Tanne die Beule! / Die Geschwulst zur Kienholzwurzel!“* Hier, so kann man allerdings vermuten, waren mit der Tanne eher Fichte oder Kiefer gemeint, aus denen man zumeist das Kienholz fertigte ✤ Seite 145. Das Tannenholz ist dafür nicht so gut geeignet, da es sehr harzarm ist.

Gegen den Blähhals oder Kropf musste man an einem Freitag bei abnehmendem Mond in den Wald gehen, unbeschrien drei Tannenäste nehmen und sie miteinander verknüpfen und verdrehen. Dabei sprach man: *„Büschla* (= Büschel) *dich wind ich / Blöhals dich bind ich.“* Bei diesem Bindezauber kommen verschiedenste archaische Ritualvorschriften zur Anwendung: Bei der Tagwählerei verstärkte der Glückstag Freitag als Tag der Göttin Freya den Zauber. Er blieb auch in christianisierter Zeit der wichtigste Tag für Zauberei. Die Heilige Zahl Drei ist ebenfalls in diesen Zauber eingebunden. Der abnehmende Mond sollte entsprechend auch die Krankheit abnehmen lassen. Unbeschrien bedeutete, das Zauberritual durfte nicht von außen gestört werden, ansonsten würde es misslingen. Deshalb achtete man darauf, nicht angesprochen zu werden und auch selbst niemanden anzusprechen.

Tannenzapfen spielten in der Volksmedizin eine herausragende Rolle. Zum Beispiel sollten Kinder besser schlafen können, wenn man ihnen Tannenzapfen unter das Polster legte. Auch hier sind vermutlich eher Fichten gemeint, denn bei ihnen fallen die Zapfen als Ganzes herab, und im Volksmund nennt man sie „Tannenzapfen“. Die Zapfen der Tanne dagegen fallen noch im Baum auseinander und sind nicht am Boden zu finden. Um einen ganzen Tannenzapfen zu bekommen, müsste man den Baum erklettern oder fällen. Solche Verwechslungen sind nicht selten, denn meist unterschied das Volk die beiden Baumarten nicht.

Auch ist verschiedener Liebeszauber mit der Tanne überliefert. Ein praktikables Ritual, das sich allerdings einige Monate hinzog, funktionierte folgendermaßen: Am Neujahrsmorgen ging man in den Wald und suchte ein Tannenzweiglein mit drei Triebknospen. Es wurde in ein weißes Tuch genäht und über dem Herzen als Amulett getragen. Dann achtete man darauf, bei welcher Person, der man begegnete, das Herz schneller schlug. Am Ostermorgen holte man gleichermaßen einen zweiten Zweig. Der erste wurde nun mit dem Spruch verbrannt: *„So wie dieser Tannenzweig brennt, möge auch die Liebe im Herzen der anderen Person entbrennen!“* Dieser Wunsch sollte sich dann an Pfingsten erfüllen. An Pfingsten besorgte man sich auf gleiche Weise das dritte Zweiglein. Nun konnte es nicht mehr lange dauern und es würde zur Verlobung kommen. Solche Magie nahm man immer in den frühen Morgenstunden kurz vor Sonnenaufgang vor, weil man hier am ehesten Hilfe aus der Geisterwelt erwarten konnte.

ALLES HEILSAM: NADELN, ZAPFEN, RINDE, HOLZ UND HARZ

Hildegard von Bingen (1098–1179) glaubte, die Tanne trage sehr viele Kräfte in sich. Vor allem betont sie ihre antidämonischen Kräfte: *„Denn an welchem Ort auch immer Tannenholz ist, hassen und meiden es die Luftgeister mehr als andere Orte, und Zauberer und Magie haben dort weniger Kraft und herrschen weniger als an anderen Orten.“* Sie beschreibt zahlreiche Rezepte gegen Kopf- und Magenschmerzen, Gicht, Husten, Krebsgeschwüre und vieles weitere. Dabei kommen nicht nur Tannenrinde und Blätter zum Einsatz, sondern auch Tannensamen und Asche aus frisch verbranntem Tannenholz.

Die mittelalterliche Medizin nutzte sehr oft den Samen der Tanne, etwa gegen Blutspeien, Nieren- und Blasenerkrankungen, Husten und Halsschmerzen. Der Samen enthält reichlich ätherisches Öl, weshalb viele der damaligen Anwendungen durchaus Sinn ergeben. Den Gebärenden empfahl Otto Brunfels (1488–1534) eine Räucherung mit dem Samen: *„Von unten auf beräuchert, treibt aus die Frucht und das Bürdlein* (also die Nachgeburt) *von den Frauen.“*

Vor allem schätzte man in der damaligen Heilkunde das Harz der Tanne, das sich in kleinen Harzgallen auf der Rinde befindet. Es wurde in Salben und Pflastern verarbeitet, um damit Wunden zu schließen und Geschwüre zu heilen. Mit Honig gekocht, galt es als gutes Mittel gegen Halsschmerzen. Aus dem Tannenharz wurde das sogenannte „Straßburger Terpentin“ destilliert, das einen feinen zitrusartigen Duft besitzt. Man nutzte es bei Verstauchungen und Prellungen, zur Wundversorgung und Durchblutungsförderung der Haut. Es ist noch heute erhältlich.

Der Kräuterpfarrer Sebastian Anton Kneipp (1821–1897) war sehr angetan von der Heilwirkung der Tanne. Er empfahl Sängern und Predigern einen Absud aus den grünen Tannenzapfen, um die Stimmbänder geschmeidig zu halten. Der Tee sollte auch Lungenleiden und Bronchitis heilen. Dazu werden 3–4 frisch gepflückte Zapfen kleingeschnitten und mit einem halben Liter Wasser 10 Minuten geköchelt. Diesen Tee verwendet man mehrmals täglich zum Gurgeln.

TANNENMEDIZIN ANWENDEN

Die Heilwirkung der Tanne ist mit jener der Fichte gleichzusetzen, denn sie wirkt ebenfalls schleimlösend, durchblutungsfördernd, entzündungshemmend und antiseptisch. Außerdem sagt man ihr eine nervenstärkende Wirkung nach. Man verordnet Tannensprossentee, ätherisches Tannennadel- und Tannenzapfenöl, Tannenwipfelsirup sowie Straßburger Terpentin bei Atemwegserkrankungen, Erkältungen, rheumatischen Beschwerden, Zerrungen sowie Muskel- und Nervenschmerzen. Die Anwendung erfolgt äußerlich über Bäder, Einreibungen oder Inhalationen.

Die Tannensprossen, auch Tannenwipfel genannt, erntet man im Frühjahr (April/Mai), die grünen Tannenzapfen im Sommer (August/September). Einen hilfreichen Tee gegen Husten, Heiserkeit und Erkältungen können Sie folgendermaßen zubereiten: 2 TL frische oder 1 TL getrocknete Tannentriebe werden mit 200 ml kochendem Wasser übergossen und 10 Minuten zugedeckt ziehen gelassen. Abgießen und lauwarm in kleinen Schlucken trinken. Man kann auch etwas dunklen Waldhonig dazugeben.

In der anthroposophischen Medizin wird das Tannenharz auf Anregung von Rudolf Steiner bei Diabetes mellitus empfohlen.

In der Gemmotherapie nimmt man das Knospenmazerat zur Harmonisierung des Kalziumhaushaltes. So wird die Heilung von Knochenbrüchen unterstützt, die Zähne werden gestärkt, und auch der Osteoporose beugt man damit vor.

Die Blütenessenz der Tanne steht für Ruhe, Schutz und Stärke. Sie passt zu Lebenssituationen voller Anspannung und Stress.

Die aufrecht am Baum sitzenden Tannenzapfen gehören von alters her zur Volksmedizin. Sie enthalten sehr viel ätherisches Öl.

TANNENWIPFEL-SIRUP

- 200 g Tannensprossen
- 400 g Rohrohrzucker

In ein weithalsiges Gefäß schichtweise frische Tannenwipfel und Zucker einfüllen. Die Wipfelschichten können etwa doppelt so dick sein wie die Zuckerschichten. Zum Schluss mit einer Schicht Zucker abschließen und die Schichten gut anpressen. Das Glas wird verschlossen an einem warmen Ort (nicht in der Sonne) so lange stehen gelassen, bis der Zucker flüssig geworden ist (etwa 2 Wochen). Die Nadeln haben sich nun braun verfärbt, und ein Sirup hat sich abgesetzt. Diesen abfiltern und in dunkle Flaschen füllen. Teelöffelweise bei Husten einnehmen. Das Rezept kann man auch mit Fichtensprossen ausprobieren.

BAUMGENUSS AUS TANNENGRÜN

Die Tanne ist wie die Fichte für die Wildpflanzenküche gut geeignet, denn die jungen, hellgrünen Maitriebe haben einen säuerlichen, zitrusartigen Geschmack und enthalten reichlich Vitamin C. Im Gegensatz zur Fichte sind sie ein wenig bitter. Man gibt sie fein gehackt in Salate oder stellt daraus Likör, Gelee oder Sirup her.

WALNUSS

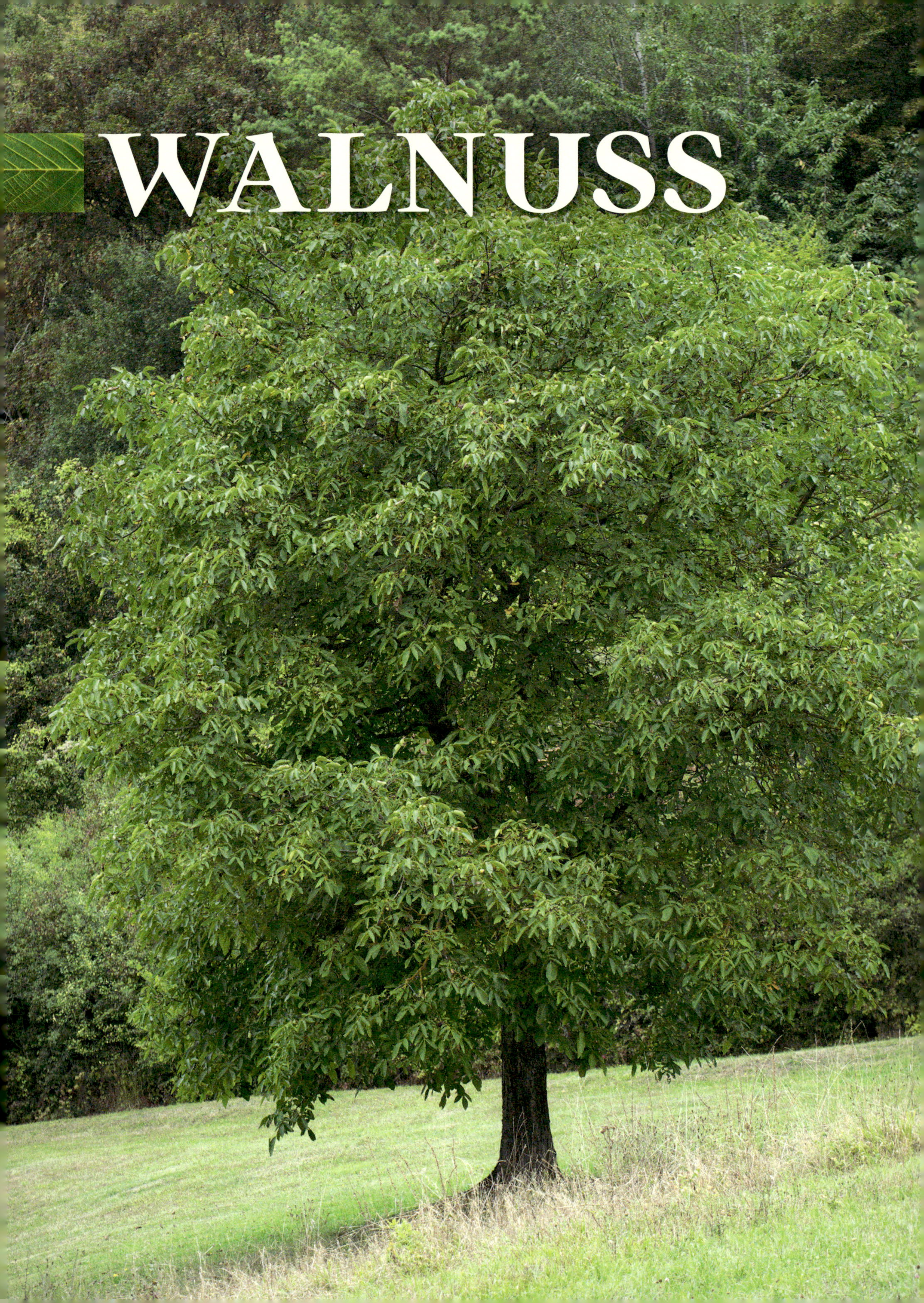

AUS DEM LAND DER WELSCHEN

Die Echte Walnuss kommt mit wenigen Ausnahmen kaum im Wald vor, sondern ist Bestandteil der Gärten und der Feldflur. Weil der Baum mildes Klima bevorzugt, findet man ihn vor allem in Weinbaugebieten. Jahrhundertelang war er ein beliebter Hofbaum, denn er liefert die besten aller Nüsse. Wer mehrere Walnussbäume besaß, galt als „gemachter Mann". Vielerorts galt die Walnuss als Lebensbaum, den man bei der Geburt eines Kindes pflanzte. Wenn die Kinder groß waren, bescherte ihr Baum ihnen zahlreiche Nüsse.

NAME	ECHTE WALNUSS *Juglans regia*
FAMILIE	Walnussgewächse
HÄUFIGKEIT	unter 0,1 % der Waldfläche
ALTER	100 – 180 Jahre
WUCHSHÖHE	20 – 25 m
STAMMUMFANG	4 m möglich
RINDE	silbrig bis dunkelgrau und längsrissig
BLÄTTER	gefiedert, d. h., an der Blattspindel sitzen 4 – 8 kurz gestielte, gegenständige Fiederblättchen und oben ein lang gestieltes größeres Endblättchen, ledrig, kahl, duften intensiv aromatisch
BLÜTEN	Mai – Juni, vor Blattaustrieb, einhäusig und getrenntgeschlechtlich, männliche Kätzchen hängend, gelbgrün, bis 15 cm lang, unscheinbare weibliche Blüten erscheinen meist zu zweit
FRÜCHTE	grüne, dickfleischige und glatte Fruchtschale, platzt vor der Reife auf, darin lagert die holzige hellbraune Nussschale mit dem Nusskern
HOLZ	hart und wenig elastisch, grauweißes Splintholz und hellgraues bis dunkelbraunes Kernholz, dekorative Maserung
VERWENDUNG	edles Möbelholz, Parkett, Furniere, früher: Gewehrschäfte

Wegen der Beliebtheit der Nüsse gibt es heute in einigen Ländern, etwa China und den USA, regelrechten Plantagenanbau. Die Walnuss eroberte Amerika spätestens 1887. In diesem Jahr wurde der erste Walnussgarten in Kalifornien angelegt. Heute gibt es dort über 80 000 Hektar Walnussplantagen. Ein erwachsener Baum kann 50 Kilogramm Nüsse pro Jahr hervorbringen. Weltweit umfasst die Gattung *Juglans* etwa 64 Arten, wovon die nordamerikanische Schwarze Walnuss (*Juglans nigra*) auch ab und zu bei uns anzutreffend ist.

Der deutsche Name Walnuss entwickelte sich aus „Welschnuss". Das Wort „Welsch" war ursprünglich eine germanische Bezeichnung für die Römer und die romanisierten keltischen Völker. Später wurde es auch für fremdartige Gewächse gebraucht, die aus dem Süden über Italien oder Frankreich zu uns gelangten. Als „Kauderwelsch" bezeichnete man die schwer verständliche Sprache der romanisch sprechenden Händler, die ihre exotischen Waren auch in deutschen Landen anboten.

IM REISEGEPÄCK DER RÖMER

Vor der letzten Eiszeit war die Walnuss in Mitteleuropa heimisch und gehörte zur natürlichen Lebensgemeinschaft des Waldes. Während der Eiszeit wurde sie in kleine Refugien in Südeuropa und am Schwarzen Meer zurückgedrängt. Im Gegensatz zu vielen anderen Bäumen fand sie den Weg über die Alpen nicht mehr auf natürlichem Wege, sondern kam mit Unterstützung des Menschen zurück. Die ersten Exemplare brachten vor etwa 6000 Jahren jungsteinzeitliche Bauern mit. Die eigentliche Rückkehr geschah aber erst vor 2000 Jahren durch die Römer, die den Walnussbaum innerhalb ihres Weltreiches verbreiteten. Die römischen Soldaten besiedelten nach ihrer Dienstzeit die eroberten Gebiete. Sie wollten in der neuen Umgebung nur ungern auf ihre geliebte Walnuss verzichten und begannen, sie zu kultivieren. Die Römer mussten schließlich ihre Gebiete nördlich der Alpen aufgeben, aber die zugereiste Walnuss blieb. Ein weiterer Förderer der Walnuss war Karl der Große, der die „Nux gallica" (Gallische Nuss) in seine Landgüterverordnung aufnahm und somit ihren Anbau anordnete.

SYMBOL DER FRUCHTBARKEIT

Im alten Rom war die Walnuss dem höchsten Gott geweiht. Man nannte sie „Jovis glans", was „Eichel des Jupiters" bedeutet. Als Jupiters Eichel war ihr eine deutliche Phallussymbolik zuteil geworden. Dementsprechend hatte sie eine bedeutsame Rolle im Fruchtbarkeitszauber. Bei den Hochzeiten wurden dem römischen Brautpaar Walnüsse zwischen die Beine geworfen, als Glücksbringer und um das Paar mit Fruchtbarkeit zu segnen. Ein heller Klang beim Aufprall der Nüsse sollte eine glückliche Ehe vorhersagen. Der Dichter Vergil lässt die Braut nach der Vermählung rufen: *„Streue Nüsse, Gatte!"*

Auch nördlich der Alpen entwickelten sich um den Walnussbaum zahlreiche Fruchtbarkeitsrituale. Wenn eine Jungfrau einen Stecken in einen Walnussbaum warf und er schon beim ersten Wurf nicht mehr runterfiel, dann würde sie bald Hochzeit haben. An Weihnachten oder Silvester veranstaltete die heiratswillige Jugend mit den schiffchenförmigen Nussschalen ein Liebesorakel: Mit Namen gekennzeichnete Nussschalen wurden in eine Schüssel Wasser gegeben. Diejenigen, deren Schiffchen zusammenstießen, konnten an Verlobung oder Heirat denken. Wenn die Schiffchen von zwei Verlobten voneinander wegschwammen, war Trennung vorprogrammiert.

Oftmals nahm die zugewanderte Walnuss das Brauchtum der heimischen Haselnuss auf, die ebenfalls als Fruchtbarkeitsbringer galt. Ähnlich wie bei der Hasel gab es anzügliche Anspielungen: *„Wenn's viele Walnüsse gibt, gibt's auch Bengel* (= uneheliche Kinder)." Die Walnuss genoss im Volk eine starke sexualgeprägte Symbolik. In zahlreichen Bauernsprüchen wird das Nüsseknacken eindeutig mit dem Geschlechtsverkehr in Verbindung gesetzt. Die Nuss wurde als Umschreibung für die Vulva gebraucht. In einem schwäbischen Volkslied geht es ziemlich deutlich zur Sache: *„Hans weck die Magd auf! / Herr ich bin schon oben drauf. / Hans was machst du oben drauf? / Herr ich knack die Nüsse auf! / Hans, reich mir doch auch ein Kern. / Herr, ich fresse selber gern!"* Außerdem sagte man zu jemandem, der eine Witwe heiraten wollte: *„Wenn die Nuss schon gespalten, kommt man eher zum Kern."*

Die in einer grünen Umhüllung sitzenden Nüsse hatten eine große Bedeutung im Fruchtbarkeitszauber.

Es gab zahlreiche Rezepte mit Walnusskernen als Aphrodisiakum. Sie standen vor allem im Ruf, „die Manneskraft zu stärken und den Samen des Mannes zu mehren". Selbst Impotenz sollte durch den Genuss der Nüsse beseitigt werden. Auch die Blätter wurden zur Potenzsteigerung verwendet. Dazu musste man einen Absud kochen, in den der Mann sein Glied und den Hodensack eintauchte.

Damit der Nussbaum eine gute Ernte abwarf, schlug man ihn in den Raunächten zur Weihnachtszeit mit einer Rute. Dieser Fruchtbarkeitsbrauch ist eng angelehnt an das Schlagen der Frauen mit der Lebensrute, ebenfalls zur Förderung der Fruchtbarkeit Seite 57. Das verdeutlichen auch folgende Sprüche: *„Nussbaum, Esel und Weib / Verlangen gedroschenen Leib!"* oder *„Wenn man Nussbäume und Weiber nicht schwingt und schlägt, so tragen sie keine Frucht"*. Solche Sprüche geben ein deutliches Bild von der gesellschaftlichen Stellung der Frau im Mittelalter. Man sollte dabei aber nicht vergessen, dass in patriarchalen Gesellschaften noch heute Frauen misshandelt werden.

ZUNÄCHST TEUFLISCH, DANN GÖTTLICH

Angesichts der erotischen Symbolik der Walnuss in Antike und Mittelalter ist es nicht verwunderlich, dass die Kirche sie verteufelte. Vor allem in südlichen Ländern, wo der Walnussbaum ja eine längere Tradition besitzt, galt er lange als „Hexen-" oder „Waldteufelbaum". Unter bestimmten Walnussbäumen trafen sich angeblich Teufel und Hexen zu ihrem unsittlichen Treiben. Von einem solchen Walnussbaum erzählt eine italienische Sage aus der Stadt Benevento, aufgezeichnet von den Gebrüdern Grimm. Darin wird erzählt, wie ein Mann beobachtete, dass seine Frau sich nachts auszog, mit Öl einrieb und vor seinen Augen verschwand. Er probierte das Öl ebenfalls aus und befand sich plötzlich in einer lustigen Hexengesellschaft unter dem großen Nussbaum zu Benevento. Dort sprach er versehentlich das Wort „Gottlob" aus, woraufhin sich der ganze Spuk auflöste.

Das Verteufeln des Walnussbaumes gestaltete sich aber schwierig, zumal die Nuss ein wichtiges fettreiches Nahrungsmittel war. So entdeckte die Geistlichkeit sehr bald christliche Analogien: Dem Kirchenlehrer Augustinus (354–430) zufolge versinnbildlichte die grüne Fruchthülle das Fleisch, die holzige Schale die Knochen und der Kern die Seele. Auf Christus bezogen, bezeichnete die Hülle das Fleisch Christi, das die Bitterkeit der Passion gekostet hatte. Die Schale stand für das Holz des Kreuzes, und der Kern war das süße Innere der Gottheit, die Nahrung spendet und durch ihr Öl das Licht ermöglicht. Auch die Dreifaltigkeit sollte sich in Fruchthülle, holziger Schale und süßem Kern spiegeln. In manchen Gegenden wurde das Osterfeuer mit Walnussholz entzündet und das Nussöl galt als Brennstoff für das ewige Licht.

Schließlich ordnete man den Nussbaum dem heiligen Laurentius zu, und an dessen Festtag, dem 10. August, aß man ihm zu Ehren Walnüsse. Befanden sich in einer Nuss drei Kerne, so vermochte man mit ihnen Hexen zu erkennen. Legte man sie unter den Stuhl, auf dem eine Hexe saß, konnte diese so lange nicht aufstehen, bis die Nuss wieder entfernt war.

VERBINDUNG ZUR GÖTTERWELT

Die Griechen sahen in den Walnüssen eine Speise der Götter. Dementsprechend hat der Baum eine göttliche Entstehungsgeschichte: Der sinnenfreudige Gott Dionysos verliebte sich in Karya, Tochter des Königs der Lakonier und Tempelpriesterin der Göttin Artemis. Die heimliche Liebe wurde von den eifersüchtigen Schwestern verraten. Die arme Karya starb anschließend vor Kummer. Daraufhin verwandelte Dionysos die beiden Schwestern in Felsen und seine geliebte Karya in einen Walnussbaum. So wurde aus Karya eine Baumnymphe. Seither heißen die im Walnussbaum lebenden Nymphen Karyatiden. Der Göttin Artemis und der Nymphe Karya zu Ehren wurde ein Tempel errichtet, dessen Säulen aus Walnussstämmen gefertigt waren und tanzende Frauengestalten darstellten. Die griechische Stadt Karya trägt noch heute den Namen der Nymphe.

Einer anderen Sage zufolge sollen die Jungfrauen des Ortes Karya zu Ehren der Göttin Artemis Tänze aufgeführt haben. Durch ein nicht näher beschriebenes Ereignis erschreckt, flüchteten sie unter den Baum der Göttin. Als sie die Äste berührten, sollen sie in Nüsse verwandelt worden sein. Karya, die ursprünglich vermutlich keine Nymphe, sondern eine hochgeachtete Baumgöttin war, erfuhr in abgewandelter Form auch in Italien Verehrung. Sie hieß dort Carmenta und galt als Göttin der Weissagung. Sie wahrsagte aus Nüssen und schenkte dem römischen Volk angeblich das lateinische Alphabet.

Nach dem Glauben der Antike lebten überall in der Natur Geistwesen, in Bäumen, in Höhlen, im Wasser und in Steinen. Sie waren Schutzgeister und wirkten sich heilsam auf die ganze Umgebung aus. So gab es Quellnymphen (Najaden), Meernymphen (Okeaniden), Regennymphen (Hyaden), sowie Bergnymphen (Oreaden) und Baumnymphen (Dryaden). Jede Baumart beherbergte mit ihr entstandene und sie bewohnende Nymphen.

In der germanischen Mythologie taucht die Walnuss nur am Rande auf, vermutlich weil sie erst sehr spät in den germanischen Siedlungsgebieten bekannt wurde. Es gibt aber Bezüge zum Fruchtbarkeitsgott Freyr, dem Bruder der Göttin Freya. Auch der Donnergott Donar (Wodan) wird mit der Walnuss in Verbindung gebracht, schließlich war ja auch sein römischer Gewitterkollege Jupiter eng mit der Nuss verbunden. Wie bei vielen Donar-Pflanzen überliefert, ließ sich der Gewittergott auch mit der Walnuss besänftigen. Legte man Walnussholz ins Herdfeuer, ließ sich das nahende Gewitter vertreiben, und wer eine Walnuss bei sich trug, war vor dem Blitz gefeit.

EIN DUFT GEGEN KONKURRENTEN UND INSEKTEN

Der lichtbedürftige Baum verträgt es nicht, bedrängt zu werden, weshalb er den Aufwuchs anderer Pflanzen zu verhindern sucht. Dies geschieht mit dem in den Blättern eingelagerten Stoff Juglon, einem Naphtochinonderivat, das stark wachstumshemmend wirkt. Das bemerkte schon der Arzt Adam Lonitzer, der 1679 schrieb: *„Man sagt, dass eine solche Uneinigkeit unter dem Nussbaum und Eichbaum sei, dass er neben einem Nussbaum gepflanzt ganz verderbe.“* Einen ähnlichen Inhalt hat der alte Spruch: *„Was unterm Nussbaum wächst, taugt nichts.“*

Aufgrund dieser Beobachtungen entstand vermutlich auch der Gedanke, der Walnussbaum könne dem Menschen schaden. Der römische Schriftsteller Plinius glaubte, man bekomme vom Geruch der Blätter Kopfschmerzen. Andere Autoren gingen sogar so weit zu behaupten, der Schlaf im Schatten des Baumes sei tödlich.

Überhaupt gilt der Duft der Walnussblätter und der grünen Fruchtschalen als insektenvertreibend. Deshalb pflanzte man sie früher gerne an Orte, wo mit vielen Mücken und Fliegen zu rechnen war, zum Beispiel in die Nähe der Stallungen sowie bei Latrine, Misthaufen und Jauchegrube. Gegen Kleider- und Lebensmittelmotten legte man Walnussblätter in die Schränke und Truhen. Und gegen Mäusefraß wurden die Erdmieten mit Walnusslaub ausgepolstert. In der Tiermedizin nahm man die leicht insektizid wirkenden Blätter als Einstreu in den Ställen, um Flöhe und Läuse fernzuhalten. Aber auch bei diesen praktischen Anwendungen durfte die Magie nicht fehlen: Besonders wirksam waren die Walnussblätter gegen Ungeziefer, wenn man sie am Johannistag (24. Juni) pflückte.

MAGISCHE MEDIZIN

Auch der Walnussbaum diente zur Krankheitsübertragung; meist gab man Fieber an ihn ab. Dazu schnitt man vor Sonnenaufgang einen Span aus seinem Holz, legte eine kleinen Zettel mit dem Namen des Patienten in den entstandenen Spalt und verkeilte das Ganze wieder. Dazu sprach man: *„Nussbaum ich komme zu dir, / nimm meine 77erlei Fieber von mir, / ich will dabei verbleiben."* Bei einem anderen Übertragungsritual spaltete man eine Walnuss, entfernte den Kern und setzte stattdessen eine Spinne hinein. Die beiden Schalenhälften wurden nun mit drei Knoten zusammengebunden und als Amulett über dem Herzen getragen. Nach 48 Stunden warf man das Amulett vor Sonnenaufgang in ein Fließgewässer und das Fieber schwamm davon.

Sehr beliebt war auch ein Schutzzauber gegen den „zwischen den Beinen gelaufenen Wolf". Man steckte sich vor langen Wanderungen oder Märschen ein Walnussblatt in die Hosentasche und war so vor dem Wundscheuern geschützt. Da dieses bei marschierenden Soldaten häufig vorkam, war die Anwendung sogar im „Königlich Sächsischen Exerzier-Reglement" aufgelistet. Dieser Brauch ist in ländlichen Gebieten noch heute bekannt, manchmal nimmt man statt der Blätter auch eine grüne Nuss. Bei offenen und brennenden Füßen legte man Walnussblätter in die Stiefel.

GETEILTE MEINUNGEN ZUR WALNUSSARZNEI

Der berühmte Arzt Dioskurides nannte im 1. Jahrhundert die Walnüsse persische Nüsse. Er meinte, sie seien schwer verdaulich und verursachten Kopfschmerzen, bildeten aber zusammen mit Feigen und Raute ein Gegenmittel für Pfeilgifte. Auch sollten sie den Bandwurm vertreiben und „gegen den Biss des tollen Hundes" helfen. Die in Wein und Öl verriebene grüne Fruchtschale empfahl er als Pomade für schönes Haar. Die Wirkung gegen Pfeilgifte soll angeblich auf ein Rezept des Königs

Walnussblätter enthalten wachstumshemmende Stoffe, die den Aufwuchs konkurrierender Pflanzen verhindern. In der Medizin nutzt man die entzündungshemmende und antibakterielle Wirkung der zahlreichen Inhaltsstoffe.

WALNUSSMEDIZIN ANWENDEN

In der Volksmedizin spielen vor allem die Blätter eine Rolle. Sie enthalten Gerbstoffe, Naphtochinonderivate und Flavonoide. Sie werden äußerlich zur Unterstützung der Wundheilung und zur Linderung von Hautentzündungen eingesetzt. Aufgrund der zusammenziehenden und entzündungshemmenden Wirkung ist dies eine sinnvolle Anwendung, die von der modernen Phytotherapie anerkannt wird. Die Blätter nutzt man auch äußerlich bei überhöhter Schweißbildung, vor allem an Händen und Füßen. Innerlich dienen sie als stoffwechselanregendes Blutreinigungsmittel, und man verordnet sie zudem bei Durchfallerkrankungen. Für die äußerliche Anwendung in Form von Umschlägen oder Waschungen überbrühen Sie 1 EL Walnussblätter mit 100 ml Wasser, dann 10 Minuten ziehen lassen. Zur innerlichen Anwendung als Tee 2 TL zerkleinerte Blätter mit 250 ml heißem Wasser übergießen. 5–7 Minuten ziehen lassen und abgießen.

Für medizinische Zwecke sammeln Sie die Blätter von Mai bis Juni. Dann die Fiederblätter von der zentralen Blattspindel herunterstreifen und schonend trocknen.

Die grüne Umhüllung der Nuss dient heute nicht mehr als Heilmittel. Sie eignet sich jedoch **als Färbemittel** – das kennt jeder, der schon einmal Nüsse gesammelt hat und mit der Fruchtschale in Berührung kam. Den daraus hergestellten schwarzbraunen Absud setzte man zum Braunfärben von Wolle und Haaren ein. Außerdem nutzten ärmere Leute die getrockneten grünen Schalen früher als Pfefferersatz. In der russischen Volksmedizin bereitet man aus den kleingeschnittenen grünen Nüssen eine Tinktur, die bei Diabetes und Durchfallerkrankungen zum Einsatz kommt.

Die Bachblüte „Walnut“ („Verwirklichungsblüte“) soll einen Neubeginn erleichtern und die dabei entstehenden Verunsicherungen lösen. Man lernt, seiner inneren Stimme zu folgen und seinen Weg zu gehen, egal was andere darüber denken.

In der Gemmotherapie gilt die Walnussknospe ihrer entgiftenden und entzündungshemmenden Wirkung wegen als gutes Haut- und Lymphmittel. Außerdem hat das Mazerat einen regulierenden Effekt auf Leber, Verdauung und Bauchspeicheldrüse.

Mithridates zurückgehen, der sich täglich aus zwei Walnüssen, zwei Feigen und 20 Weinrautenblättern ein Antigiftmittel zubereiteten ließ.

Die Äbtissin Hildegard von Bingen vertrat die Meinung, der Genuss von vielen Nüssen erzeuge Fieber und sei dafür verantwortlich, dass sich die Brust mit Schleim anfülle. Sie nutzte medizinisch den Saft der jungen, frischen Walnussblätter gegen Würmer und empfahl ihn auch für eine Salbe zur Behandlung von Lepra. Den Saft aus der grünen Fruchtschale nahm sie für Hautekzeme.

Berühmte Botaniker-Ärzte des Mittelalters orientierten sich sehr an den Aussagen des Dioskurides und betonten deshalb, der Genuss von Walnüssen rufe Husten, Kopfschmerzen, Magenbeschwerden, Heiserkeit und Erbrechen hervor. Lediglich die grünen Fruchtschalen waren in der mittelalterlichen Medizin als zusammenziehendes Mittel beliebt, zum Beispiel zur Behandlung von Entzündungen der Haut.

Gemäß der Signaturlehre war die Walnuss ein traditionelles Mittel zur Unterstützung der

Gehirnfunktionen und der Gedächtnisleistung. Denn die Nussschale wurde mit der Hirnschale verglichen und der Nusskern mit dem Gehirn.

GESUND UND LECKER

Möglicherweise beruht die Warnung der mittelalterlichen Ärzte vor dem Verzehr der Nüsse auf dem allergenen Potenzial, dass sie in sich tragen, auch wenn nur ein kleiner Teil der Bevölkerung davon betroffen ist.

Ansonsten sind Walnüsse ein außerordentlich gesundes Lebensmittel. Sie besitzen einen hohen Eiweiß- (15 %) und Fettgehalt (60–65 %), und unter allen Nussfrüchten haben sie den mit Abstand höchsten Gehalt an Linolsäure und ungesättigten Fettsäuren, vor allem an gesunder Omega-3-Fettsäure. Ebenfalls zahlreich vorhanden sind Antioxidantien, die eine wichtige Rolle bei der Krebsprävention spielen. Sie senken erwiesenermaßen den Blutdruck und beugen Diabetes sowie Herz-Kreislauf-Erkrankungen vor. Außerdem verringern sie den Cholesterinspiegel deutlich. Eine Handvoll Walnusskerne am Tag wirkt sich also positiv auf unsere Gesundheit aus. Sie lassen sich leicht und vielseitig in den täglichen Speiseplan integrieren. Durch den hohen Fettanteil lohnt es sich, ein wertvolles Öl daraus herzustellen.

In Walnussgebieten blieb ein Teil der frisch gefallenen Nüsse ungetrocknet und wurde gleich geknackt und aufgegessen. Man zog dazu den Kernen die bittere Außenhaut ab, um dann den weißen, noch süßlich schmeckenden Kern zu genießen.

Walnüsse wurden und werden nicht nur im reifen Zustand verzehrt. In Griechenland kochte man die unreifen Nüsse in Honig ein, als süßaromatische Delikatesse. In manchen Regionen verwendet man die grünen Nüsse noch heute für einen Nusslikör. Die Leute ernten sie dazu traditionell am 24. Juni, weshalb man sie auch Johanni-Nüsse nennt. In einem alten Klosterrezept galten die „eingemachten unzeitigen welschen Nüsse" als gutes Mittel gegen Magenkrankheiten. In der Naturkosmetik nimmt man die grünen Juninüsse als Zutat für ein insektenabwehrendes Sonnenöl.

Walnusskerne sind mit ihrem Gehalt an Linolsäure und Omega-3-Fettsäure außerordentlich gesund.

WALNUSSLIKÖR

- 20 grüne Walnüsse
- 1 Liter Korn
- 1 Stange Zimt
- 3 Nelken
- 250 g Zucker
- 500 ml Wasser

Schneiden Sie die grünen Nüsse in Scheiben und füllen Sie diese zusammen mit der zerkleinerten Zimtstange und 3 Nelken in ein verschließbares Glas. Mit dem Korn übergießen und 3 Wochen an einem warmen Ort ausziehen lassen. Eine Zuckerlösung aus 250 g Zucker und 500 ml Wasser aufkochen und abkühlen lassen. Sieben Sie nun die Nüsse ab und mischen Sie den Walnuss-Auszug mit der Zuckerlösung. Vor Gebrauch einen Monat reifen lassen.

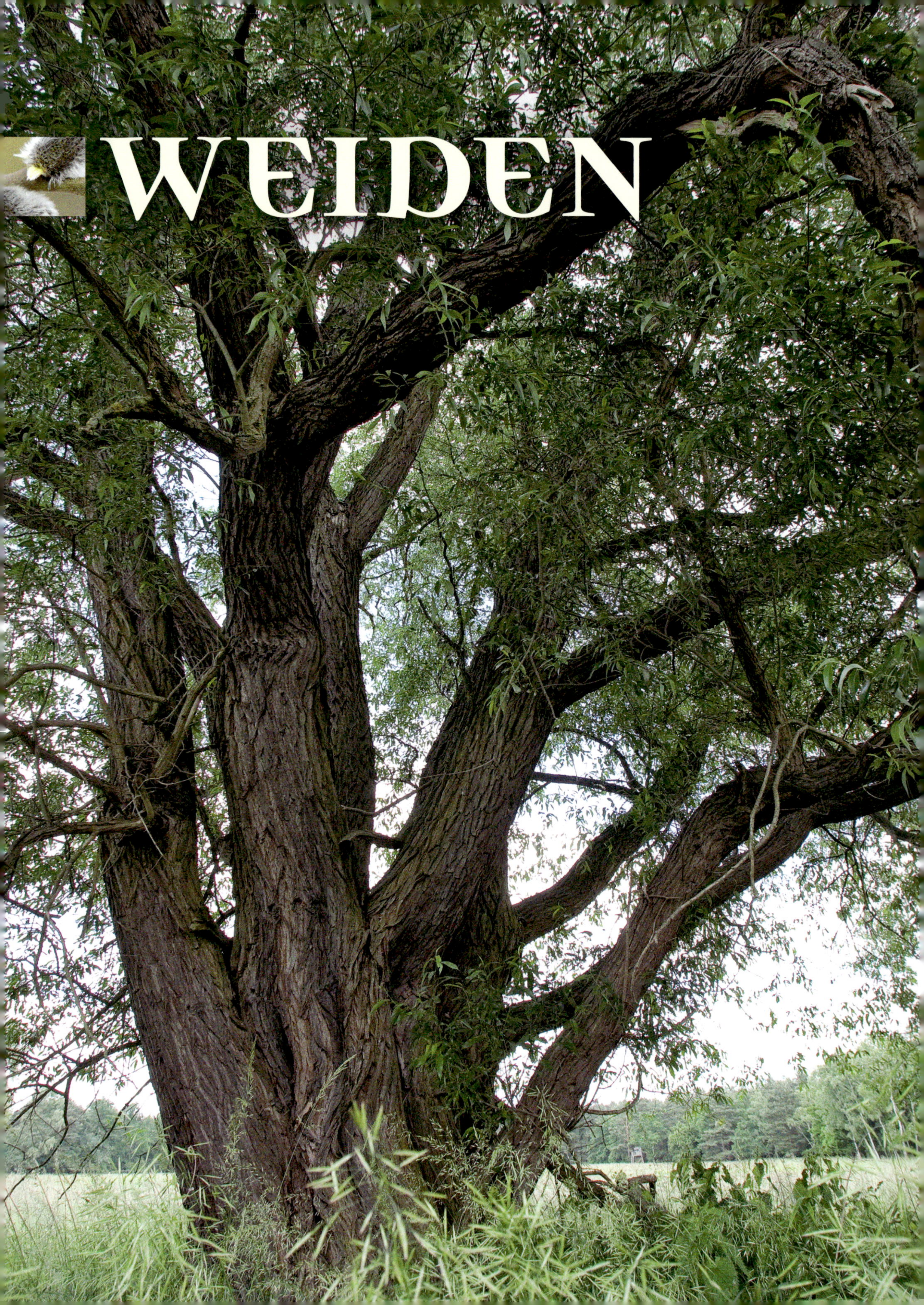
WEIDEN

BIEGSAME RUTEN

Die Weiden sind eine große Gattung mit weltweit fast 400 Arten. Die meisten davon sind Zwerggehölze und Sträucher, aber es gibt auch baumbildende Weiden. Bei uns sind rund 30 Weidenarten heimisch, von denen sich nur die Silber-Weide (*Salix alba*) und die Bruch-Weide (*Salix fragilis*) zu ansprechenden Bäumen entwickeln.

NAME	SAL-WEIDE *Salix caprea*	SILBER-WEIDE *Salix alba* (Syn. Weißweide, Felber)	BRUCH-WEIDE *Salix fragilis* (Syn. Knackweide)
FAMILIE	Weidengewächse		
HÄUFIGKEIT	weniger als 0,5 % der Waldfläche (Österreich 0,5 %, Schweiz 0,5 %)		
ALTER	60 Jahre	100 – 200 Jahre	100 – 150 Jahre
WUCHSHÖHE	6 – 12 m (Baum / Strauch)	25 – 30 m (Baum)	10 – 25 m (Baum)
STAMMUMFANG		6 – 7 m möglich	4 – 5 m möglich
RINDE	schwarzbraun, längsrissig	graubraun, sehr tiefrissig	graubraun, längsrissig
BLÄTTER	elliptisch bis oval, hervortretende Blattnerven lassen Blatt runzlig erscheinen, oberseits mattgrün, unterseits graugrün und wollig behaart	lanzettlich, schmal und zugespitzt, oberseits dunkelgrün, unterseits dicht silbrig-seidig behaart	lanzettlich, lang zugespitzt, oberseits glänzend dunkelgrün, unterseits hellgrün, beidseitig kahl, lang gestielt
BLÜTEN	März – April, zweihäusig, Kätzchen erscheinen lange vor den Blättern, anfangs dicht silbrig pelzig, männliche Kätzchen eiförmig und gelblich, weibliche Kätzchen grünlich	April – Mai, zweihäusig, Kätzchen erscheinen mit den Blättern, männliche Kätzchen gelb, weibliche Kätzchen sehr schlank, grünlich	April, zweihäusig, Kätzchen erscheinen mit den Blättern, männliche Kätzchen bogig-aufrecht und gelb, lang gestielt, weibliche bogig überhängend und grünlich
FRÜCHTE	Kapselfrüchte, Samen mit zahlreichen braunen, langen Flughaaren	Kapselfrüchte, Samen mit langen weißen Härchen	Kapselfrüchte, Samen mit feinen Härchen versehen
HOLZ	sehr weich und leicht, gelblich weiß, manchmal dunkler Kern		
VERWENDUNG	Schachteln, Spankörbe, Paletten, früher: Gerten als Flechtmaterial (Zäune, Körbe), Samenwolle als Polstermaterial		

Die Bruch-Weide oder Knackweide verdankt ihren Namen der Tatsache, dass ihre Zweige an den Ansatzstellen leicht und mit einem knackenden Geräusch abbrechen. Einen baumartigen Wuchs können auch die zahlreich vorkommende Sal-Weide (*Salix caprea*) und die Reif-Weide (*Salix daphnoides*) vorweisen. Das Bestimmen von Weiden ist auch für Fachleute sehr schwierig, da sie stark zur Bastardierung neigen. Eine sichere Bestimmung der kreuzungsfreudigen Gewächse ist nur über genetische Merkmale möglich.

Die meisten Weiden bevorzugen feuchte Standorte. Der botanische Name *Salix* hat seine Wurzeln im indoeuropäischen „sal" und bedeutet Gewässer. Recht früh erkannte der Mensch das hohe Ausschlagsvermögen der schnellwüchsigen Weiden. Deshalb hielt man sie als sogenannte Kopfweiden, indem man sie regelmäßig bis zum Stamm zurückschnitt. Die an der Schnittstelle austreibenden Gerten dienten zur Gewinnung von Weidenruten. Für diese Nutzungsform nahm man vor allem die Silberweide und die außergewöhnlich schmalblättrige Korb-Weide (*Salix viminalis*), die manchmal auch Flecht- oder Kopfweide heißt. Man nahm übrigens nur Ruten von Weidenarten mit schmalen Blättern, denn Weiden mit runden Blättern galten als brüchig.

Korbweiden werden zur Gewinnung der Weidenruten regelmäßig zurückgeschnitten. Die schnellwüchsigen Weiden treiben an den Schnittstellen immer wieder aus.

Mit den biegsamen Ruten wurden Gartenzäune errichtet und Bachufer befestigt. Außerdem stellte man aus ihnen ein Geflecht her, das zum Füllen der Ausfachungen im Fachwerkhaus diente. Das eingesetzte Geflecht wurde anschließend mit Lehm und Strohhäcksel verputzt. Ganz junge Weidentriebe dienten auch zum Binden, und arme Leute nutzten sie sogar als Schnürsenkel, was uns eine Bauernklage überliefert: *„Mei, horcht mir nur a wenig zu. / Mit Wyde bind i mei Schuh, / kei Frucht hab i in der Scheuer / un muss doch gebe mei Steuer.“* Das Korbflechten mit Weiden war einst ein bedeutendes Gewerbe. Es ist vermutlich eines der ältesten Handwerke und wurde schon in der Steinzeit ausgeübt.

Das Volk der Skythen benutzte die Weidenzweige zur Zukunftsdeutung. Die Reiternomaden lebten im 8. Jahrhundert v. Chr. in den eurasischen Steppen. So beschrieb es der griechische Geschichtsschreiber Herodot um 500 v. Chr.: *„Sie weissagen mittels einer Menge von Weidenstäbchen. Sie bringen große Bündel solcher Stäbe herbei, legen sie auf die Erde und sondern sie dann auseinander. Nun legen sie jeden Stab einzeln hin und verkünden den Spruch, indem sie die Stäbe einzeln aufnehmen. Dann wickeln sie die Stäbe wieder zusammen.“* Diese Wahrsagetechnik erinnert sehr an die mit Runen beschrifteten Buchenstäbe der Germanen Seite 64.

LEBEN UND TOD

Die Weide tritt waldgeschichtlich sehr früh auf. Schon in der Altsteinzeit vor 14 000 Jahren prägte sie zusammen mit den Birken die Vegetation. Vor allem an Gewässern blieb sie bis heute eine wichtige Baumart. Die biegsamen Ruten dienten bereits damals zum Flechten. Kein Wunder, dass dieser alte Baum eine sehr wichtige Rolle in Kult und Brauchtum einnahm.

In vielen Kulturen symbolisierte die Weide zwei scheinbare Gegensätze: Leben und Tod. Im alten Denken des Ahnenkultes gab es diese Gegensätze jedoch nicht. Die Große Göttin verkörperte Geburt, Fruchtbarkeit und Sterben. Sie nahm die Toten zu sich und schenkte neues Leben. Der Tod war im ewigen Kreislauf Vorbedingung für die Wiedergeburt. Die Weide symbolisierte beides, das Sterben und die selbsterneuernde Kraft: Selbst aus hohlen, faulenden Strünken trieben neue Rutenäste hervor.

An einem solchen Ort vermutete man die Seelen der Verstorbenen. Deshalb waren Weiden vor Jahrtausenden ein Verehrungsort der Großen Muttergöttin. Außerdem finden Weiden sich meist in der Nähe von Gewässern. Wasser galt als wichtige lebensspendende Kraft, denn für das Wachstum der Pflanzen und die Fruchtbarkeit der Erde war es unverzichtbar. Auch der Mond war mythologisch eng mit dem Wasser und der Großen Göttin verbunden, weshalb die Weide wie auch die Erle zu den Mondbäumen zählte. Wegen der Verbindung zu Mond und Wasser waren Weidenruten unentbehrlich für den Regenzauber. Jahrtausende später wurde das segenbringende Regenmachen der Schamaninnen zum teuflischen Schadzauber der Hexen diffamiert.

Das Korbflechten ist ein uraltes Handwerk. Man verwendet dazu einjährige Weidenschösslinge.

SPUREN DER GROSSEN MUTTER

In den alten Mythen und Legenden finden sich zahlreiche Spuren der weiblichen Geburts- und Totengöttin: In einer böhmischen Legende wird von einer mit der Weide verbundenen Baumnymphe berichtet. Eine Frau schlich sich jede Nacht aus dem Haus, um zu einer Weide am Bach zu gehen. Der misstrauische Mann ging ihr nach und sah, wie sie im hohlen Baum verschwand. Daraufhin fällte er am nächsten Tag die alte Weide. Doch als der Baum fiel, stürzte auch seine Frau tot zu Boden. Aus dem gefällten Baum wuchsen bald neue Weidentriebe heran. Die Kinder des Paares bastelten sich aus den Zweigen Flöten und jedes Mal, wenn sie darauf spielten, hörten sie die Stimme ihrer Mutter.

Kinder schnitzten übrigens gerne Pfeifen aus Weidenästen. Dazu mussten sie vorsichtig die Rinde ablösen. Hunderte von Bastlösereimen sind uns überliefert, die sie beim Pfeifenbasteln aufsagten: „*Pfeiferl, Pfeiferl, Pfiffo, ziag* (= zieh) *da Katz d'Haut ab, übern Kopf un übern Schwanz, bleibt mei Pfeiferl ganz.*“

Auch in der griechischen Mythologie gibt es eine Weidennymphe namens Kallisto oder Helike (= Weide), die in Weidenhainen verehrt wurde. Sie gehörte zum Gefolge der Naturgöttin Artemis. Ihre Anhänger betrieben mit Weiden Fruchtbarkeitszauber und Wahrsagerei. Der Schwerenöter Zeus hatte sie geschwängert, weshalb die eifersüchtige Hera sie in einen Bären verwandelte. Zeus schuf dann später daraus das Sternbild des Großen Bären.

Die Weide war auch Hekate zugeordnet, einer vielgestaltigen Göttin, deren Bild sich im Laufe der Geschichte von Gut nach Böse wandelte. Ihre Wurzeln hat Hekate in der archaischen dreigestaltigen Muttergöttin und als solche wurde sie als hilfreich und glückbringend empfunden. Sie begleitete die Menschen über die Schwellen und Übergänge und wurde deshalb zur Geburt und in der Sterbestunde angerufen. Mit der Zeit rückten jedoch ihre dunklen und furchteinflößenden Aspekte in den Vordergrund. Sie wurde immer mehr zur Göttin der Nacht und des Todes und in christlicher Zeit schließlich zur Hexenkönigin.

Weiterhin war die Weide sowohl mit Demeter verbunden als auch mit deren Tochter Persephone. Demeter verkörperte den Ackerbau und stand für die Fruchtbarkeit der Felder. Persephone war Göttin des Frühlings und der Unterwelt. Sie nahm im Winter die Pflanzen mit in die Unterwelt, um sie im Frühling neu ergrünen zu lassen. Genauso nahm sie die Totenseelen zu sich und sorgte für ihre Wiedergeburt. Die achttägigen Thesmophorien waren ein rituelles Fest der Frauen Athens zu Ehren von Demeter und Persephone. Es wurde in Griechenland im Herbst nach der Winteraussaat gefeiert. Bei dem Mysterienfest waren Männer streng ausgeschlossen. Es ging dabei um die Fruchtbarkeit der Felder und der Frauen. Die Lagerstätten der Teilnehmerinnen bestanden aus frischen Weidenzweigen. Es gibt aber auch Hinweise, dass es sich dabei womöglich um Zweige des Mönchspfeffers (*Vitex agnus-castus*) handelte.

In Kolchis am Schwarzen Meer soll die Zauberin Medea einen düsteren Weidenwald angelegt haben. An den Ästen hängte man, in Stierfelle eingenäht, die verstorbenen Männer auf. Die Frauen wurden dagegen in der Erde bestattet. Die Weide präsentiert sich deutlich als Aufenthaltsort der Toten. Auch die Germanen brachten sie mit dem Tod in Verbindung. In der nordischen Mythologie wohnte der schweigsame Gott Vidar unter den Weidenbüschen. Er stand für die Unsterblichkeit und wird häufig als Totengott gedeutet. Die Weiden symbolisieren den Eingang zur Unterwelt. Einen namentlichen Bezug zur Totentrauer besitzt die Babylon-Trauer-Weide (*Salix babylonica*), die im 19. Jahrhundert gerne auf Friedhöfe gepflanzt wurde. Der Baum stammt ursprünglich aus China und wurde wegen seiner herabhängenden Zweige ein beliebter Parkbaum.

SINNBILD DES BÖSEN

Die Weide hatte meist keinen besonders guten Ruf. Das liegt zum einen daran, dass die beschnittenen Kopfweiden mit ihren bizarren und knorrigen Formen im Halbdunkel oder Nebel ein geisterhaftes Aussehen zeigen. Im magischen Denken unserer Vorfahren hat dies so manche unheimliche Schauergeschichte inspiriert. Zum anderen war es Aufgabe der Missionare, den heidnischen Aberglauben auszurotten. Gerade mit der Weide waren viele vorchristliche Kulthandlungen verbunden. Diese Verehrungs- und Versammlungsplätze wurden zwangsläufig zu „unheimlichen Orten“ umgedeutet. Aus der Weidenverehrung wurde Weidenfurcht! Das Ganze untermauerte man mit christlichen Legenden. So soll sich der Verräter Judas an einer Weide erhängt haben. Manche Legenden berichten allerdings, das Vorhaben sei misslungen, weil die Weide mit ihren biegsamen Ästen nachgab. Erfolg hatte Judas der Legende nach erst bei der Esche. Die Weide ist seither verflucht: Sie wird früh morsch und hohl und erreicht nicht das Alter anderer Bäume. Von nun an war sie der Baum der Selbstmörder. In einer anderen Legende muss die Trauerweide auf ewig trauern, weil man Jesus angeblich mit Weidenruten geißelte.

Die Weide wurde immer mehr zum Hexenbaum. Besonders in hohlen Weiden sollen sie sich gerne versteckt haben. Mit den Zweigen zauberten sie Hagel und verdarben den Menschen die Ernte. Indem sie Zauberknoten in Weidenruten banden, konnten sie sogar den Tod bestimmter Menschen bewirken. Der Hexenbesen sollte angeblich nur deshalb zauberkräftig sein, weil die Birkenruten mit Weidenruten an den Besenstiel gebunden waren. In vielen Legenden war auch der Teufel in alten morschen Weiden anzutreffen.

Es war nicht nur das geisterhafte Aussehen, das die Weiden zu unheimlichen Gewächsen machte: Im Rahmen der Christianisierung wurde der einst heilige Baum dämonisiert.

Die Weidenkätzchen spielten eine bedeutsame Rolle im Brauchtum. Sie waren Hauptbestandteil der am Palmsonntag geweihten Palmbuschen.

DIE GUTE SEITE DER WEIDE

Die Weide hatte als Baum der Gegensätze zwei Gesichter. Denn der „dämonische Baum" konnte auch hilfreich sein und Hexen und Geister abwehren. Ähnliches wurde mit Ähnlichem gebannt! Verhextes Vieh entzauberte man durch Schläge mit der Weidenrute. Man berührte das Vieh dreimal und sprach: *„Im Namen des Vaters, des Sohnes und des Heiligen Geistes."* Wenn die Butter nicht geraten wollte, peitschte man das Butterfass mit einer Weidenrute, die jedoch nicht mit einem Messer geschnitten werden durfte. In Schweden heilte man die Menschen, denen ein Elbenschuss (= Hexenschuss) ins Kreuz gefahren war, mit der Weide. Dazu mussten mit einem aus Weidenholz gefertigten Bogen Weidenholzstückchen dreimal über die erkrankte Person geschnellt werden. Das erste Bad eines Kindes sollte mit Weidenrinde zubereitet sein, dann war es vor bösem Zauber geschützt.

Schließlich schaffte es die verruchte Weide sogar ins kirchliche Brauchtum. Seit dem 8. Jahrhundert werden am Palmsonntag in der Kirche Weidenzweige (Palmkätzchen) geweiht. In der Ukraine heißt dieser christliche Feiertag sogar Weidensonntag. Man nutzte dazu hauptsächlich die Zweige der Sal-Weide, die als erste blüht und besonders schöne Blütenkätzchen hervorbringt. Strauchweiden wie die Sal-Weide blühen noch vor dem Blattaustrieb. Man nannte die männlichen und weiblichen Blütenstände Kätzchen, weil sie im jungen Zustand weich und pelzig behaart sind. Die Weidenkätzchen waren Hauptbestandteil des Palmbuschen, den es in verschiedenen Variationen gab: vom kleinen Handbuschen bis zur meterlangen Palmstange. Damit sollte an den Einzug Jesu in Jerusalem gedacht werden. Der Ursprung des Palmen ist jedoch viel älter. Hier haben sich kirchlicher Brauch und heidnischer Kult vermischt. Die Nutzung der Palmzweige offenbart sehr alte magische Wurzeln, denn der gesegnete Palmbuschen diente dem Abwehrzauber. Man nutzte ihn vor allem, um Mensch, Haus und Vieh zu schützen. Die Zweige wurden im Haus in den „Herrgottswinkeln" aufgestellt, und man hängte sie in den Stall, um Krankheit und Zauber fernzuhalten. Zog ein Gewitter auf, wurde etwas von den Zweigen im Herdfeuer verbrannt, damit das Haus vom Blitzschlag verschont blieb. Die weichen, fellartigen Palmkätzchen galten auch als magische Medizin: Wer sich damit über das Gesicht strich, bekam weder Leberflecken noch Sommersprossen. Verschluckte man vor Sonnenaufgang drei der Kätzchen auf nüchternen Magen, ohne sie zu zerbeißen, dann war man das ganze Jahr vor Halsschmerzen und Fieber gefeit.

Im Schlafzimmer sollte der Palm vor den Truden schützen, die das gefürchtete Alpdrücken verursachten. Nicht umsonst nannte man die Weidezweige Alpruten. Das Alpdrücken war ein beklemmender Angsttraum, der angeblich durch eine auf der Brust sitzende Trude (= weiblicher Dämon) oder einen Alp (= Elben) hervorgerufen wurde. Die Indianer Nordamerikas fertigten aus Weidenruten Traumfänger, die schlechte (Alp-)Träume auffingen.

REGENZAUBER UND FRUCHTBARKEIT

Auch die Juden feierten im Rahmen des Erntedankes ein „Weidenfest". Am siebten Tag des Laubhüttenfestes (Sukkot) banden sie Bachweidenzweige zusammen und trugen sie siebenmal um den Opferaltar. Mit den Zweigen schlug man dann auf den Boden, bis alle Blätter abgefallen waren. Damit wollte man von Jahwe genügend Regen für das kommende Jahr erbitten, damit die Aussaaten gelingen. Das Schlagen mit Weidenzweigen ist ein uraltes Ritual, um die Erde fruchtbar zu machen oder um Regenzauber zu betreiben » Seite 116. In den gleichen Kontext passt der alte Fruchtbarkeits- und Frühlingsbrauch der Lebensrute. Vor allem in der Osterzeit nutzte man dabei die am Palmsonntag gesegneten Weidenruten. Damit schlugen die Burschen an Ostern junge Frauen und Mädchen, um die Fruchtbarkeit anzuregen. Dafür wollten sie als Belohnung rotgefärbte Eier, ein weiteres uraltes Symbol der Fruchtbarkeit. Schmackostern nannte man das Schlagen. Man trieb die Mädchen am Ostermorgen mit den Ruten aus den Betten und rief dabei: *„Rote Eier raus, oder ich peitsch die Madeln aus!"* In Russland nutzte man den Spruch: *„Werde groß wie die Weide und gesund wie das Wasser und reich wie die Erde."*

VERHÜTUNG UND KEUSCHHEIT

Die Weide ist voller Widersprüche: So ist es nicht verwunderlich, dass sie einerseits Fruchtbarkeit anregte und gleichzeitig ein Symbol der Unfruchtbarkeit war. Schon der Römer Plinius berichtet, der Samen der Weide mache die Weiber unfruchtbar. Es wurde sogar darauf geachtet, dass bei Niederkünften keine Weidenzweige im Zimmer standen, um die Geburt nicht zu behindern. Die Weidenblätter galten als Verhütungsmittel, damit „die Weiber nicht schwanger werden". Man glaubte auch, dass Weidentee den männlichen Samen schädige, und wer davon trank, konnte keine Söhne, sondern nur „nutzlose unfruchtbare Töchter" zeugen!

Außerdem galt die Weide als Keuschheitspflanze, die sexuelle Begierden einzudämmen vermochte. Deshalb wurden die Schlafstellen der Priester mit Weidenblättern bestreut. Der Arzt Leonhart Fuchs schrieb 1543: *„Die Blätter gesotten und getrunken, vertreibt die Lust und Neigung zur Unkeuschheit."* Der Glaube, die Weide wirke lustdämpfend, kommt möglicherweise auch daher, weil man in der Antike eine nahe Verwandtschaft zum Keuschlamm oder zum Mönchspfeffer (*Vitex agnus-castus*) vermutete. Darauf weist auch dessen alter Name „Salix marina" (Hafenweide) hin. Der Mönchspfeffer war damals übrigens das bedeutendste pflanzliche Anaphrodisiakum.

KRANKHEITEN AUF WEIDEN ÜBERTRAGEN

Die Weide galt als Baum, auf den man vor allem Gicht, Fieber, Warzen und Zahnschmerzen übertragen konnte. Man keilte die Krankheit in einen Spalt oder knotete sie in einen Zweig. Das Verknoten war ein Ringzauber: Man verknotet einen Zweig und zog den Knoten nur so weit zu, dass noch ein Ring zu sehen war. Hier blies oder spukte man die Krankheit hindurch und zog erst dann den Knoten fest. Der Ring (Kreis) ist eine alte Schutzsymbolik.

Hohle Weidenbäume nutzte man gerne zum Verkeilen der Krankheit. Dazu steckte man beispielsweise Haare oder Fingernägel des Kranken in einen Spalt, verschloss diesen mit Wachs und sprach dazu einen Beschwörungsspruch. Es sind unzählige Beschwörungsformeln überliefert, was die große Bedeutung der Weide in der Volksmagie unterstreicht. Einige sollen hier vorgestellt werden:

Bei Fieber ging man zu einem Weidenbaum und verknotete dort drei Zweige miteinander. Dabei sprach man: *„Weide / Ich winde Fieber! Ich binde meine 77 Fieber ein!"* In Österreich lief man zuerst 72-mal um die Weide herum und sprach:

WEIDENMEDIZIN ANWENDEN

Inzwischen gibt es wieder einen Trend in Richtung **Naturmedizin**. Man entdeckte, dass die Weidenrinde in ihrer komplexen Ganzheit weniger Nebenwirkungen hervorruft als der synthetisch produzierte Einzelstoff. Weidenrinde wirkt im Gegensatz zu ASS zwar zeitlich verzögert (erst nach zwei Stunden), aber die Wirkung hält dafür länger an. Sie eignet sich vor allem für fieberhafte Erkrankungen, rheumatische Beschwerden und Kopfschmerzen. Für einen wirksamen Tee setzt man 2 TL Rinde in einer Tasse kaltem Wasser an, erhitzt bis zum Sieden und lässt den Tee dann 5 Minuten ziehen. Davon kann der Patient 3–5-mal täglich eine Tasse trinken. Der Tee ist recht bitter. Sie können aus der Rinde auch eine Tinktur fertigen Rezept Seite 215.

Wer **Weidenrinde** selbst sammeln will, schneidet im Frühjahr (April bis Mai) zwei- bis dreijährige Zweige. Von diesen wird die leicht lösliche Rinde abgeschält und getrocknet. Aber Achtung: Schwangere sollten Weidenrindentee nicht ohne ärztliche Anweisung trinken! Salicinhaltig sind alle Weidenarten, einen besonders hohen Gehalt besitzen jedoch Reif-Weide (*Salix daphnoides*), Purpur-Weide (*Salix purpurea*) und Bruch-Weide (*Salix fragilis*).

Die **Weidenblüten** sind die Basis für die Herstellung der **Bachblüte „Willow"**. Edward Bach nutzte die Gelbe Weide (*Salix vitellina*). Man verordnet die „Schicksals-Blüte" enttäuschten, verbitterten Menschen, die sich ungerecht behandelt fühlen. Das Blütenmittel öffnet das Herz für Versöhnung und Verzeihung. Man lernt das eigene Schicksal anzunehmen.

Das Gemmomittel aus den entzündungshemmenden Knospen der Silber-Weide lindert Gelenkentzündungen und Gelenkschmerzen.

„Wind dich Wyd, Wind dich / Fieber san 72, dös Fieber, dös i han, / dös häng i dran." Bei Zahnschmerzen schnitt man aus dem Stamm einen Span und stocherte damit so lange im Zahnfleisch, bis es blutete. Dann fügte man den blutigen Span wieder in den Baum ein und verklebte ihn mit Wachs oder Lehm. Sobald er einwuchs, waren die Zahnschmerzen verwunden. Dazu beschwor man den Weidenbaum: *„Guten Abend, liebe alte Weide, / ich bring dir meine Zahnschmerzen heute, / und ich wünsche, dass sie bei dir bestehen, und bei mir vergehen."* Selbst bei Haarausfall konnte die Weide helfen, indem man dreimal sprach: *„Weide ich komme zu dir und sage dir, / dass alle Kirchen singen, / und alle Glocken klingen, / alle Episteln* (= biblische Textabschnitte) *werden verlesen. / Mein Schwund soll in dir vergehen und verwesen."* Bei den obigen Sprüchen wird ersichtlich, welch bedeutende Rolle die Zahlenmagie spielte. Gerne nutzte man die Zahlen 3, 9, 72, 77 und 99.

DIE WEIDE IN DER ALTEN HEILKUNDE

Die große Heilkundige des frühen Mittelalters, Hildegard von Bingen (1098–1179), war von der Weide gar nicht angetan. Nach ihrer Anschauung stand sie für das Laster und taugte zu keinem Arzneimittel. Wer sie trotzdem nutzte, würde sogar melancholisch werden. Da die Kirchenfrau im 12. Jahrhundert lebte, stand sie sicher noch unter dem Eindruck der heidnischen Vergangenheit des Baumes. Denn lange vor ihrer Zeit, in den alten Hochkulturen Indiens, Babylons und Ägyptens, war die Weide als Heilmittel durchaus geachtet. In der griechischen Antike beschrieben Hippokrates (460–377 v. Chr.), Dioskurides (ca. 40–80), Plinius (23–79) und Galen (ca. 129–199) ihre Nutzung. Damals verordnete man die Weide bei Blutungen, Schmerzen, Rheuma, Gicht und zur Geburtshilfe. Außerdem sollte der Saft ihrer Blätter und ihrer

Rinde die Empfängnis verhindern sowie Ohrenschmerzen und Augenleiden beseitigen. Nicht nur die Rinde wurde genutzt, auch Rindenasche kam zur Anwendung.

Die mittelalterlichen Ärzte verloren die Hauptwirkungen der Weide, ihre fiebersenkende und schmerzlindernde Kraft, seltsamerweise aus den Augen. Sie nutzten den Saft der Weidenrinde gegen Würmer, Geschwüre, Warzen, Hühneraugen und als anaphrodisisches Mittel zur Dämpfung der Liebeslust. Erst ab dem 17. Jahrhundert erlangte die Weidenrinde wieder Ansehen als ein wichtiges Medikament gegen Fieber, Kopfschmerzen, Gicht und Rheuma. Als Fiebermittel wurde sie sogar gegen Malaria eingesetzt, vor allem von der ärmeren Bevölkerung, die sich die teure Chinarinde nicht leisten konnte. Wegen der zusammenziehend und antibakteriell wirkenden Gerbstoffe nutzte die Volksmedizin die Weidenrinde auch zum Gurgeln bei Entzündungen im Mund- und Rachenraum. Interessanterweise sind dies alles Krankheiten, die man auch mithilfe des magischen Übertragungszaubers, ohne innerliche Einnahme, behandelte.

DIE INHALTSSTOFFE TRETEN IN DEN VORDERGRUND

Im 19. Jahrhundert begann die chemische Entschlüsselung der Pflanzen. In der Weide entdeckte man 1828 als Hauptwirkstoff das Phenolglykosid Salicin, das in der Leber zu Salizylsäure oxidiert wird. Erst dieser Umbau im Körper macht die Weide mit ihrem Inhaltsstoff zu einem schmerzlindernden und entzündungshemmenden Arzneimittel. Die Salizylsäure hemmt die Bildung von Prostaglandinen (besonderen Botenstoffen), die wesentlich an der Entstehung von Schmerzen, Fieber und Entzündungen beteiligt sind. Als im Jahr 1897 die synthetische Herstellung von Acetylsalicylsäure (ASS) gelang, verlor die Weide als Arzneimittel an Bedeutung. Die Erfindung machte der Chemiker Felix Hoffmann in den Labors der Bayer AG. Allerdings behauptete der Laborleiter Arthur Eichengrün, nicht Hoffmann, sondern er sei der eigentliche Entdecker. Im Nationalsozialismus war der Ausgang klar: Der Erfinder war ab sofort der Arier Hoffman und der Jude Eichengrün ein Lügner. Wer von beiden recht hatte, ließ sich nicht klären, aber das synthetische Aspirin machte eine unvergleichliche Karriere als Schmerzmittel. Außerdem entdeckte man, dass die Einnahme von ASS auch blutverdünnende Wirkung hat, was für viele herzinfarktgefährdete Menschen eine große Hilfe war. Allerdings kann diese Eigenschaft auch zur gefährlichen Nebenwirkung werden.

Lange war die Weidenrinde eine wichtige schmerzlindernde und entzündungshemmende Arznei. Man nutzt die Frühjahrsrinde junger Zweige.

WEIDEN-TINKTUR

- 75 g frische Weidenrinde
- 200 ml Alkohol 70 % vol.

Zerreiben Sie die kleingeschnittene Rinde zusammen mit dem Alkohol in einem Mörser zu einem dünnflüssigen Brei. In einem verschließbaren Glas 2 Wochen ziehen lassen. Abfiltern und in Tropffläschchen abfüllen. Nehmen Sie davon 3-mal täglich 15–20 Tropfen in warmem Tee ein. Die schmerzstillende und entzündungshemmende Tinktur ist ein gutes Mittel zur Schmerzbehandlung.

SERVICE

EINIGE FACHBEGRIFFE

Altsteinzeit: beginnt vor 2,6 Millionen Jahren mit der Nutzung von Steinwerkzeugen. Sie endete vor etwa 12 000 Jahren mit der Entwicklung des Ackerbaus im heutigen Irak (in Mitteleuropa allerdings erst 6000 v. Chr.)

eingeschlechtlich: Blüten enthalten nur männliche (Staubblätter) oder weibliche (Fruchtknoten) Geschlechtsorgane, Gegenteil von zwittrig

einhäusig und getrenntgeschlechtlich: männliche und weibliche Blüten sind getrennt und befinden sich auf einem Baum (in einem Haus), zum Beispiel Erlen und Birken

einhäusig und zwittrig: beide Geschlechter befinden sich in einer Blüte (nicht getrennt) und auf einem Baum (in einem Haus), zum Beispiel Kirschbäume

Jungsteinzeit: die Jungsteinzeit zeichnet sich durch das Aufgeben des Sammler- und Jägertums und durch den Beginn von Ackerbau und Viehwirtschaft aus. Diese Phase begann in Mitteleuropa erst 6000 v. Chr. und endete mit der Nutzung von Metallwerkzeugen und -waffen

Kätzchen: meist hängende männliche oder weibliche Blütenstände, zum Beispiel Weide, Birke

Kernholz: innere Zone des Stammes, physiologisch nicht mehr aktiv, meist dunkler als das Splintholz

Metallzeit: ist definiert durch die Bearbeitung von Metallen. Am Beginn stand die Kupferzeit, gefolgt von Bronze- und Eisenzeit: In Mitteleuropa begann die Kupferzeit 4000 v. Chr., die Bronzezeit 2000 v. Chr. und die Eisenzeit um 800 v. Chr.

Splintholz: die junge äußere Zone des Stammes, physiologisch aktiv (leitet Wasser und Nährsalze), meist heller als das Kernholz

Steinzeit: ist definiert durch den Gebrauch von Steinwerkzeugen, obwohl Holzwerkzeuge damals genauso wichtig waren

zweihäusig: männliche und weibliche Blüten sind getrennt und kommen auf zwei verschiedenen Bäumen vor (in 2 Häusern), zum Beispiel Weiden

zwittrig: männliche und weibliche Fortpflanzungsorgane in einer Blüte, Gegenteil von eingeschlechtlich

ZUM WEITERLESEN

BEISER, RUDI:
Kraft und Magie der Heilpflanzen, Ulmer 2013
Kräuterglück, Ulmer 2015
Vergessene Heilpflanzen, AT Verlag 2016
13 magische Heilpflanzen, Kosmos 2015

BICHSEL, BARBARA & BRÖNNIMANN, JULIA:
Gemmotherapie. Die Kraft der Knospen, Ulmer 2015

CHAMOVITZ, DANIEL:
Was Pflanzen wissen: Wie sie sehen, riechen und sich erinnern, Hanser Verlag 2013

FISCHER-RIZZI, SUSANNE:
Blätter von Bäumen, AT Verlag 2007

GODET, JEAN-DENIS:
Bäume und Sträucher bestimmen und nachschlagen, Ulmer 2007

HAERKÖTTER, GERD & MARLENE:
Das Geheimnis der Bäume, Anaconda 2016

KREMER, BRUNO:
Steinbachs Naturführer Bäume und Sträucher, Ulmer 2016

LINGG, ADELHEID:
Bäume & die heilende Kraft des Waldes, Kosmos 2016

SCHEFFER, MECHTHILD:
Die Original Bachblütentherapie für Einsteiger, Irisiana 2013

STERN, CORNELIA:
Die Heilkraft der Pflanzenknospen, Trias 2015

STRASSMANN, RENATO:
Baum-Heilkunde, Freya 2013

WOHLLEBEN, PETER:
Das geheime Leben der Bäume, Ludwig 2015
Wohllebens Waldführer, Ulmer 2016

DAS BAUMALTER BESTIMMEN

Das Alter eines Baumes lässt sich ungefähr berechnen, indem man den Baumumfang in etwa 1,30 m Höhe (Brusthöhe) misst und ihn dann mit dem Altersfaktor multipliziert. Langsam wachsende Bäume haben einen höheren Altersfaktor als schnell wachsende. Die Berechnung ist vor allem in den ersten zwei Lebensdritteln der Bäume ziemlich genau. Die Formel lautet: Baumalter = Umfang in cm (gemessen in Brusthöhe) × Altersfaktor.

BAUMART	ALTERSFAKTOR	HÖCHSTALTER (MAXIMAL)	MÖGLICHER UMFANG
BERG-AHORN *Acer pseudoplatanus*	0,6	300 – 500 (600) Jahre	800 cm
SPITZ-AHORN *Acer platanoides*	0,5	150 – 200 (250) Jahre	500 cm
HÄNGE-BIRKE *Betula pendula*	0,4	80 – 100 (120) Jahre	300 cm
ROT-BUCHE *Fagus sylvatica*	0,7	300 – 500 (600) Jahre	700 cm
GEWÖHNLICHE DOUGLASIE *Pseudotsuga menziesii*	0,6	400 – 600 (700) Jahre	600 cm (in Nordamerika 1000 cm)
GEWÖHNLICHE EIBE *Taxus baccata*	0,9	900 – 1000 (2500) Jahre	700 cm
STIEL-EICHE *Quercus robur*	0,8	600 – 900 (1200) Jahre	1100 cm
TRAUBEN-EICHE *Quercus petraea*	0,8	500 – 800 (1000) Jahre	900 cm
SCHWARZ-ERLE *Alnus glutinosa*	0,5	100 – 120 (150) Jahre	300 cm
GEWÖHNLICHE ESCHE *Fraxinus excelsior*	0,5	250 – 300 (350) Jahre	700 cm
GEWÖHNLICHE FICHTE *Picea abies*	0,6	300 – 400 (600) Jahre	600 cm
HAINBUCHE *Carpinus betulus*	0,6	100 – 150 (300) Jahre	500 cm
ESS-KASTANIE *Castanea sativa*	0,5	400 – 600 (700) Jahre	900 cm

BAUMART	ALTERSFAKTOR	HÖCHSTALTER (MAXIMAL)	MÖGLICHER UMFANG
WALD-KIEFER *Pinus silvestris*	0,7	200–400 (600) Jahre	500 cm
EUROPÄISCHE LÄRCHE *Larix decidua*	0,6	300–400 (800) Jahre	800 cm
SOMMER-LINDE *Tilia platyphyllos*	0,8	700–1000 (1200) Jahre	1200 cm
WINTER-LINDE *Tilia cordata*	0,8	600–800 (1000) Jahre	1000 cm
SCHWARZ-PAPPEL *Populus nigra*	0,4	100–150 (250) Jahre	600 cm
SILBER-PAPPEL *Populus alba*	0,5	200–400 (500) Jahre	800 cm
PLATANE *Platanus spec.*	0,4	200–300 Jahre	700 cm
ROSSKASTANIE *Aesculus hippocastanum*	0,5	100–200 (250) Jahre	500 cm
WEISS-TANNE *Abies alba*	0,6	400–500 (600) Jahre	700 cm
BERG-ULME *Ulmus glabra*	0,6	300–400 (450) Jahre	700 cm
FELD-ULME *Ulmus minor*	0,6	300–400 (500) Jahre	600 cm
ECHTE WALNUSS *Juglans regia*	0,5	100–150 (200) Jahre	400 cm
SILBER-WEIDE *Salix alba*	0,4	100–150 (250) Jahre	600 cm

NACHGESCHLAGEN

MEIN DANK ...

... gilt allen Menschen, die in vielfältiger Weise dazu beigetragen haben, dass dieses Buch in dieser Form entstehen konnte. Herausgreifen möchte ich das besondere Engagement von Ina Vetter vom Verlag Eugen Ulmer und die gute Zusammenarbeit mit Ulf Müller, der das Buch wunderbar feinfühlig lektorierte. Dankbar bin ich auch dafür, dass ich mich schon als Kind mit der Natur verbinden durfte. Die zahlreichen Wunder und Geschichten, die in der Pflanzen- und Baumwelt schlummern, waren für mich immer Quellen der Kraft.

DER AUTOR

Rudi Beiser, Jahrgang 1960, beschäftigt sich schon seit fast 40 Jahren mit Heilkräutern und Wildpflanzen. 20 Jahre lang betrieb er die von ihm gegründete La Luna Kräutermanufaktur, in der er hochwertige Kräutertees in Demeter-Qualität produzierte. Sein reichhaltiges Wissen über Pflanzen gibt er heute als Dozent an verschiedenen Instituten und als erfolgreicher Buchautor weiter. Sein Interesse gilt vor allem der Volksmedizin und dem Kräuterbrauchtum vergangener Zeiten.

Weitere Infos: www.rudibeiser.de

INTERNET

Sie können die angegebenen Internetseiten vor allem zu Rate ziehen, wenn es um die sichere Bestimmung der Bäume geht, denn einige von ihnen bieten präzise Fotos von Knospen, Blättern, Blüten und Baumrinden an.

www.baumbestimmung.info

www.baum-des-jahres.de

www.baumkunde.de

www.baumportal.de

www.bundeswaldinventur.de

www.sdw.de

www.wald.de

www.waldkulturerbe.de

www.waldwissen.net

www.waldzeit.ch

Bildquellen

akg-images: 67, 90, 101, 164, 186, 209
akg-images/André Held: 171
akg-images/arkivi: 193
akg-images/Pictures From History: 122
AMB/Shutterstock.com: 38/39
Andrew Roland/Shutterstock.com: 70
Arco Digital Images/Geduldig: 45 (219)
Arco Digital Images/Imagebroker: 8/9
AS Food studio/Shutterstock.com: 167
Beiser, Rudi: 222
Belder, Thorsten: 134
Bellmann, Heiko/Frank Hecker Naturfotografie: 77 u.r., 96 o., 128, 188 r.
Besjunior/Shutterstock.com: 85
blickwinkel/A. Hartl: 182
blickwinkel/P. Cairns: 148 (4 u.l.)
blickwinkel/P. Frischknecht: 150
dabjola/Shutterstock.com: 80, 82
Elisabeth Undeutsch: 211
Eric Baccega/naturepl.com: 72
Grzegorz Lesniewski/naturepl.com: 126
Hecker, Frank Naturfotografie: 30, 56 o., 56 u., 65, 74 (212 r.), 77 u.l., 103, 109, 133, 157, 184 o., 206
IreneuszB/Shutterstock.com: 156 r.
Iva Vagnerova/Shutterstock.com: 92
Leonid Ikan/Shutterstock.com: 83
mauritius images: 2, 10/11, 13, 15, 16/17, 18, 22, 28/29, 31, 33, 37, 42, 46/47, 48, 50 M., 50 o., 50 u. (4 u.r.), 53 l. (5 u.M.), 53 r., 54, 59, 60, 62, 66 (U4 M.; 5 o.l.), 71 (212 M.), 76 (4 o.l.), 77 o.l., 77 o.r., 78, 81, 86, 88, 91, 94, 96 u., 98 (U4 l.; 5 u.r.), 102, 106 M., 106 o., 106 u., 107, 111, 112, 114, 115, 117, 118, 120, 123, 129, 140, 142, 147 (5 o.M.), 151, 152, 156 l., 159 o., 159 u., 162, 169 M., 169 o., 169 u., 172, 175, 176, 179 o., 179 u., 184 M., 184 u., 185, 188 l. (220), 190, 194, 197, 201, 203, 205, 208, 212 (5 u.l.), 215, 216
Orange Deer/Shutterstock.com: 6/7
Paul Aniszewski/Shutterstock.com: 35
Pukhov K/Shutterstock.com: 145
Quagga Media UG/akg-images: 40
Schuster, Gerhard: Umschlagfoto vorn, 21, 25, 57, 104, 137, 138, 139, 158, 168, 198, 131 (U4 r.), 154 (5 o.r.), 163 (221 l.), 68 (4 o.r.)
Shu Ba/Shutterstock.com: 26
Tikta Alik/Shutterstock.com: 125
tviolet/Shutterstock.com: 181
Zoonar/Buero2000: 51
Zoonar/Rebel: 136
Zoonar/sunnyceleste: 144

Die Icons fertigte Antje Warnecke, nordendesign.

Das Gedicht auf Seite 7 wurde entnommen aus:
Phil Bosmans, „Da ist es Frühling …“, aus: ders., Vergiss die Freude nicht © Verlag Herder GmbH, Freiburg i. Br. 2016, S. 80

Impressum

Die in diesem Buch enthaltenen Empfehlungen und Angaben sind vom Autor mit größter Sorgfalt zusammengestellt und geprüft worden. Eine Garantie für die Richtigkeit der Angaben kann aber nicht gegeben werden. Autor und Verlag übernehmen keine Haftung für Schäden und Unfälle. Bitte setzen Sie bei der Anwendung der in diesem Buch enthaltenen Empfehlungen Ihr persönliches Urteilsvermögen ein. Der Verlag Eugen Ulmer ist nicht verantwortlich für die Inhalte der im Buch genannten Websites.

Bibliografische Information der Deutschen Nationalbibliothek
Die Deutsche Nationalbibliothek verzeichnet diese Publikation in der Deutschen Nationalbibliografie; detaillierte bibliografische Daten sind im Internet über http://dnb.d-nb.de abrufbar.

Wollgrasweg 41, 70599 Stuttgart (Hohenheim)
E-Mail: info@ulmer.de
Internet: www.ulmer-verlag.de
Projektleitung: Ina Vetter
Lektorat: Ulf Müller
Herstellung: Gabriele Wieczorek
Umschlagentwurf, Layout und Satz:
Antje Warnecke, nordendesign.de
Druck und Bindung: Firmengruppe APPL, aprinta druck, Wemding
Printed in Germany

MIX
Papier aus verantwortungsvollen Quellen
FSC www.fsc.org FSC® C004592

ISBN 978-3-8186-0072-3